普通高等教育机械类课程规划教材

CAD/CAM 技术与应用

主 编 王炳达
参 编 朱 爽 刘小琨 彭 胡 高 强
　　　王金阳 杨东东 杨宏冠

北京理工大学出版社
BEIJING INSTITUTE OF TECHNOLOGY PRESS

内 容 简 介

本书系统介绍了 CAD/CAM 技术在工程应用中的基本知识和基本方法。全书共分 11 章，主要内容包括 CAD/CAM 技术概述、零件装配、机构运动与仿真分析、数控加工基础、数控加工工艺基础、数控铣削自动编程基础、平面铣削加工技术、轮廓铣加工技术、数控铣削多轴加工、孔加工、数控车自动编程基础等。

本书主要用作应用型本科院校机械设计制造及其自动化专业"CAD/CAM 技术与应用"课程的教材，也可用作高等职业学校、成人本科高校相关专业的教材，还可供从事 CAD/CAM 技术的研究人员、工程技术人员和工程管理人员学习参考。

版权专有　侵权必究

图书在版编目（CIP）数据

CAD/CAM 技术与应用 / 王炳达主编. —北京：北京理工大学出版社，2019.5（2019.6 重印）
ISBN 978 - 7 - 5682 - 7051 - 9

Ⅰ.①C… Ⅱ.①王… Ⅲ.①计算机辅助设计 ②计算机辅助制造 Ⅳ.①TP391.7

中国版本图书馆 CIP 数据核字（2019）第 091780 号

出版发行 / 北京理工大学出版社有限责任公司
社　　址 / 北京市海淀区中关村南大街 5 号
邮　　编 / 100081
电　　话 / (010) 68914775（总编室）
　　　　　 (010) 82562903（教材售后服务热线）
　　　　　 (010) 68948351（其他图书服务热线）
网　　址 / http://www.bitpress.com.cn
经　　销 / 全国各地新华书店
印　　刷 / 唐山富达印务有限公司
开　　本 / 787 毫米 × 1092 毫米　1/16
印　　张 / 21.5
字　　数 / 505 千字
版　　次 / 2019 年 5 月第 1 版　2019 年 6 月第 2 次印刷
定　　价 / 55.00 元

责任编辑 / 王玲玲
文案编辑 / 王玲玲
责任校对 / 周瑞红
责任印制 / 李志强

图书出现印装质量问题，请拨打售后服务热线，本社负责调换

前　言

应用型本科教育培养的是面向生产、建设、管理、服务一线的高级应用型人才。应用型本科教育，应围绕学生需求与培养、教师发展与服务，定"性"在行业，定"向"在应用，定"格"在特色。

随着计算机技术和数控机床研究的飞速发展，CAD/CAM 技术在应用中发挥的作用越来越大。CAD/CAM 技术具有知识密集、学科交叉、综合性强、应用范围广等特点，是当今世界科技领域的前沿技术。目前，它已经广泛应用于机械、电子、航空、航天、汽车、船舶等多个领域。CAD/CAM 技术的发展与应用程度已成为衡量一个国家技术发展水平及工业现代化水平的重要标志之一。

为了培养满足当今社会需要的应用型人才，编写了这本针对应用型本科院校使用的"CAD/CAM 技术与应用"课程教材。本教材的教学内容根据计算机辅助设计岗位、数控编程和工艺设计岗位进行组织，融合了机械设计、数控编程与加工工艺、机构运动仿真与分析、数控计算机辅助编程等多项技术，为从事 CAD/CAM 技术研究和应用打下了扎实的基础。

在内容安排上，本书着重介绍一些基本概念、实施方法和关键技术参数的相关知识。本书主要用作应用型本科院校机械设计制造及其自动化专业"CAD/CAM 技术与应用"课程的教材、成人本科高校相关专业的教材，还可供从事 CAD/CAM 技术的研究人员、工程技术人员和工程管理人员学习参考。

本书由王炳达担任主编，负责整体结构设计与全书的统稿工作。参编有朱爽、刘小琨、彭胡、高强、王金阳、杨东东、杨宏冠。其中，朱爽编写了第 1 章、第 11 章，彭胡编写了第 2 章、第 5 章，王炳达编写了第 3 章、第 6 章、第 8 章、第 9 章，刘小琨编写了第 4 章、第 10 章，高强编写了第 7 章。杨东东和杨宏冠负责全书的知识点验证工作。沈阳航空新光集团有限公司王金阳高级工程师负责全书内容的指导工作。

本书在编写过程中，参阅了其他版本的同类教材，同时参阅了有关工厂、科研院所的一些资料和文献，并得到了谢刚教授、张陈教授、王天煜教授、张凯副教授、李铁钢副教授的支持和帮助，在此表示衷心的感谢。

由于编者水平有限，书中不足、不妥之处在所难免，敬请读者批评指正。

编　者

目 录

第1章 CAD/CAM 技术概述 ... 1
1.1 CAD/CAM 技术 ... 1
1.1.1 CAD/CAM 技术的基本概念 ... 1
1.1.2 CAD/CAM 集成技术 ... 2
1.2 产品生产过程与 CAD/CAM 关系 ... 2
1.3 CAD/CAM 系统的组成和分类 ... 3
1.3.1 CAD/CAM 系统的组成 ... 3
1.3.2 CAD/CAM 系统的分类 ... 4
1.4 CAD/CAM 技术的应用和发展 ... 5
1.4.1 CAD/CAM 技术的应用 ... 5
1.4.2 CAD/CAM 的发展趋势 ... 5
复习思考题 ... 8

第2章 零件装配 ... 9
2.1 概述 ... 9
2.1.1 装配的基本概念 ... 9
2.1.2 装配的模式与方法 ... 10
2.1.3 装配部件 ... 10
2.1.4 引用集 ... 11
2.1.5 装配导航器操作 ... 12
2.2 装配组件 ... 13
2.2.1 添加组件 ... 13
2.2.2 新建组件 ... 14
2.2.3 替换组件 ... 15
2.2.4 创建阵列组件 ... 16
2.2.5 移动组件 ... 16
2.3 装配约束 ... 18
2.3.1 装配约束条件 ... 18
2.3.2 显示和隐藏约束 ... 19
2.4 装配爆炸图 ... 20
2.4.1 新建爆炸图 ... 20
2.4.2 自动爆炸图 ... 20

2.4.3　编辑爆炸图 ································· 21
　复习思考题 ······································· 21
第3章　机构运动与仿真分析 ························ 22
　3.1　概述 ·· 22
　　3.1.1　机构 ···································· 22
　　3.1.2　UG NX 运动仿真 ·························· 22
　3.2　机构运动仿真基础 ···························· 23
　　3.2.1　运动仿真环境 ···························· 23
　　3.2.2　连杆 ···································· 25
　　3.2.3　运动副与约束 ···························· 28
　　3.2.4　驱动 ···································· 31
　　3.2.5　解算方案与求解 ··························· 32
　　3.2.6　动画 ···································· 34
　3.3　连杆机构 ···································· 35
　　3.3.1　连杆机构简介 ···························· 35
　　3.3.2　平面连杆机构的运动仿真 ·················· 37
　3.4　齿轮副 ······································ 39
　　3.4.1　齿轮机构简介 ···························· 39
　　3.4.2　齿轮副 ·································· 41
　　3.4.3　齿轮机构运动仿真 ························ 42
　3.5　齿轮齿条 ···································· 44
　　3.5.1　齿条简介 ································ 44
　　3.5.2　齿轮齿条标准装配 ························ 45
　　3.5.3　齿轮齿条副 ······························ 45
　　3.5.4　齿轮齿条机构运动仿真 ···················· 45
　3.6　滑轮副 ······································ 47
　　3.6.1　滑轮机构简介 ···························· 47
　　3.6.2　线缆副 ·································· 48
　　3.6.3　滑轮机构运动仿真 ························ 48
　3.7　带传动 ······································ 50
　　3.7.1　带传动简介 ······························ 50
　　3.7.2　2-3 传动副 ······························ 50
　　3.7.3　带传动机构运动仿真 ······················ 51
　3.8　弹簧 ·· 53
　　3.8.1　弹簧简介 ································ 53
　　3.8.2　弹簧连接器 ······························ 54
　　3.8.3　弹簧运动仿真 ···························· 55

3.9 槽轮机构 ... 57
3.9.1 槽轮机构简介 ... 57
3.9.2 3D接触 ... 57
3.9.3 槽轮机构运动仿真 ... 59
3.10 凸轮机构 ... 60
3.10.1 凸轮机构简介 ... 60
3.10.2 2D接触 ... 62
3.10.3 凸轮机构运动仿真 ... 63
3.11 螺旋传动 ... 64
3.11.1 螺旋传动简介 ... 64
3.11.2 螺旋副 ... 65
3.11.3 螺旋传动机构运动仿真 ... 66
3.12 阻尼器与衬套 ... 68
3.12.1 阻尼器 ... 68
3.12.2 衬套 ... 69
3.13 驱动与函数 ... 70
3.13.1 恒定 ... 70
3.13.2 简谐驱动 ... 70
3.13.3 函数驱动 ... 71
3.13.4 AFU格式驱动 ... 75
3.13.5 铰接运动驱动 ... 78
3.14 分析与测量 ... 79
3.14.1 图表输出 ... 79
3.14.2 标记与传感器 ... 80
3.14.3 封装 ... 82
3.14.4 载荷传递 ... 85
3.15 载荷 ... 86
3.15.1 标量力 ... 86
3.15.2 矢量力 ... 87
3.15.3 标量扭矩 ... 87
3.15.4 矢量扭矩 ... 88
复习思考题 ... 89

第4章 数控加工基础 ... 90
4.1 概述 ... 90
4.2 数控机床 ... 90
4.2.1 数控机床组成 ... 91
4.2.2 数控机床加工的特点 ... 92

  4.2.3 数控机床的分类 ·· 93
  4.2.4 数控机床的坐标系 ·· 95
 4.3 数控编程基础 ··· 98
  4.3.1 数控编程 ··· 98
  4.3.2 数控编程中的数学处理 ·· 99
 4.4 数控加工程序 ··· 101
  4.4.1 字和功能指令 ·· 101
  4.4.2 程序格式 ·· 103
 4.5 数控切削刀具基础 ·· 105
  4.5.1 切削运动和加工中的表面 ·· 105
  4.5.2 切削要素 ·· 106
  4.5.3 刀具材料 ·· 108
  4.5.4 刀具磨损及耐用度 ·· 109
  4.5.5 切削用量的选择 ·· 110
  4.5.6 切削液的合理选用 ·· 111
 复习思考题 ··· 113

第5章 数控加工工艺基础 ··· 114
 5.1 概述 ··· 114
  5.1.1 数控加工工艺的概念 ·· 114
  5.1.2 数控加工工艺设计的主要内容 ·· 114
  5.1.3 数控加工工艺与普通加工工艺的比较 ···························· 114
 5.2 基本概念 ··· 115
  5.2.1 生产过程和工艺过程 ·· 115
  5.2.2 机械加工工艺过程的组成 ·· 116
  5.2.3 机械加工的生产纲领、生产类型及工艺特征 ················ 117
 5.3 加工精度 ··· 119
  5.3.1 加工精度的概念 ·· 119
  5.3.2 原始误差与加工误差的关系 ·· 120
  5.3.3 影响加工精度的因素 ·· 120
  5.3.4 提高加工精度的工艺措施 ·· 126
  5.3.5 工件获得加工精度的方法 ·· 126
 5.4 加工余量 ··· 128
  5.4.1 加工余量的概念 ·· 128
  5.4.2 工序加工余量的影响因素 ·· 129
  5.4.3 确定加工余量的计算方法 ·· 130
 5.5 机械加工工艺规程的制定 ·· 130
  5.5.1 机械加工工艺规程 ·· 130

5.5.2 数控加工工艺文件的格式 ·················· 132
  5.5.3 零件图分析 ·················· 135
  5.5.4 零件毛坯的确定 ·················· 136
  5.5.5 工件定位基准的选择 ·················· 137
  5.5.6 工艺路线的拟定 ·················· 139
 复习思考题 ·················· 144

第6章 数控铣削自动编程基础 ·················· 145
 6.1 数控铣削加工的一般过程 ·················· 145
 6.2 刀具的选择与切削用量的确定 ·················· 146
  6.2.1 常见数控铣削刀具 ·················· 146
  6.2.2 数控铣削加工刀具的选择 ·················· 150
  6.2.3 切削用量的确定 ·················· 151
 6.3 顺铣与逆铣 ·················· 153
 6.4 轮廓控制 ·················· 154
 6.5 走刀路线的选择 ·················· 154
 6.6 对刀点与换刀点选择 ·················· 156
 6.7 数控加工的刀具补偿 ·················· 157
 6.8 数控铣削常见问题 ·················· 158
 6.9 加工前的准备工作 ·················· 159
  6.9.1 模型分析 ·················· 159
  6.9.2 创建父节点 ·················· 160
 6.10 刀具路径的管理 ·················· 169
 复习思考题 ·················· 171

第7章 平面铣削加工技术 ·················· 172
 7.1 概述 ·················· 172
  7.1.1 平面铣削子类型 ·················· 172
  7.1.2 平面铣削加工的特点 ·················· 173
 7.2 平面铣削操作中的几何体 ·················· 173
  7.2.1 几何体 ·················· 174
  7.2.2 边界操作 ·················· 176
 7.3 平面铣刀轨设置 ·················· 182
  7.3.1 平面铣切削模式 ·················· 182
  7.3.2 切削步距 ·················· 185
  7.3.3 切削层 ·················· 187
  7.3.4 切削参数 ·················· 188
  7.3.5 非切削移动 ·················· 194
  7.3.6 进给率和速度 ·················· 199

7.3.7 机床控制 ·· 201
7.4 面铣削 ·· 201
　7.4.1 面铣削概述 ·· 201
　7.4.2 底壁加工的几何体设置 ··· 202
　7.4.3 底壁加工的刀轨设置 ·· 204
7.5 平面文本铣削 ··· 206
复习思考题 ·· 207

第8章 轮廓铣加工技术 ·· 208
8.1 概述 ·· 208
8.2 型腔铣 ·· 209
　8.2.1 型腔铣特点 ·· 210
　8.2.2 型腔铣与平面铣的比较 ··· 210
　8.2.3 型腔铣几何体 ··· 210
　8.2.4 型腔铣刀轨设置 ··· 211
8.3 深度轮廓加工 ··· 217
　8.3.1 概述 ·· 217
　8.3.2 深度轮廓加工参数设置 ··· 218
8.4 插铣 ·· 220
　8.4.1 概述 ·· 220
　8.4.2 插铣刀轨参数设置 ·· 221
8.5 固定轴曲面铣 ··· 225
　8.5.1 概述 ·· 225
　8.5.2 驱动方法 ·· 225
　8.5.3 投影矢量和刀轴 ··· 235
　8.5.4 切削参数 ·· 238
　8.5.5 非切削移动 ·· 240
复习思考题 ·· 242

第9章 数控铣削多轴加工 ··· 243
9.1 概述 ·· 243
　9.1.1 多轴数控铣床 ··· 243
　9.1.2 多轴数控铣床的优点 ·· 244
　9.1.3 多轴数控铣削加工子类型 ·· 244
9.2 刀轴控制 ·· 245
9.3 可变轴曲面轮廓铣 ··· 252
　9.3.1 概述 ·· 252
　9.3.2 创建步骤 ·· 252
　9.3.3 边界驱动 ·· 255

9.3.4 曲面驱动 259
9.4 顺序铣 265
　　9.4.1 概述 265
　　9.4.2 顺序铣参数设置 267
复习思考题 279

第10章 孔加工 280

10.1 概述 280
　　10.1.1 孔加工指令 280
　　10.1.2 孔加工工艺 281
　　10.1.3 孔加工子类型 281
　　10.1.4 孔加工基本概念 283
10.2 孔加工几何体 283
10.3 孔加工的循环控制 290
10.4 孔加工的其他参数 295
复习思考题 296

第11章 数控车自动编程基础 297

11.1 数控车削加工基础 297
11.2 粗加工 304
　　11.2.1 切削区域 304
　　11.2.2 切削策略 308
　　11.2.3 水平角度 311
　　11.2.4 切削深度 311
　　11.2.5 变换模式 312
　　11.2.6 清理 313
　　11.2.7 拐角 314
　　11.2.8 策略 315
　　11.2.9 余量 317
　　11.2.10 轮廓类型 318
　　11.2.11 轮廓加工 320
　　11.2.12 进刀/退刀 322
　　11.2.13 其他设置 325
11.3 车螺纹 325
　　11.3.1 螺纹简介 325
　　11.3.2 车外径螺纹 326
复习思考题 331

参考文献 332

第1章 CAD/CAM 技术概述

CAD/CAM（Computer Aided Design/Computer Aided Manufacturing）技术是产品设计、产品制造、计算机技术相互结合、相互渗透而发展起来的一项综合性应用技术。该技术产生于20世纪50年代后期发达国家的航空和军事工业，并随着计算机软、硬件技术和计算机图形学技术的发展而迅速成长起来。1989年，美国国家工程科学院将 CAD/CAM 技术评为当时十项最杰出的工程技术成就之一。CAD/CAM 技术涉及知识门类宽、综合性能强、处理速度快、经济效益高，是当今先进制造技术的重要组成部分。CAD/CAM 技术不仅是企业产品设计开发和加工制造的手段和工具，其发展和应用还大大促进了企业的技术进步和管理水平，对国民经济的快速发展、科学技术的进步产生了深远的影响。目前，CAD/CAM 技术已成为衡量一个国家和地区科技现代化和工业现代化水平的重要标志之一。

1.1 CAD/CAM 技术

1.1.1 CAD/CAM 技术的基本概念

计算机的出现和发展实现了将人类从烦琐的脑力劳动中解放出来的愿望。早在40多年前，计算机就已作为重要的工具，辅助人类承担一些单调、重复的劳动，如辅助数控编程、工程图样绘制等。在此基础上，逐渐出现了计算机辅助设计（CAD）、计算机辅助工艺过程设计（CAPP）、计算机辅助制造（CAM）及计算机辅助工程（CAE）等概念。

计算机辅助设计（Computer Aided Design，CAD）是指工程技术人员在人和计算机组成的系统中以计算机为工具，辅助人类完成产品的总体设计、机构仿真、工程分析、图形编辑等工作，并达到提高产品设计质量、缩短产品开发周期、降低产品成本的目的。一般认为，CAD 系统的主要功能包括几何建模、装配设计、机构运动、工程分析、优化设计、工程绘图和数据管理等。

计算机辅助工艺过程设计（Computer Aided Process Planning，CAPP）是指在人和计算机组成的系统中，根据产品设计阶段给出的信息，人机交互或自动地完成产品加工方法的选择和工艺过程的设计。一般认为 CAPP 的功能包括毛坯设计、加工方法选择、工艺路线制定、工序设计、刀夹量具设计等。其中工序设计又包含机床、刀具的选择、切削用量选择、加工余量分配及工时定额计算等。

计算机辅助制造（Computer Aided Manufacturing，CAM）有广义和狭义两种定义。广义 CAM 是指利用计算机辅助完成从生产准备到产品制造整个过程的活动，包括工艺过程设计、工装设计、NC 自动编程、生产作业计划、生产控制、质量控制等。狭义 CAM 通常是指 NC 程序编制，包括刀具路径规划、刀位文件生成、刀具轨迹仿真及 NC 代码生成等。本教材采用狭义定义方法。

计算机辅助工程（Computer Aided Engineering，CAE）是以力学为基础，以计算机数据处理为手段的工程分析技术。CAE 的主要任务是对工程、产品和结构未来的工作状态和运行行为进行模拟仿真，及时发现设计中的问题和缺陷，实现产品优化设计。

1.1.2 CAD/CAM 集成技术

自 20 世纪 60 年代开始，CAD 和 CAM 技术各自独立地发展，出现了众多性能优良的相互独立的商品化 CAD、CAPP、CAM 系统，它们在各自领域都起到了重要的作用。然而，这些各自独立的系统相互割裂，不能实现系统之间信息的自动传递和转换，信息资源不能共享，严重制约了其发展。人们认识到，CAD 系统的信息必须能应用到后续的生产制造环节（如 CAE、CAPP、CAM），提出了 CAD/CAM 集成的概念，并首先致力于 CAD、CAPP 和 CAM 系统之间数据自动传递和转换的研究，以便将业已存在和使用的 CAD、CAPP、CAM 系统集成起来。集成化的 CAD/CAM 系统借助于工程数据库技术、网络通信技术及标准格式的产品数据接口技术，把分散于机型各异的各个 CAD/CAM 模块高效、快捷地集成起来，实现软、硬件资源共享，保证整个系统内的信息流动畅通无阻。

随着网络技术、信息技术的不断发展和市场全球化进程的加快，出现了以信息集成为基础的更大范围的集成技术，包括信息集成、过程集成、资源集成、工作机制集成、技术集成、人机集成及智能集成等，譬如将企业内经营管理信息、工程设计信息、加工制造信息、产品质量信息等融为一体的计算机集成制造（Computer Integrated Manufacturing，CIM）技术。而 CAD/CAM 集成技术则是计算机集成制造系统、并行工程系统、敏捷制造系统等新型集成系统中的一项核心技术。

1.2　产品生产过程与 CAD/CAM 关系

产品是市场竞争的核心。对于产品，有不同的定义和理解，一般认为产品是指被生产的东西，所以从生产的观点来看，产品是从需求分析开始，经过设计过程、制造过程最后变成可供用户使用的成品，这一总过程也称为产品生产过程。产品生产过程具体包括：产品设计、工艺设计、加工检测和装配调试过程。每一过程又划分为若干个阶段，例如产品设计过程可分为任务规划、概念设计、结构设计、施工设计四个阶段；工艺设计过程可划分为毛坯及定位形式确定、工艺路线设计、工序设计、刀夹量具设计等阶段；加工、装配过程可划分为 NC 编程、加工过程仿真、NC 加工、检测、装配、调试等阶段，如图 1-1 所示。

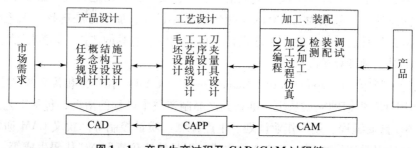

图 1-1　产品生产过程及 CAD/CAM 过程链

在上述各过程、阶段内，随着信息技术的发展，计算机获得不同程度应用，并形成了相应的 CAD/CAPP/CAM 过程链。按顺序生产观点，这是一个串行的过程链，但按并行工程的观点，考虑到信息反馈，这也是一个交叉、并行的过程。

另外，从市场变化的观点来看，产品又可以分为投入期、生长期、成熟期、饱和期和淘汰期，这是产品生命周期的概念。同时，从产品全生命周期整体考虑，还应包括有关产品的研究阶段及市场超前的研究，所以产品的生命周期可分为产品研究、产品规划、产品设计、产品试验、产品制造、产品销售、产品使用及产品报废、产品回收等阶段。随着计算机应用领域的日益扩大，生产过程建模技术的研究越来越重要。

1.3 CAD/CAM 系统的组成和分类

1.3.1 CAD/CAM 系统的组成

系统是指为一个共同目标而组织在一起的相互联系部分的组合。一个完善的 CAD/CAM 系统应具有如下功能：①快速数字计算及图形处理能力；②大量数据、知识的存储及快速检索、操作能力；③人机交互通信的功能；④输入、输出信息及图形的能力。为实现这些功能，CAD/CAM 系统应由人、硬件、软件三大部分组成。其中电子计算机及其外围设备称为 CAD/CAM 系统的硬件；操作系统、数据库、应用软件称作 CAD/CAM 系统的软件。不言而喻，人在 CAD/CAM 系统中起主导作用。

由人、硬件、软件组成的 CAD/CAM 系统将实现设计和制造各功能模块之间的信息的传输和存储，并对各功能模块运行进行管理和控制。一般其总体结构如图 1-2 所示。

用户界面			
应用系统			
CAD	CAPP	CAM	…
数据库			
操作系统、网络系统			
计算机硬件			

图 1-2 CAD/CAM 系统总体结构

从图 1-2 的结构可见，CAD/CAM 系统是建立在计算机系统上，并在操作系统、网络系统及数据库的支持下运行的软件系统。用户通过用户界面操作、控制 CAD/CAM 系统的运行。近几年来，如何使 CAD/CAM 系统具有一个良好的、直观的、易学易用的用户界面已成为 CAD/CAM 系统追求的目标之一，因为它直接关系到系统运行的效率及推广应用的可能性问题。为满足高质量用户界面的需求，自 20 世纪 80 年代中期，开始研究窗口管理系统。窗口是一种多任务编程的屏幕显示和人机界面技术，目前国际上著名的窗口管理系统有麻省理工学院（MIT）开发的 X-Windows 和 Microsoft 公司开发的 MS-Windows，它们在工作站和微机上都获得广泛应用，已成为事实上的 CAD/CAM 应用软件的标准界面。

1.3.2 CAD/CAM 系统的分类

1. 根据使用的支撑软件规模大小分类

①CAD 系统具有较强的几何造型、工程绘图、仿真与模拟、工程分析与计算、文档管理等功能，是为完成设计任务而建立的，规模相对较小，成本也较低。

②CAM 系统具有数控加工编程、加工过程仿真、生产系统及设备的控制与管理、生产信息管理等功能，是专门面向生产过程的，规模相对小一些。

③CAD/CAM 集成系统规模较大、功能齐全、集成度较高，同时具备 CAD 和 CAM 系统的功能及系统间共享信息和资源的能力。硬件配置较全，软件规模和功能强大，是面向 CAD/CAM 一体化而建立的，是目前 CAD/CAM 发展的主流。

2. 根据 CAD/CAM 系统使用的计算机硬件及其信息处理方式分类

（1）主机系统

主机系统以一个主机为中心。系统集中配备某些公用外围设备与主机相连，同时可以支持多个用户工作站及字符终端。一般至少有一个图形终端，并配有图形输入设备，如键盘、鼠标或图形输入板，用来输入字符或命令等。这类系统采用多用户分时工作方式，其优点是主机功能强，能进行大信息量的作业，如大型分析计算、复杂模拟和管理等；缺点是开放性较差，即系统比较封闭、具有专用性，当终端用户过多时，会使系统过载，响应速度变慢，并且一旦主机发生故障，整个系统就不能工作，目前一般不再采用。

（2）工作站系统

工作站本身具有强大的分布式计算功能，因此能够支持复杂的 CAD/CAM 作业和多任务进程。该类系统的信息处理不再采用多用户分时系统的结构与方式，而是采用计算机网络技术将多台计算机（工程工作站或微型计算机）连接起来，一般每台计算机只配一个图形终端，每位技术人员使用一台计算机，以保证对操作命令的快速响应。系统的单用户性保证了快速的时间响应，提高了用户的工作效率。

（3）微型计算机系统

近年来，微型计算机在速度、精度、内/外存容量等方面已能满足 CAD/CAM 应用的要求，一些大型工程分析、复杂三维造型、数控编程、加工仿真等作业在微型计算机上运行不再有大的困难，微型计算机的价格也越来越低。以往一些对计算机硬件资源要求高、规模较大、在工程工作站上运行的 CAD/CAM 软件逐步移植到微型计算机上，从图形软件、工程分析软件到各种应用软件，满足了用户的大部分要求。现代网络技术能将许多微型计算机及公共外设连成一个完整系统，做到系统内部资源共享。

3. 根据 CAD/CAM 系统是否使用计算机网络分类

（1）单机系统

在单机系统中，每台计算机都具备完成 CAD/CAM 指定任务所需要的全部软、硬件资源，但计算机之间没有实施网络连接，无法进行通信和信息交互，不能实现资源共享。

（2）网络化系统

这类系统将本地或异地多台计算机以网络形式连接起来，计算机之间可以进行通信和信息交互，完成 CAD/CAM 任务所需要的全部软、硬件资源分布在各个节点上，实现资源共享。网络上各个节点的计算机可以是微型计算机，也可以是工作站。每个节点有自己的 CPU

其至外围设备,使用速度不受网络上其他节点的影响。通过网络软件提供的通信功能,每个节点的用户还可以享用其他节点的资源,例如绘图仪、打印机等硬件设备,也能共享某些公共的应用软件及数据文件。

1.4 CAD/CAM 技术的应用和发展

1.4.1 CAD/CAM 技术的应用

从 20 世纪 60 年代初第一个 CAD 系统问世以来,经过 30 多年的发展,CAD/CAM 系统在技术上、应用上已日趋成熟。尤其是进入 80 年代以后,硬件技术的飞速发展使软件在系统中占有越来越重要地位。作为商品化 CAD/CAM 软件,如美国 SDRC 公司的 I-DEAS,美国 Computer Vision 公司的 CADDS5,美国 EDS 公司的 UG,美国 PTC 公司的 PRO/Engineer、法国 MATRA 公司的 Euclid,以及数据库管理软件 Oracle 等大量投入市场。目前 CAD/CAM 软件已发展成为一个受人瞩目的高技术产业,并广泛应用于机械、电子、航空、航天、船舶、汽车、纺织、轻工、建筑等行业。据统计,美国大型汽车业的 100%、电子行业的 60%、建筑行业的 40% 采用了 CAD/CAM 技术,例如美国波音 777 已 100% 实现数字化三维实体设计,实现了无图纸制造。

进入 20 世纪 80 年代,我国的 CAD/CAM 技术也取得了可喜成绩。在"七五"计划期间国家支持对 24 个重点机械产品进行了 CAD 的开发研制工作,为我国 CAD/CAM 技术的发展奠定了一定的基础。另外,通过国家科委实施的"863"计划中的 CIMS 主题,也促进了 CAD/CAM 技术的研究和发展。尤其是机械行业自 1995 年以来,相继开展了"CAD 应用 1215 工程"和"CAD 应用 1550 工程",前者是树立 12 家"甩图板"的 CAD 应用典型企业,后者是培育 50~100 家 CAD/CAM 应用的示范企业,扶持 500 家,继而带动 5 000 家企业的计划。近几年来,市场上已越来越多地出现了拥有自主版权的 CAD、CAM 软件,如清华大学的高华 CAD 软件、天河公司的 CAPP 软件和华中理工大学的开目 CAD 软件等,CAD/CAM 的应用日益广泛。但总体上,我国 CAD/CAM 的研究应用与工业发达国家相比还有较大差距,主要表现在:①CAD/CAM 的应用集成化程度较低,很多企业仍停留在绘图、NC 编程等单项技术的应用上;②CAD/CAM 系统的软、硬件主要依靠进口,拥有自主版权的软件较少;③缺少设备和技术力量,有些企业尽管引进了 CAD/CAM 系统,但二次开发能力弱,其功能没能充分发挥。

随着市场竞争的日益激烈,用户对产品的质量、成本、上市时间提出了越来越高的要求。事实证明,CAD/CAM 技术是加快产品更新换代、增强企业竞争能力的最有效手段,同时也是实施先进制造和 CIMS 的关键及核心技术。目前,CAD/CAM 技术应用已成为衡量一个国家工业现代化水平的重要标志。因此,我们应抓紧时机,结合国情,积极开展 CAD/CAM 的研究和推广工作,提高企业竞争能力,加速企业现代化的进程。

1.4.2 CAD/CAM 的发展趋势

随着 CAD/CAM 技术不断研究、开发与广泛应用,对 CAD/CAM 技术的要求也越来越高,这进一步推动了 CAD/CAM 系统日新月异地发展。CAD/CAM 技术的发展趋势可以概括为以下几个方面。

1. 向集成化方向发展

CIMS 是在新的生产组织原理指导下形成的一种新型生产模式，它要求将 CAD/CAPP/CAM/CAE 集成起来。CIMS 是现代制造企业的一种生产、经营和管理模式，它以计算机网络和数据库为基础，利用信息技术（包括计算机技术、自动化技术、通信技术等）和现代管理技术将制造企业的经营、管理、计划、产品设计、加工制造、销售及服务等全部生产活动集成起来，将各种局部自动化系统集成起来，将各种资源集成起来，将人、机系统集成起来，实现整个企业的信息集成，保证企业内的工作流、物质流和信息流畅通无阻，达到实现企业全局优化、提高企业综合效益和提高市场竞争力的目的。CIMS 集成主要包括人员集成、信息集成、功能集成、技术集成。

CIMS 的目标在于企业效益最大化，这在很大程度上取决于企业内、外部的协调。一般来说，企业集成的程度越高，协调性越好。只有集成，才能使"正确的信息在正确的时刻以正确的方式到正确的地方"。集成是构成整体和系统的主要途径，是企业成功的关键因素。计算机图形处理技术、图形输入和工程图样识别技术、产品造型技术、参数化设计技术、CAPP 技术、数据库技术、数据交换技术等关键技术的迅猛发展推动了 CIMS 的发展。

2. 向智能化方向发展

随着人工智能（AI）的发展，智能制造技术也日趋成熟。智能制造技术是一种由智能机器和专家共同组成的人机一体化系统。它在制造工业的各个环节中以一种高度柔性与高度集成的方式，通过计算机模拟人类的智能活动，诸如分析、推理、判断、构思和决策等，取代或延伸制造环境中人的部分脑力劳动，同时对人的设计制造智能进行收集、存储、完善、共享、继承和发展。智能制造技术是通过集成传统的制造技术、计算机技术、自动化及人工智能等发展起来的一种新型制造技术。专家系统（Expert System，ES）是智能制造技术的典型代表，它实质上是一种"知识＋推理"的程序。将 ES 技术应用于机械设计领域，并同 CAD 技术结合起来形成智能 CAD 系统，必将大大提高机械设计的效率和质量，使 CAD 技术更加实用和有效。

3. 向网络化方向发展

自 20 世纪 90 年代以来，计算机网络技术飞速发展，使独立的计算机能按照网络协议进行通信，实现资源共享。CAD/CAPP/CAM 技术日趋成熟，可应用于越来越大的项目，这类项目往往不是一个人，而是多个人、多个企业在多台计算机上协同完成，所以分布式计算机系统非常适用于 CAD/CAPP/CAM 的作业方式。同时，随着因特网的发展，可针对某一特定产品，将分散在不同地区的现有智力资源和生产设备资源迅速组合，建立动态联盟的制造体系，以适应不同地区的现有智力资源和生产设备资源的迅速组合。该体系可以在任何时间、任何地点与任何一个角落的用户、供应商及制造者打交道。建立动态联盟的制造体系，将成为全球化制造系统的发展趋势。

4. 面向并行工程的发展

并行工程是随着 CAD、CIMS 技术发展提出的一种新的系统工程方法，即并行地、集成地设计产品及其开发产品的过程。要求产品开发人员在设计阶段就考虑产品整个生命周期的所有要求，包括质量、成本、进度、用户要求等，以便更大限度地提高产品开发效率及一次成功率,如图 1-3 所示。并行工程的关键是用并行设计方法代替串行设计方法。在并行工程运行模式下,设计人员之间可以相互进行通信,根据目标要求既可随时响应其他设计人员要求而修改自己的设计,也可要求其他设计人员响应自己的要求。通过协调机制,群体设计小组的多种设计工作可以并行协调地进行。

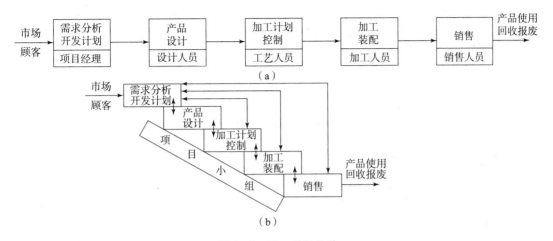

图 1-3 串·并行设计
(a) 串行作业方式;(b) 并行作业方式

并行工程正受到越来越多的重视,CAD/CAM 系统需要提供支持并行工程运行的工具和条件,建立并行工程中数据共享的环境,提供多学科开发小组的协同工作环境。

5. 面向先进制造技术的 CAD 技术的发展

由于制造业的竞争越来越激烈,出现了一些先进制造技术,如并行工程、精益生产、智能制造、敏捷制造、分形企业、计算机集成制造等技术。它们在强调生产技术、组织结构优化的同时,都特别强调产品结构的优化,并对 CAD 技术提出了新的要求:产品信息模型要在产品整个生命周期的不同环节(从概念设计、结构设计、详细设计到工艺设计、数控编程)间进行转换;在用 CAD 系统进行新产品开发时,只需要重新设计其中一部分零件,大部分零部件的设计都将继承以往产品的信息,即 CAD 系统具有变型设计能力,能快速重构得到一种全新产品;CAD 系统遵循产品信息标准化原则;二维与三维产品模型间能相互转换;引入虚拟现实技术,设计人员能在虚拟世界中设计、测试、制造新产品。

6. 面向虚拟设计技术的发展

虚拟设计是一种新兴的多学科交叉技术,其以虚拟现实技术为基础,以机械产品为对象,使设计人员能与多维的信息环境进行交互。利用这项技术可以极大地减少实物模型和样品的制作。虚拟设计是以 CAD 为基础,利用虚拟现实技术发展而来的一种新的设计系统,可分为增强的可视化系统和基于虚拟现实的 CAD 系统。

(1) 增强的可视化系统

利用现行的 CAD 系统进行建模,输出到虚拟环境系统。设计人员利用三维的交互设备(如头盔式显示器、数据手套等),在一个虚拟环境中对虚拟模型进行各个角度的观察。目前的虚拟设计多采用增强的可视化系统,这主要是因为基于虚拟建模技术的系统还不够完善,相比之下,目前的 CAD 建模技术比较成熟,可以利用。

（2）基于虚拟现实的 CAD 系统

用户可以在虚拟环境中进行设计活动，包括三维设计。这种系统易于学习掌握，用户略加熟悉便可利用这样的系统进行产品设计，其设计效率比现行的 CAD 系统至少高 5 ~ 10 倍。

虚拟现实技术对缩短产品开发周期、节省制造成本有着重要的意义，不少大公司，例如通用汽车公司、波音公司、奔驰公司、福特汽车公司等的产品设计中，都采用了这项先进技术。随着科技日新月异的发展，虚拟设计在产品的概念设计、装配设计、人机工程学等方面必将发挥更加重大的作用。

复习思考题

1. 说明 CAD、CAM、CAE、CAPP 的含义。
2. 简述 CAD/CAM 系统的组成。
3. 试分析 CAD/CAM 的发展趋势。

第 2 章 零 件 装 配

零件装配是在零件设计的基础上，进一步对零件进行组合或配合，以满足机器的使用要求，实现设计的功能。零件装配的重点不在于几何造型设计，而在于确立几何体的空间位置关系。

UG NX 的装配模块功能不仅能够快速地将零部件组合成产品，而且在装配中可以参考其他部件进行部件关联设计，同时可以对装配模型进行间隙分析和重量管理等操作。

2.1 概　　述

2.1.1 装配的基本概念

机械装置一般由多个零部件组成。将零部件按照一定的关系组合到一起的过程称为装配。在 UG 中，零件装配是通过定义零件模型之间的装配约束来实现的，也就是在各个零件之间建立一定的链接关系，从而确定各零件在空间的具体位置关系。零件和装配是关联的，当修改零件或装配体上对应的零件时，会在它们之间发生相应的变化。

1. 零件

零件是组成产品的最小单元。它由整块金属（或其他材料）制成。在机械装配中，一般先将零件装成套件、组件或部件，再装成产品。

2. 套件

套件是在一个基准零件上，装上一个或若干个零件而构成。它是最小的装配单元。套件中唯一的基准零件用于连接相关零件和确定各零件的相对位置。为套件而进行的装配称为套装。

3. 组件

组件是在一个基准零件上，装上若干套件及零件而构成。组件中唯一的基准零件用于连接相关零件和套件，并确定它们的相对位置。为形成组件而进行的装配称为组装。组件中可以没有套件，即由一个基准零件加若干个零件组成。它与套件的区别，在于组件在以后的装配中可拆。

4. 部件

部件是在一个基准零件的基础上，装上若干组件、套件和零件而构成。部件中唯一的基准零件用于连接各个组件、套件和零件，并决定它们之间的相对位置。为形成部件而进行的装配称为部装。部件在产品中能完成一定的完整的功用。

5. 机器

在一个基准零件上，装上若干个部件、组件、套件和零件，就成为机器或称产品。一台机器只能有一个基准零件。为形成机器而进行的装配工作，称为总装。

2.1.2 装配的模式与方法

在大多数 CAD/CAM 系统中，可以采用两种不同的装配模式，即多组件装配和虚拟装配。

多组件装配模式将部件的所有数据复制到装配模块中。装配模块中的部件与所引用的部件没有关联性。这种装配属于非智能的装配，当部件被修改时，不会反映到装配中。同时，由于装配时要引用所有部件，因此需要用较大的内存空间，并且会影响装配的工作速度。

虚拟装配模式是利用部件间链接关系建立装配。相比多组件装配模式，该装配模式具有装配时要求内存空间小、速度快及装配部件修改后能够自动更新等优点。因此，在装配中多采用该种模式。

根据装配体与零件之间的引用关系，有以下 3 种创建装配体的方法。

1. 自顶向下装配

自顶向下装配是指先设计完成装配体，并在装配中创建零部件模型，然后拆成子装配体和单个可以直接用于加工的零件模型。使用这种装配方法，可以在装配中设计一个组件，或者利用一个黑盒子表示，在那里设计组件部件的一般外形，以此建立装配件与组件的关系。在这种装配建模技术中，在装配步骤中也可以建立和编辑组件部件，在装配级上做的几何体改变后，会立即自动地反映在个别组件中。

2. 自底向上装配

自底向上装配是先创建零部件模型，合成子装配，最后生成装配部件的装配方法。这种装配的方法可建立组件间装配关系，数据库中已存在的系列产品零件、标准件及外购件也可以通过此方法加入装配件中。

3. 混合装配

混合装配是将自顶向下装配和自底向上装配结合在一起的装配方法。例如，首先创建几个主要部件模型，再将其装配在一起，然后在装配中设计其他的部件，即为混合装配。在实际设计中，可根据需要在两种模式下切换。

2.1.3 装配部件

装配部件是 UG NX 装配后形成的结果，是由零件和子装配构成的部件。在 UG 中允许向任何一个 Part 文件中添加部件组成装配，因此，任何一个 Part 文件都可以作为装配部件。在 UG 系统中，一般不严格区分零件和部件。各部件的实际几何数据并不存储在装配部件文件中，而是存储在各自的部件文件中。

1. 主模型

主模型是指供 UG 模块共同引用的部件模型。一个主模型可以同时被工程图、装配、加工、机构分析和有限元等模块引用。当主模型被修改时，相关应用自动更新。

2. 子装配

子装配是指在高一级装配中被用作组件的装配。子装配也可以拥有自己的组件。子装配是一个相对的概念，任何一个装配部件可以在更高级装配中用作子装配。

3. 配对条件

配对条件是组件的装配约束关系的集合。它由一个或多个约束条件组成，用户可通过这些约束条件限制装配组件的自由度，进而确定组件的位置。

4. 组件对象

组件对象是一个从装配部件链接到部件主模型的指针实体。一个组件对象包含的信息有部件名称、层、颜色、引用集和装配条件等。

2.1.4 引用集

引用集是为了优化模型装配而提出的概念。它包含组件中的几何对象，在装配时，它代表相应的组件进行装配。引用集通常包含部件名称、点、方向、几何体、坐标系、基准轴、基准面和属性等数据。引用集一旦产生，就可以单独地装配到部件中。一个部件可以有多个引用集。

在装配中，各个部件都包含草图、基准平面和其他的辅助图形数据，若这些数据都显示在装配中，就容易混淆图像，且增加系统的内存消耗，不利于装配工件的进行。引用集用于减少这些消耗，并可以提高运行的速度。

要启动"引用集"对话框，可以通过选择"格式"菜单下的"引用集"命令来实现。"引用集"对话框如图2-1所示。该对话框中的各个选项如下。

图2-1 "引用集"对话框

1. 默认引用集

在装配中，每个零部件有"整个部件"和"空"两个默认的引用集。这两个引用集不可以被编辑。

①"整个部件":表示引用部件的全部几何数据。在添加部件到装配中时,如果不选择其他的引用集,则系统默认使用该引用集。

②"空":表示不包含任何的几何对象。选择部件以该引用集的形式添加到装配中时,在装配中看不到该部件。因此,在装配中若不需要显示部件几何对象,则使用该引用集可以提高速度。

2. 引用集操作

(1) 添加新的引用集

"添加新的引用集"功能用于创建新的引用集,既可以在部件中新建引用集,也可以在子装配中新建引用集。当子装配中为某个部件建立引用集时,应使该部件成为工作部件。可以通过单击"创建"图标激活创建引用集功能,然后在"引用集名称"文本框中输入创建的引用集的名称。如果选择"设置"中的"自动添加组件"功能,当完成引用集名称设置后,系统会自动地将所有的对象作为所选的组件,否则用户可自主选择组件。

(2) 移除引用集

该功能用于删除部件或者子装配中已经存在的引用集。

(3) 重命名

该功能用于对建立的引用集重命名。

(4) 选择对象

该功能用于编辑引用集中的组件对象。在"工作部件"列表框中选择引用集,然后单击"选择对象"图标,系统提示选取组件。选取组件后,系统将以指定的组件编辑该引用集。

(5) 属性

编辑引用集的名称和属性。

(6) 设为当前的

把对话框中选取的引用集设定为当前的引用集。

(7) 替换引用集

替换引用集命令包括 DRAWING、MATE、SIMPLIFIED、BODY、MODEL、空和整个部件。

2.1.5 装配导航器操作

1. 装配导航器

装配导航器是 UG NX 中进行装配操作的关键工具,它是装配部件的图形化显示界面,其结构为树形结构。在该结构中,每一个组件显示为一个节点。装配导航器如图 2-2 所示。

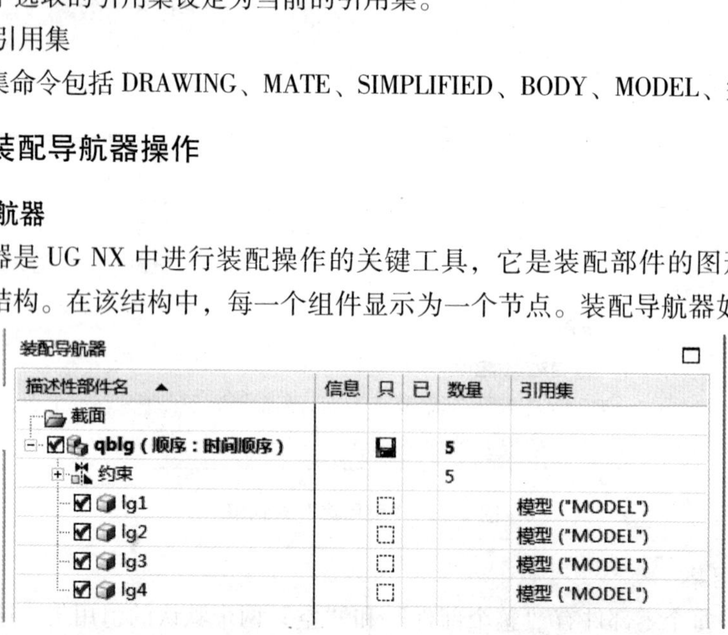

图 2-2 装配导航器

🗂️：表示完全加载的装配或子装配。此图标为黄色时，表示装配或者子装配在工作部件内；此图标为灰色且有实体边框时，表示装配或子装配是非工作部件；此图标为灰色且有虚边框时，表示装配或子装配被关闭。

📦：表示完全加载的部件。此图标为黄色时，表示部件在工作部件内；此图标为灰色且有实体边框时，表示部件是非工作部件；此图标为灰色且有虚边框时，表示部件被关闭。

☑：该图标为检查框。当检查框选中并且为红色时，表示当前部件或装配为显示状态；当检查框选中且为灰色时，表示当前部件或装配为隐藏状态；当检查框未被勾选时，表示当前部件或装配为关闭状态。

2. 装配导航器中的快捷菜单介绍

在"装配导航器"中的任意组件上单击鼠标右键，会弹出装配命令快捷菜单。

"设为工作部件"：将当前选中的部件设置为工作部件。执行该命令，当前选中的部件显示为高亮状态，其他部件暗显示。

"设为显示部件"：将当前选中的部件设置为显示部件。

"显示父项"：显示当前组件的父组件。

"关闭"：用于关闭组件使其数据不出现在装配中，以提高装配的速度。其中的命令包括关闭选择"部件"和"重新打开部件"两个命令。

"替换引用集"：用于替换当前的引用集。

"替换组件"：用新的组件替换当前组件。

"装配约束"：定义组件间的配对关系。

"移动"：用于打开"移动组件"对话框，重新定位选中的组件。

"抑制"：将当前选中组件的状态设置为"不加载"状态。

"属性"：用于定义当前组件的信息。

2.2 装配组件

自底向上装配的设计方法是常用的装配方法，即先设计装配中的部件，再将部件添加到装配中，由底向上逐级进行装配。

2.2.1 添加组件

执行"添加组件"命令，主要有以下两种方式。方式一：选择"菜单"→"装配"→"组件"→"添加组件"命令。方式二：单击"主页"选项卡"装配"组中的"添加组件"按钮。

执行"添加组件"命令后，弹出如图2-3所示的"添加组件"对话框。如果要进行装配的部件还没有打开，可以单击"打开"按钮，从磁盘目录中选择；已经打开的部件名称会出现在"已加载的部件"列表框中，可以从中直接选择，单击"确定"按钮，返回如图2-3所示的"添加组件"对话框。设置相关选项后，单击"确定"按钮，添加组件。

1. 部件

"选择部件"：选择要添加到工作中的一个或多个部件。

"已加载的部件"：系统列出当前已加载的部件。

"最近访问的部件"：系统列出最近添加的部件。

"打开"：能够打开"部件名"对话框，选择要添加到工作部件中的一个或多个部件。

2. 放置/定位

"绝对原点"：按照绝对坐标系方式确定部件在装配图中的位置。

"选择原点"：通过指定部件坐标系原点在装配空间的相对位置来定义装配目标位置。

"通过约束"：按照几何对象之间的配对关系指定部件在装配图中的位置。

"移动"：用于在部件添加到装配图之后，通过移动重新对其进行定位。

3. 复制/多重添加

"无"：仅添加一个组件实例。

"添加后重复"：用于添加一个新组件的其他组件。

"添加后创建阵列"：用于创建新添加组件的阵列。

4. 设置

"名称"：将当前所选组件的名称设置为指定的名称。

图 2-3 "添加组件"对话框

"引用集"：设置已添加组件的引用集。

"图层选项"：用于指定部件放置的目标层。

"工作的"：用于将指定部件放置到装配图的工作层中。

"原始的"：用于将部件放置到部件原来的层中。

"按指定的"：用于将部件放置到指定的层中。选择该选项，在其下端的"层"文本框中输入需要的层号即可。

2.2.2 新建组件

执行"新建组件"命令，主要有以下两种方式。方式一：选择"菜单"→"装配"→"组件"→"新建组件"命令。方式二：单击"主页"选项卡"装配"组中的"新建组件"按钮。

执行上述操作后，打开"新建组件"对话框。设置相关参数后，单击"确定"按钮，弹出如图 2-4 所示的"新建组件"对话框。

1. 对象

"选择对象"：允许选择对象，以创建包含几何体的组件。

"添加定义对象"：选中该复选框，可以在新组件部件文件中包含所有参数对象。

2. 设置

"组件名"：指定新组件名称。

图 2-4 "新建组件"对话框

"引用集":在要添加所选定几何体的新组件中指定引用集。

"引用集名称":指定组件引用集的名称。

"组件原点":指定绝对坐标系在组件部件内的位置。"WCS"选项指定绝对坐标系的位置和方向与显示部件的 WCS 相同。"绝对坐标系"选项指定对象保留其绝对坐标位置。

"删除原对象":选中该复选框,删除原始对象,同时将选定对象移至新部件。

2.2.3 替换组件

使用该命令,移除现有组件,并用另一个类型为".prt"的组件将其替换。执行替换组件命令,主要有以下两种方式。方式一:选择"菜单"→"装配"→"组件"→"替换组件"命令。方式二:单击"主页"选项卡"装配"组中的"替换组件"按钮。执行上述操作后,弹出如图 2-5 所示的"替换组件"对话框。

1. 要替换的组件

"要替换的组件":选择一个或多个要替换的组件。

2. 替换件

"选择部件":在图形窗口、已加载列表或未加载列表中选择替换组件。

"已加载的部件":在列表框中显示所有加载的组件。

"未加载的部件":显示曾经加载但目前未加载的组件。

"浏览":浏览包含部件的目录。

3. 设置

"维持关系":指定在替换组件后仍保持维持关系。

"替换装配中的所有事例":在替换组件时,将所有事例进行替换。

"组件属性":允许指定替换部件的名称、引用集和图层属性。

图 2-5 "替换组件"对话框

2.2.4 创建阵列组件

使用该命令，为装配中的组件创建命名的关联阵列。执行"阵列组件"命令，主要有以下两种方式。方式一：选择"菜单"→"装配"→"组件"→"阵列组件"命令。方式二：单击"主页"选项卡"装配"组中的"阵列组件"按钮。

2.2.5 移动组件

使用该命令，可在装配中移动并有选择地复制组件，可以选择并移动具有同一父项的多个组件。执行"移动组件"命令，主要有以下两种方式。方式一：选择"菜单"→"装配"→"组件位置"→"移动组件"命令。方式二：单击"主页"选项卡"装配"组中的"移动组件"按钮。执行上述操作后，弹出如图 2-6 所示的"移动组件"对话框。

1. 变换/运动

①"动态"：用于通过拖动、使用图形窗口中的输入框或通过"点"对话框来重定位组件。

②"通过约束"：用于通过创建移动组件的约束来移动组件。

图 2-6 "移动组件"对话框

③ "点到点":用于采用点到点的方式移动组件。选择该选项,打开"点"对话框,提示先后选择两个点,系统根据这两点构成的矢量和两点间的距离,沿着这个矢量方向移动组件。

④ "增量 XYZ":用于沿 X、Y 和 Z 坐标轴方向移动一个距离。如果输入的值为正,则沿坐标轴正向移动;反之,则沿负向移动。

⑤ "角度":用于通过指定矢量和轴点旋转组件。在"角度"文本框中输入要旋转的角度值。

⑥ "CSYS 到 CSYS":用于采用移动坐标方式移动所选组件。选择一种坐标定义方式定义参考坐标系和目标坐标系,则组件从参考坐标系的相对位置移动到目标坐标系中的对应位置。

⑦ "轴到矢量":用于在选项的两轴之间旋转所选的组件。

⑧ "根据三点旋转":用于在两点间旋转所选的组件。选择该选项后,系统会打开"点"对话框,要求先后指定 3 个点。WCS 将原点落到第一个点,同时计算 1、2 点构成的矢量和 1、3 点构成的矢量之间的夹角,按照这个夹角旋转组件。

⑨ "只移动手柄":选中该复选框,用于只拖动 WCS 手柄。

2. 复制

"不复制":在移动过程中不复制组件。

"复制":在移动过程中自动复制组件。

"手动复制":在移动过程中复制组件,并允许控制副本的创建时间。

3. 设置

"仅移动选定的组件":用于移动选定的组件,其他组件不会移动。

"动画步骤":在图形窗口中设置组件移动的步数。

"动态定位":选中该复选框,对约束求解并移动组件。

"移动曲线和管线布置对象":选中该复选框,对对象和非关联曲线进行布置,使其在约束中进行移动。

"动态更新管线布置实体":选中该复选框,可以在移动对象时动态更新管线布置对象位置。

"碰撞检测":用于设置碰撞动作选项。该下拉列表框中包括"无""高亮显示碰撞"和"在碰撞前停止"3个选项。

2.3 装配约束

约束关系是指组件的点、边、面等几何对象之间的配对关系,以此确定组件在装配中的相对位置。这种装配关系是由一个或者多个关联约束组成的,通过关联约束来限制组件在装配中的自由度。

对组件的约束包括"完全约束"和"欠约束"两种。"完全约束"是组件的自由度都被约束,在图形窗口中看不到约束符号。"欠约束"是组件还有自由度没被限制,在装配中允许欠约束存在。

2.3.1 装配约束条件

在 UG NX 中,装配约束有接触对齐、同心、距离、固定、平行、垂直、对齐/锁定、等尺寸配对(拟合)、胶合、中心和角度共 11 种条件。

1. 接触对齐

接触对齐是最常用的一种约束方式,包含接触、对齐和自动判断中心/轴 3 种子类型。

①接触:接触是指共面的两个面法线方向相反。接触可以选择平面与平面、柱面和平面、柱面和柱面、柱面和球面、球面和球面、球面和平面、直线与直线、曲面和曲面等类型。

在选择接触对象时,如果选择两个点,则表示点重合;如果选择点和线,则表示点在线上;如果选择线和面,则表示线在面上;如果选择直线和直线,则表示直线和直线重合;使用曲面与曲面接触约束时,如果两个曲面尺寸不一致,则自动变为相切约束。

②对齐:对齐约束是指共面的两个面的法线方向相同,配对的几何类型和接触相同。如果选择的对象中包含线、点,则含义和接触相同。

③自动判断中心/轴:将选择的回转面轴线对齐,或回转面的轴线与选择的直线边对齐。

2. 同心

选择的两个装配零件的圆弧边或曲线同心且共面。

3. 距离

该配对类型约束用于指定两个相配对对象间的距离。距离可以是正值,也可以是负值。正负号确定相配组件在基础组件的哪一侧,距离由"距离表达式"的数值确定。

4. 平行

用于将两个对象的方向矢量定义为相互平行。可以选择直线与直线、直线和圆、圆和圆、直线和圆柱面、圆和平面、平面和平面、平面和圆柱面、圆柱面和圆柱面进行配对。"平行"和"距离"之间的区别是:"距离"不仅限制了被限制对象的方位,而且限制了它们之间的距离;而"平行"只限制了被限制对象的方位。

5. 垂直

用于将两个对象的方向矢量定义为相互垂直。

6. 中心

用于将一个对象居于另一个对象中心的任意位置，或将一个或两个对象居于一对对象之间。

① "1 对 2"：将相配组件上的一个对象的中心，定位到基础组件上的两个对象的对称中心上。

② "2 对 1"：将相配组件上的两个对象，定位到基础组件上的一个对象上并与其对称。

③ "2 对 2"：将相配组件的两个对象，定位到基础组件上的两个对象并与其对称。

7. 角度

将两个装配对象的方向矢量定义为呈一定的角度。

8. 对齐/锁定

对齐两个装配组件中的轴，同时防止绕公共轴发生任何旋转。

9. 等尺寸配对

将半径相等的两个圆柱面结合在一起。

10. 胶合

将所选组件以当前的位置"焊接"在一起，使它们作为刚体移动。

11. 固定

将组件在当前位置固定下来，自由度为 0。

2.3.2 显示和隐藏约束

使用显示和隐藏约束命令可以控制指定的约束及选定组件相关联的所有约束与选定组件之间的关系。要执行显示和隐藏约束命令，选择"菜单"→"装配"命令下的"组件位置"中的"显示和隐藏约束"命令即可。"显示和隐藏约束"对话框如图 2-7 所示。

图 2-7 "显示和隐藏约束"对话框

"选择组件或约束"：可以选择操作中使用的约束所属组件或各个约束。

"可见约束"：用于指定在操作之后可见约束是选定组件之间的约束，还是与任何选定组件相连接的所有约束。

"更改组件可见性"：选择该选项后，指定仅仅是操作结果中涉及的组件可见。

"过滤装配导航器"：选择该选项后，指定在装配导航器中过滤操作结果中未涉及的组件可见。

2.4 装配爆炸图

装配爆炸图是指产品的立体装配示意图，或者是产品的拆分图。在爆炸图中可以方便地观察装配中的零件数目及相互之间的装配关系，它是装配模型中各个组件按照装配关系沿指定的方向偏离原来位置的拆分图。在装配爆炸图中，零件的装配约束关系并没有变化，仅是视图显示，在一个模型中可以存在多个爆炸图。

2.4.1 新建爆炸图

"新建爆炸图"命令只是将当前视图创建为一个爆炸视图，装配中，各个组件的位置并没有产生变化。要启动"新建爆炸图"命令，选择"菜单"→"装配"→"新建爆炸图"命令即可。"新建爆炸图"对话框如图 2-8 所示。

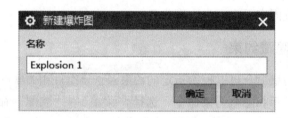

图 2-8 "新建爆炸图"对话框

2.4.2 自动爆炸图

自动爆炸图功能是将前面新建的爆炸视图通过"自动爆炸"功能生成爆炸图。自动爆炸只能对具有关联条件的组件有效。"自动爆炸组件"对话框如图 2-9 所示。

图 2-9 "自动爆炸组件"对话框

使用"自动爆炸图"命令可以定义爆炸图中一个或多个选定组件的位置，沿基于组件的装配约束的矢量偏置每一个选定的组件。

要启动"自动爆炸图"命令，选择"菜单"→"装配"→"爆炸图"→"自动爆炸组件",弹出"自动爆炸组件"对话框,根据提示选择进行爆炸的组件后,在"爆炸距离"对话框中输入移动距离,其值可正可负。

2.4.3 编辑爆炸图

使用"编辑爆炸图"重新定位爆炸图中选定的一个或多个组件。要启动"编辑爆炸图"命令,选择"菜单"→"装配"→"爆炸图"→"编辑爆炸图"即可。"编辑爆炸图"对话框如图2-10所示。

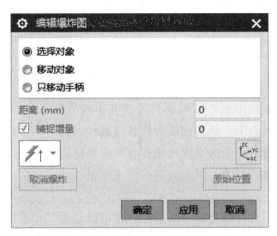

图 2-10 "编辑爆炸图"对话框

"选择对象":选择要爆炸的组件。
"移动对象":移动选定的组件。
"只移动手柄":移动手柄而不移动其他任何对象。
"距离/角度":设置距离或角度,重新定位所选组件。
"捕捉增量":拖动手柄时,移动的距离或旋转的角度通过"捕捉增量"来设置。
"取消爆炸":将选定的组件移回其未爆炸的位置。
"原始位置":将所选组件移回其在装配中的原始位置。

复习思考题

1. 说明零件、套件、组件、部件、机器的含义。
2. 创建装配体的方法有哪些?
3. 装配约束条件有哪些?每个约束条件的主要功能是什么?

第 3 章　机构运动与仿真分析

3.1　概　　述

3.1.1　机构

人类在长期的生产实践中创造了机器，并使其不断发展，从而形成当今多种多样的类型。在现代生产和日常生活中，机器已成为代替或减轻人类劳动、提高劳动生产率的主要手段。使用机器的水平是衡量一个国家现代化程度的重要标志。

机器是执行机械运动的装置，用来变换或传递能量、物料、信息。机器的主体部分是由许多运动构件组成的。

构件是运动的单元，它可以是单一的整体，也可以是由几个零件组成的刚性结构。

机构是由两个或两个以上构件通过活动连接形成的构件系统，其作用是传递运动和力。按组成的各构件间相对运动的不同，机构可分为平面机构（如平面连杆机构、圆柱齿轮机构等）和空间机构（如空间连杆机构、蜗轮蜗杆机构等）；按运动副类别，可分为低副机构（如连杆机构等）和高副机构（如凸轮机构等）；按结构特征，可分为连杆机构、齿轮机构、斜面机构、棘轮机构等；按所转换的运动或力的特征，可分为匀速和非匀速转动机构、直线运动机构、换向机构、间歇运动机构等；按功用，可分为安全保险机构、联锁机构、擒纵机构等。

机构与机器的区别在于：机构只是一个构件系统，而机器除构件系统之外，还包含电气、液压等其他装置；机构只用于传递运动和力，而机器除传递运动和力之外，还具有变换或传递能量、物料、信息的功能。

3.1.2　UG NX 运动仿真

UG NX 运动仿真是在初步设计、建模、组装完成的机构模型的基础上，添加一系列的机构连接和驱动，使机构连接进行运转，从而模拟机构的实际运动，分析机构的运动规律，研究机构静止或运行时的受力情况，最后根据分析和研究的数据对机构模型提出改进和进一步优化设计的过程。

运动仿真模块是 UG NX 的主要组成部分，它可以直接使用主模型的装配文件，并可以对一组机构模型建立不同条件下的运动仿真，每个运动仿真可以独立编辑而不会影响主模型的装配。

UG NX 机构运动仿真的主要分析和研究类型如下。

①分析机构的动态干涉情况。主要是研究机构运行时各个子系统或零件之间有无干涉情

况，及时发现设计中的问题。在机构设计中期对已经完成的子系统进行运动仿真，还可以为下一步的设计提供空间数据参考，以便留有足够的空间进行其他子系统的设计。

②跟踪并绘制零件的运动轨迹。在机构运动仿真时，可以指定运动构件中的任一点为参考并绘制其运动轨迹，这对于研究机构的运行状况很有帮助。

③分析机构中零件的位移、速度、加速度、作用力与反作用力及力矩等。

④根据分析研究的结果初步修改机构的设计。一旦提出改进意见，可以直接修改机构主模型进行验证。

⑤生成机构的动画视频，与产品的早期市场活动同步。机构的运行视频可以作为产品的宣传展示，用于客户交流，也可以作为内部评审时的资料。

3.2 机构运动仿真基础

UG NX 机构运动仿真一般流程：首先将装配好的模型调入运动仿真模块，建立运动学或动力学仿真环境，为机构指定连杆（构件），添加运动副和其他连接，设置连杆（构件）驱动，规定解算规则并求解，最后进行仿真，得到运动分析结果。

3.2.1 运动仿真环境

机构的运动仿真是建立在已经初步完成的装配主模型基础之上的，运动仿真的对象也可以是非装配模型或点、线、面、体等几何元素，但在使用非装配模型进行仿真时，无法直接定义机构的质量属性，机构管理起来较混乱，所得到的结果也不准确，所以，对于要进行运动仿真的机构模型，最好是具有参数的真正的装配模型。对于无参数的装配模型，也能进行运动仿真，但是无法直接在运动仿真模块中修改主模型尺寸。机构模型中的各个元件可以预先使用"装配约束"进行装配，以确定其大致的位置，也可以不进行装配约束，直接在运动仿真模块中添加运动副进行连接。

进入运动仿真模块后，系统在当前的工作目录（装配文件所在的 Windows 目录）中会自动新建一个与装配模型同名的文件夹，用于放置模型所有运动仿真数据。该文件夹必须与装配模型处在同一目录中，且不能删除。在进行复制移动时，该文件夹也需要一起移动，否则将不能读取已完成的运动仿真数据。

运动仿真模块左侧的"运动导航器"是运动仿真模块中的重要工具，很多操作都可以在该界面中完成。

运动仿真环境的设置主要包括分析类型、高级解算方案、组件选项、运动副向导、仿真名的设置。

在"运动导航器"中用鼠标左键选择机构名称，在弹出的快捷菜单中选择"新建仿真"命令，系统会弹出如图 3-1 所示的"环境"对话框。

1. 分析类型区域

分析类型区域用来设置当前运动仿真的分析类型，有"运动学"和"动力学"两种。

（1）运动学

该选项将进行运动学分析。运动学分析主要研究机构的位移、速度、加速度与反作用力，并根据解算时间和解算步长对机构做动画仿真。运动学仿真机构中的连杆和运动副都是

图 3-1 "环境"对话框

刚性的，机构的自由度为 0，机构的重力、外部载荷及机构摩擦会影响反作用力，但不会影响机构的运动。当选中"运动学"选项时，在"环境"中将不能定义高级分析解算方案。

（2）动力学

该选项将进行动力学分析。动力学分析将考虑机构实际运行时的各种因素影响，机构中的初始力、摩擦力、组件的质量和惯性等参数都会影响机构的运动。当机构的自由度为大于等于 1 时，必须进行动力学分析。如果要进行机构的静态平衡研究，也必须进行动力学分析，否则将无法在解算方案中选择"静力平衡"选项。

2. 高级解算方案选项

高级解算方案选项用于设置动力学仿真的高级计算方案，仅对动力学仿真有效。

（1）电动机驱动

该复选框可以在运动仿真模块中创建 PDMC（永磁直流）电动机，并结合信号图工具，来模拟电动机对象。

（2）协同仿真

该复选框可启用"工厂输入"和"工厂输出"工具，该工具可以在运动仿真中创建特殊的输入输出变量，以实现协同仿真。

（3）柔体动力学

该复选框可以在运动仿真模块中为连杆添加柔性连接，并进行柔体动力学仿真。

3. 组件选项

对于"组件选项"区域中的"基于组件的仿真"复选框，在创建连杆时，只能选择装配组件,某些运动仿真只有在基于装配的主模型中才能完成。

4. 运动副向导

在创建运动仿真的装配主模型时,如果预先使用"装配约束"装配各个零件,进入运动仿真模块中新建文件时,系统会弹出如图3-2所示的"机构运动副向导"对话框。在该对话框中可以自动将每个零件定义为"连杆",并根据模型中的装配约束和零件的自由度自动将配对条件映射到运动副,也就是自动创建连杆和运动副。如果装配主模型中的约束被抑制或没有约束,或者使用的是非装配主模型,系统将不会弹出"机构运动副向导"对话框。

图3-2 "机构运动副向导"对话框

"机构运动副向导"可以快速地创建连杆和运动副,简化操作步骤,节省创建时间,是十分有用的工具。但是系统自动创建的连杆和运动副也不是完全正确的,有时需要做进一步的修改。

通过"机构运动副向导"创建的机构运动环境,在"运动导航器"中会自动创建连杆(Links)和运动副(Joints)节点。

5. 仿真名

"仿真名"区域下方的文本框用于设置当前创建的运动仿真文件名称,默认的是"motion_1"。在一个机构模型中可以创建多组仿真,默认名称将以"motion_2""motion_3"依次递增。

定义机构运动环境完成后,在"运动导航器"中通过鼠标右键快捷菜单对运动仿真文件进行保存、重命名和删除等操作。

3.2.2 连杆

在UG NX运动仿真中,定义机构运动仿真环境完成后,需要将机构中的构件定义为"连杆"(Links)。这里的"连杆"并不是"连杆机构"中的杆件,而是组成机构的基本要素,是指能够满足运动需要的,使用运动副连接在一起的机构元件。所有参与当前运动仿真的构件都必须定义为连杆,连杆在整个机构中主要是进行运动的传递,连杆的质量、重心、初速度等属性直接关系到运动分析的结果是否正确。

启动定义"连杆"命令有以下3种方法。方法一:选择下拉菜单中"插入"→"链接"命令;方法二:在"运动"工具条中单击"连杆"按钮;方法三:在"运动导航器"界面右击"motion_1",在系统弹出的快捷菜单中选择"新建连杆"命令。"连杆"对话框如图 3-3 所示。

图 3-3 "连杆"对话框

1. 连杆对象

"连杆对象"用于选取定义连杆的几何对象。几何对象可以是二维的,如草图、平面曲线等,也可以是三维的,如曲面、实体等。同一个几何对象只能属于一个连杆,定义连杆时可以选择独立的几何体,也可以选择一个零件,还可以将数个几何体或零件同时选中,定义为一个连杆。

如果在设置机构运动仿真环境时选中了"环境"对话框中的"基于组件的仿真"复选框,在定义连杆对象时,只能选择组件。

在机构运动中至少有一个固定的连杆作为机架。若将构件设置为固定连杆,需将"固定连杆"复选框选中。

2. 质量属性选项

"质量属性选项"用于设置连杆的质量属性。连杆的质量属性包括连杆的质量和惯性参数。当需要做动力学分析或者需要研究机构中的反作用力时,必须准确地定义连杆的质量属性。如果连杆没有质量属性,将不能做动力学分析和静力学分析。

如果在运动分析时不需要考虑力的作用,可以在运动环境中关闭质量属性。方法是:在 UG NX 运动仿真模块中选择"首选项"下拉菜单中的"运动"命令,在系统弹出的"运动首选项"对话框中取消选中"质量属性"选项。"运动首选项"对话框如图 3-4 所示。

在定义连杆的对话框中,"质量属性选项"区域中有"自动""用户定义"和"无"3个选项。

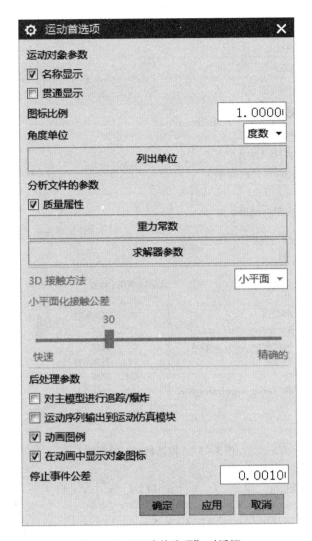

图 3-4 "运动首选项"对话框

(1) 自动

如果定义连杆的对象是实体,系统会按照默认设置自动定义质量属性。为了使连杆的质量属性更加准确,可以预先设置组件的密度或者为构件指定一种材料,否则,系统会按照铁的密度(7.83×10^{-6} kg/mm³)来计算质量属性。

如果构件的材料不是铁,可以在下拉菜单的"工具"中选择"材料"→"指派材料"命令来定义构件的材料。"指派材料"对话框如图 3-5 所示。

(2) 用户定义

如果指定的连杆对象是片体或曲线,系统将无法自动计算质量属性,此时需要用户根据需要手动设置质量属性。

3. 质量和惯性

当在"质量属性选项"中选择"用户定义"选项时,该选项组可以为定义的杆件赋予质量,并可使用点构造器定义杆件质心。

惯性需要设置惯性矩和惯性积两个参数。

图 3-5 "指派材料"对话框

惯性矩是面积对某轴的二次矩。$I_{xx} = \int_A x^2 dA$,$I_{yy} = \int_A y^2 dA$,$I_{zz} = \int_A z^2 dA$。

惯性积是面积与其到某两轴的乘积。$I_{xy} = \int_A xy dA$,$I_{xz} = \int_A xz dA$,$I_{yz} = \int_A yz dA$。

4. 初始速度

初始速度分为初始平动速度和初始转动速度。

初始平动速度用来设置构件的初始线速度。在设置时,需要为初始速度定义速度方向,然后再输入线速度的大小。

初始转动速度用来设置构件的初始角速度。其速度类型分为"幅值"和"分量"两种。"幅值"通过设定一个矢量作为角速度的旋转轴,然后在"旋转速度"选项中输入角速度的大小;"分量"通过输入初始角速度的各坐标分量大小来设定构件的初始角速度大小。

3.2.3 运动副与约束

在运动仿真中,添加运动副与约束的目的是约束连杆之间的位置,限制连杆之间的相对运动并定义连杆之间的运动方式。

在机构中添加运动副时,首先需要定义运动副约束的连杆,然后定义运动副的原点,最后定义运动副的方向。对于一组啮合的连杆,还需要定义啮合连杆的对象及啮合原点和啮合方向。

执行运动副命令主要有两种方式：一是在"插入"菜单中选择"运动副"；二是在"主页"选项卡"设置"组中选择"运动副"按钮，弹出"连接"对话框，如图3-6所示。

图3-6 "连接"对话框

1. 运动副类型

（1）旋转副

旋转副是最基本的连接类型，可以实现构件绕轴线做相对运动，但不能沿轴线平移。旋转副可分为两种形式：一种是两个连杆绕同一根轴做相对转动，此时除了定义主连杆外，还需要定义啮合连杆；另一种是一个连杆绕固定连杆的轴线进行旋转。旋转副可以作为机构中的驱动，提供绕轴线旋转的动力。

（2）滑动副

滑动副定义的连杆可以沿着直线相对于其他连杆进行移动，但不能旋转。滑动副可分为两种形式：一种是两个连杆沿直线做相对运动，此时需要定义主连杆和啮合连杆；另一种是以固定连杆作为参考进行平移。滑动副可以作为机构中的驱动，提供沿直线运动的动力。

（3）柱面副

柱面副连接的连杆既可以绕轴线相对于附着元件旋转移动，也可以沿轴线平移。柱面副可以作为运动驱动，但是运动副不能定义运动的极限范围；如果需要定义运动极限范围，可以将柱面副用一个旋转副和一个滑动副替代。

(4) 螺旋副

螺旋副可以看作是旋转副和滑动副的组合，它可以约束参考两杆沿直线进行平移和旋转运动，并且平移运动和旋转运动通过螺旋副比率（螺距）进行关联。这里螺旋副比率指的是当连杆旋转一周时沿着参考方向的移动距离。使用螺旋副和柱面副可以模拟螺栓和螺母的运动，但是螺旋副不能作为运动驱动。

(5) 万向节

万向节可以使两个成一定角度的连杆以一点为参考进行转动，转动轴的交点就是参考点，同时也是定义万向节时的原点。所以，在设计和组装万向节机构时，要注意定义参考点的位置。万向节提供两个旋转自由度，它不能定义极限运动范围，也不能作为驱动。

(6) 球面副

球面副常用在球和铰套的机构仿真中，它可以使两个连杆绕某点进行旋转。其提供了三个旋转自由度。在定义球面副时，只需要定义连杆和圆点即可。球面副不能定义运动极限，也不能作为驱动。

(7) 平面副

平面副连接的连杆既可以在相互接触的平面上自由滑动，也可以绕着垂直于该平面的轴线进行相对旋转。其提供了两个平移自由度和一个旋转自由度。平面副不能作为运动驱动。在创建平面副时，定义的原点和矢量方向共同决定接触平面，其中原点决定平面的位置，矢量决定接触平面法向。

(8) 固定副

固定副就是将连杆完全固定，固定的连杆没有自由度。单个固定的连杆在机构运动时保持静止，如果是两个连杆啮合固定，则这两个连杆之间没有相对运动，但是它们可以作为一个整体相对于其他连杆进行运动，也可以在创建连杆时，将这两个连杆的实体同时选择成为一个连杆。

单个固定的连杆可以在定义连杆时直接在"连杆"对话框的"设置区域"中选中"固定连杆"复选框，系统会自动为连杆加上固定副。

(9) 等速

等速连接与万向节类似，也可以定义两个成一定角度的连杆以一点为参考进行转动。所不同的是，万向节一般用在常见的十字轴万向节传动的仿真中，但是当十字轴万向节的主动轴与传动轴之间有夹角时，不能等速传递，从而产生转角差，使主、从动轴的角度周期性地不相等，因此十字轴万向节是不等速传动；而等速连接可以模拟当主、从动轴的角速度在两轴之间的夹角变动时仍然保持相等，所以，等速连接常用于等速万向节的运动仿真，常见的等速万向节有球笼式、球叉式、双联式、凸块式和三销式等。

(10) 共点

共点约束可以定义运动仿真时两连杆中的点重合。

(11) 共线

共线约束可以定义运动仿真时两连杆中的边线或轴线重合。

(12) 共面

共面约束可以定义运动仿真时两连杆中的平面重合。

(13) 平行

平行约束可以定义运动仿真时两连杆中的平面或直线平行。
(14) 垂直
垂直约束可以定义运动仿真时两连杆中的平面或直线垂直。

2. 约束

(1) 点在线上副

点在线上副可以使连杆中的一点始终在一条曲线上运动。点可以是基准点或元件中的顶点，曲线可以是草绘的平面曲线或3D曲线。由于机构在运动时不会考虑连杆之间的干涉，所以，在创建连接时要注意点和曲线的相对位置。另外，为了获得较好的仿真效果，在装配机构模型时，最好将参考点预先约束在参考曲线之上。

要启动"点在线上副"，在"插入"下拉菜单中选择"约束"子菜单中的"点在线上副"。

(2) 线在线上副

线在线上副可以约束两个连杆中一组曲线相接触并相切，常用来模拟凸轮机构的运动。在机构运动过程中，线在线上副中的两参考曲线必须始终保持接触，不可脱离。在装配机构模型时，最好预先将参考曲线调整到接触并且相切的位置。

要启动"线在线上副"，在"插入"下拉菜单中选择"约束"子菜单中的"线在线上副"。

(3) 点在面上副

点在面上副可以约束连杆中的某点在一个曲面之上，在机构运动过程中，参考点和参考曲面必须始终保持接触。在装配机构模型时，最好预先将参考点调整到与参考曲面接触的位置。点在面上副可以用于模拟汽车刮水器的工作过程。

要启动"点在面上副"，在"插入"下拉菜单中选择"约束"子菜单中的"点在面上副"。

3.2.4 驱动

为了模拟机构的实际运行状况，在定义运动副之后，需要在机构中添加"驱动"来促使机构运转。"驱动"是机构运动的动力来源，没有驱动，机构将无法进行运动仿真。驱动一般添加在机构中的运动副之上。当两个连杆以单个自由度的运动副进行连接时，使用驱动可以让它们以特定方式运动。

定义驱动经常使用的方法有3种。方法一：选择下拉菜单"插入"中的"驱动体"命令；方法二：在"运动"工具条中单击"驱动体"按钮；方法三：在"运动导航器"界面右击"motion_1"，在系统弹出的快捷菜单中选择"新建驱动"命令。"驱动"对话框如图3-7所示。

"旋转"选项中有"恒定""简谐""函数""铰链运动驱动"4种，这里仅做简单介绍，在后面章节中将有详细的叙述。

"恒定"：该选项设置运动副为等常运动（旋转或者是线性运动）。需要的参数是位移、速度和加速度。

"简谐"：该选项将产生一个简谐运动，需要的参数是振幅、频率、相位和角位移。

"函数"：该选项将给运动副添加一个复杂的、符合数学规律的函数运动。

"铰链运动驱动"：该选项将设置运动副以特定的步长和特定的步数进行运动，需要的参数是步长和位移。

驱动定义完成后，在"运动导航器"界面中会增加"驱动容器"节点。"驱动容器"

如图 3-8 所示。在该节点上显示机构中的所有驱动。在选择的驱动节点上右击，系统将弹出快捷菜单，包括"编辑""删除""重命名"等操作命令。

图 3-7 "驱动"对话框

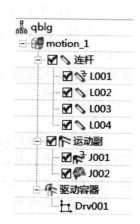

图 3-8 驱动容器

3.2.5 解算方案与求解

定义解算方案就是设置机构的分析条件，包括定义解算方案类型、分析类型、时间、步数、重力参数及求解参数等。在一个机构中，可以定义多个解算方案，不同的解算方案可以定义不同的分析条件。

选择定义解算方案命令有 3 种方法。方法一：选择下拉菜单"插入"中的"解算方案"命令；方法二：在"运动"工具条中单击"解算方案"按钮；方法三：在"运动导航器"界面右击"motion_1"，在系统弹出的快捷菜单中选择"新建解算方案"命令。"解算方案"对话框如图 3-9 所示。

1. 解算方案类型

解算方案类型包括"常规驱动""铰链运动驱动"和"电子表格驱动"。

①常规驱动：该选项是基于时间的一种运动形式。在这种运动形式中，机构在指定的时间段内按指定的步数进行运动仿真。

②铰链运动驱动：该选项是基于位移的一种运动形式。在这种运动形式中，机构以指定的步数和步长进行运动。

③电子表格驱动：该选项解算方案使用电子表格功能进行常规和关节运动驱动的仿真。

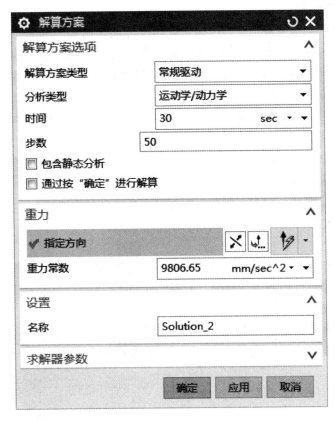

图3-9 "解算方案"对话框

2. 分析类型

分析类型包括"运动学/动力学""静力平衡""控制/动力学"3种。

①运动学/动力学：运动学是从几何的角度（指不涉及物体本身的物理性质和加在物体上的力）描述和研究物体位置随时间的变化规律的力学分支。其以研究质点和刚体这两个简化模型的运动为基础，进一步研究变形体（弹性体、流体等）的运动。动力学是理论力学的一个分支学科，它主要研究作用于物体的力与物体运动的关系。动力学的研究对象是运动速度远小于光速的宏观物体。

②静力平衡：静力平衡是指在静力荷载作用下结构相对于周围的物体处于静止状态。

③控制/动力学：控制/动力学是一种反应物在同一条件下，向多个产物方向转化，生成不同产物（平行反应）。如果反应还未达成平衡前就分离产物，利用各种产物生成速率差异来控制产物分布。

3. 其他选项

其他选项主要包括时间、步数和求解器参数的设置。

①时间：该选项用于设置所用时间段的长度。

②步数：该选项用于将设置的时间段分成几个瞬间位置（各个步数）进行分析和显示。

③求解器参数：该选项区用于控制所用积分和微分方程的求解精度。"误差"用于控制求解结果与微分方程之间的误差，最大求解误差越小，求解精度越高。

4. 解算方案相关操作

解算方案定义并求解完成后，"运动导航器"界面会增加"Solution_1"节点，在该节点下显示当前活动的解算方案。右击"Solution_1"节点，会弹出快捷菜单，可以进行相关操作。如果选择"解算方案属性"命令，可以对当前的解算方案进行编辑，对解算方案进行修改后，需要重新进行求解才能得到最新的分析结果。系统会对未求解的解算方案在"Results"节点下提示"Results may need update"，求解后更新的"Results"节点会显示"Result is up-to-date"。

如果当前机构中有多组解算方案，则需要先激活一组解算方案，才能对该方案进行编辑和求解。激活的方法是双击该解算方案节点，或者是右击欲激活方案节点，然后在系统弹出的快捷菜单中选择"激活"命令。激活后的解算方案节点右侧会显示"Active"字样提示。

3.2.6 动画

完成一组解算方案的求解后，即可查看机构的运行状态，并将结果输出为动画视频文件，也可以根据结果对机构的运行情况、关键位置的运动轨迹、运动状态下组件干涉等进行进一步的分析，以便检验和改进机构的设计。

启动动画命令有 2 种方法。方法一：在下拉菜单"分析"中选择"运动"，然后选择"动画"命令；方法二：在"运动"工具条上单击"动画"按钮。"动画"对话框如图 3 – 10 所示。

1. 动画控制

滑动模式包括"时间（秒）"和"步数"两种方式。"时间（秒）"选项将以设定的时间进行运动。"步数"选项将以设定的步数进行运动。

①设计位置：该选项使运动模型回到机构各连杆在进入仿真分析前所处的位置。

②装配位置：该选项使运动模型回到机构各连杆按运动副设置的连接关系所处的位置。

③导出至电影：该选项会将机构的运动动画文件导出成视频格式。

2. 封装选项

如果在封装操作中设置了测量、追踪或干涉时，则激活封装选项。

①测量：选中该选项，则在动态仿真时，根据"封装"对话框中设置的最小距离或角度，计算所选对象在各帧位置的最小距离。

②追踪：选中该复选项，则在动态仿真时，根据"封装"对话框所设置的跟踪选项，对所选构件或整个机构进行运动跟踪。

③干涉：选中该复选框，则根据"封装"对话框的干涉设置，对所选的连杆进行干涉检查。

④事件发生时停止：选中该复选框，表示在进行分析和仿真时，如果发生测量的最小距离小于安全距离或发生干涉现象，则系统停止进行分析和仿真，并会弹出提示信息。

3. 后处理工具

①更新设计位置：将机构所有连杆变换到显示位置。

②追踪整个机构：可根据"封装"对话框中的设置，对整个机构或其中某个连杆进行跟踪，包括"追踪当前位置""追踪整个机构"和"机构爆炸图"。"追踪当前位置"可将封装设置中选择的对象复制到当前位置；"追踪整个机构"将跟踪整个机构所有连杆的运动

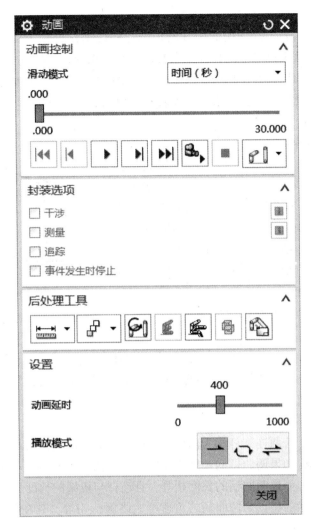

图 3-10 "动画"对话框

到当前位置。

③爆炸机构：用来创建、保存做铰链运动时的各个任意位置的爆炸视图。

4. 设置

①动画延时：当动画播放速度过快时，可以设置动画每帧之间的间隔时间，每帧间最长延迟时间是 1s。

②播放模式：系统提供 3 种播放模式，包括播放一次、循环播放和返回播放。

3.3 连杆机构

3.3.1 连杆机构简介

若干构件通过低副（转动副或移动副）连接所组成的机构称为连杆机构。根据连杆机构中各构件的相对运动是平面运动还是空间运动，连杆机构又可分为平面连杆机构和空间连杆机构。

平面连杆机构是由若干构件用低副（转动副、移动副）连接组成的平面机构。平面连杆机构的类型很多，从组成机构的杆件数来看，有四杆机构、五杆机构和六杆机构等，由4个构件组成的连杆机构称为四杆机构，由5个或5个以上的构件组成的连杆机构称为多杆机构。平面连杆机构广泛应用于各种机械、仪表和各种机电产品中。

1. 铰链四杆机构

构件之间都是用转动副连接的平面四杆机构称为铰链四杆机构。如图3-11所示，其中A、D为机架，与机架相连的AB杆和CD杆称为连架杆，与机架相对的BC杆称为连杆。其中能做整周回转运动的连架杆称为曲柄，只能在一定范围内摆动的连架杆称为摇杆。

根据两连架杆中曲柄（或摇杆）的数目，铰链四杆机构可分为曲柄摇杆机构、双曲柄机构和双摇杆机构。

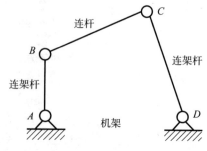

图3-11 铰链四杆机构

（1）曲柄摇杆机构

在铰链四杆机构中，若两连架杆之一为曲柄，另一个是摇杆，则此机构称为曲柄摇杆机构。

在曲柄摇杆机构中，当曲柄为主动件时，可将曲柄的连续回转运动转换成摇杆的往复摆动，如雷达天线俯仰角调整机构；当摇杆为主动件时，可将摇杆的往复摆动转换成曲柄的连续回转运动，如缝纫机踏板机构。

（2）双曲柄机构

铰链四杆机构中，若两连架杆均为曲柄，此机构称为双曲柄机构。

在双曲柄机构中，如果两曲柄的长度不相等，主动曲柄等速回转一周，则从动曲柄变速回转一周，如惯性筛。如果两曲柄的长度相等，且连杆与机架的长度也相等，称为平行双曲柄机构。这种机构运动的特点是两曲柄的角速度始终保持相等，其在机器中应用也很广泛，如机车车轮联动机构。

（3）双摇杆机构

铰链四杆机构中，若两连架杆均为摇杆，此机构称为双摇杆机构。

在双摇杆机构中，两摇杆可分别为主动件。当主动摇杆摆动时，通过连杆带动从动摇杆做摆动运动。如码头起重机中的双摇杆机构。

2. 曲柄滑块机构

曲柄滑块机构是指用曲柄和滑块来实现转动和移动相互转换的平面连杆机构。曲柄滑块机构中与机架构成移动副的构件为滑块，通过转动副连接曲柄和滑块的构件为连杆。

曲柄滑块机构中，根据滑块移动的导路中心线是否通过曲柄的回转中心，划分成对心曲柄滑块机构和偏置曲柄滑块机构两种类型。

曲柄滑块机构中，各构件间具有不同的相对运动，取不同的构件为机架或改变构件长度时，可以演变成不同形式的机构，如导杆机构、曲柄摇块机构、曲柄移动导杆机构。曲柄滑块机构及其演变如图3-12所示。

曲柄滑块机构广泛应用于往复活塞式发动机、压缩机、冲床等的主机构中，其把往复移动转换为不整周或整周的回转运动。

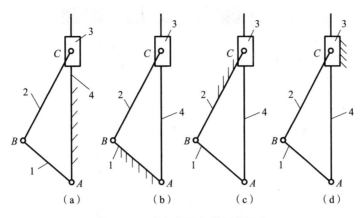

图 3-12 曲柄滑块机构及其演变

3.3.2 平面连杆机构的运动仿真

1. 曲柄摇杆机构

根据图 3-13 所示进行曲柄摇杆机构运动仿真。

图 3-13 曲柄摇杆机构模型

（1）设置仿真环境

打开装配完成的曲柄摇杆机构模型,进入运动仿真模块。连杆 1 为机架,连杆 2 为曲柄,连杆 3 为摇杆,连杆 4 为连杆。

在"运动导航器"的根节点上用鼠标右键单击,在弹出的快捷菜单中选择"新建仿真"命令。在弹出的"环境"对话框中,选择"动力学"选项后,单击"确定"按钮。

（2）定义连杆

在运动工具条中单击"连杆"命令。定义连杆 1 为"固定连杆";定义连杆 2、连杆 3 和连杆 4 时,不勾选"固定连杆"选项。"连杆"对话框如图 3-14 所示。

（3）定义运动副及驱动

图 3-14 "连杆"对话框

连杆 2 参照连杆 1 做"旋转副"运动;连杆 3 参照连杆 1 做"旋转副"运动;连杆 4 参照连杆 2 做"旋转副"啮合运动;连杆 4 参照连杆 3 做"旋转副"啮合运动。

在连杆 2 参照连杆 1 的"旋转副"上设置驱动,驱动类型为恒定,初速度为 30°/s。

(4) 定义解算方案及求解

选择下拉菜单"插入"下的"解算方案"命令,系统弹出"解算方案"对话框。在"解算方案类型"下拉列表中选择"常规驱动"选项;在"分析类型"下拉列表中选择"运动学/动力学"选项;在"时间"文本框中输入"10";在"步数"文本框中输入"50";选中对话框中的"通过按确定进行解算"复选框;设置重力方向为"-ZC",其他重力参数使用系统默认设置值。单击"确定"按钮完成解算方案的定义。

(5) 定义动画

在"动画控制"工具条中单击"播放"按钮,查看机构运动。单击"导出至电影"按钮,输入名称后保存动画。

2. 曲柄滑块机构

根据图 3-15,进行曲柄滑块机构运动仿真。

(1) 设置仿真环境

打开装配完成的曲柄滑块机构模型,进入运动仿真模块。连杆 1 为机架,连杆 2 为曲柄,连杆 3 为连杆,连杆 4 为滑块。

在"运动导航器"的根节点上用鼠标右键单击,在弹出的快捷菜单中选择"新建仿真"命令。在弹出的"环境"对话框中,选择"动力学"选项后,单击"确定"按钮。

(2) 定义连杆

在运动工具条中,单击"连杆"按钮,启动"连杆"对话框。定义连杆 1 为固定连杆。

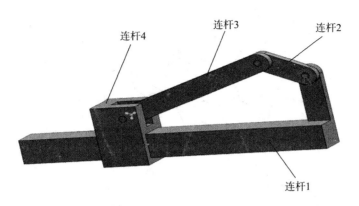

图 3-15　曲柄滑块机构模型

在定义连杆 2、连杆 3 和连杆 4 时，不要勾选"固定连杆"选项。

（3）定义运动副及驱动

在运动工具条中，单击"运动副"按钮，启动"运动副"对话框。定义连杆 2 参照连杆 1 做"旋转副"运动，连杆 3 参照连杆 2 做"旋转副"啮合运动，连杆 3 参照连杆 4 做"旋转副"啮合运动，连杆 4 参照连杆 1 做"滑动副"运动。

定义连杆 2 参照连杆 1 的旋转副为驱动，驱动类型为恒定，初速度为 100°/s。

（4）定义解算方案及求解

选择下拉菜单"插入"下的"解算方案"命令，系统弹出"解算方案"对话框。在"解算方案类型"下拉列表中选择"常规驱动"选项；在"分析类型"下拉列表中选择"运动学/动力学"选项；在"时间"文本框中输入"30"；在"步数"文本框中输入"50"；选中对话框中的"通过按确定进行解算"复选框；设置重力方向为"-ZC"，其他重力参数按系统默认设置值。单击"确定"按钮完成解算方案的定义。

（5）定义动画

在"动画控制"工具条中单击"播放"按钮，查看机构运动。单击"导出至电影"按钮，输入名称后保存动画。

3.4　齿　轮　副

3.4.1　齿轮机构简介

齿轮机构是在各种机构中应用最广泛的一种传动机构。它可用来传递空间任意两轴间的运动和力，并具有功率范围大、传动效率高、传动比准确、使用寿命长，以及工作安全可靠等特点。齿轮各部分名称如图 3-16 所示。

1. 齿轮的主要参数

（1）齿数

齿轮上的每一个用于啮合的凸起部分，均称为轮齿。一般来说，这些凸起部分呈辐射状排列。它被用于与配对齿轮上的类似的凸起部分接触，由此导致齿轮的持续啮合运转。一个齿轮的轮齿总数为齿数，常用字母 Z 表示。

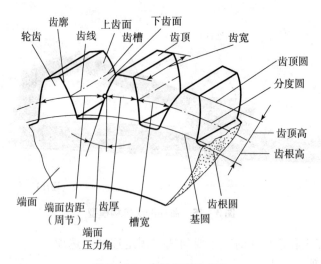

图 3-16 齿轮各部分名称

（2）齿距

齿轮分度圆周上所量得的相邻两齿同侧齿廓间的弧长，称为该圆上的齿距，常用字母 P 表示。

（3）模数

模数是齿距 P 与圆周率 π 的比值，常用字母 m 表示。模数是齿轮的一个最基本参数，是人为抽象出来用以度量轮齿规模的量。直齿、斜齿和圆锥齿齿轮的模数皆可参考标准模数系列表（GB/T 1357—1987）。

（4）压力角

在两齿轮节圆相切点处，两齿廓曲线的公法线（即齿廓的受力方向）与两节圆的公切线（即相切点处的瞬时运动方向）所夹的锐角称为压力角，也称啮合角，常用字母 α 表示。对单个齿轮，即为齿形角。标准齿轮的压力角一般为 20°。在某些场合，也有采用 14.5°、15°、22.50° 及 25°等情况。

（5）分度圆

分度圆是为了便于齿轮设计和制造而使用的一个尺寸参考，常用字母 d 表示。分度圆的值只与模数和齿数的乘积有关，模数为端面模数。标准齿轮中槽宽和齿厚相等的那个圆（不考虑齿侧间隙）就为分度圆。

（6）基圆

把一条直线在一个圆上纯滚动，则这条直线上的一个定点的轨迹为渐开线（即齿轮轮廓线），那么这个圆就叫基圆。

（7）齿顶

介于分度圆与齿顶圆之间的部分，称为齿轮齿顶。其径向距离称为齿顶高，以字母 h_a 表示。圆柱齿轮齿顶高 $h_a = h_a^* m$。其中，h_a^* 为圆柱齿轮齿顶高系数，对于正常齿，$h_a^* = 1$；对于短齿，$h_a^* = 0.8$。

（8）齿根

介于分度圆与齿根圆之间的部分，称为齿根。其径向距离称为齿根高，以字母 h_f 表示。

圆柱齿轮齿根高 $h_f = (h_a^* + C^*)m$。其中 C^* 为圆柱齿轮顶隙系数，对于正常齿，$C^* = 0.25$；对于短齿，$C^* = 0.3$。

齿轮参数计算公式见表 3-1。

表 3-1 齿轮参数计算公式

参数	符号	公式
齿距	P	$P = \pi m = \pi d/Z$
齿数	Z	$Z = d/m = \pi d/p$
模数	m	$m = P/\pi = d/Z = d_a/(Z+2)$
分度圆	d	$d = mZ = d_a - 2m$
齿顶圆	d_a	$d_a = m(Z+2)$
齿根圆	d_f	$d_f = m(Z-2.5)$
齿高	h	$H = 2.25m$
齿顶高	h_a	$h_a = m$
齿根高	h_f	$h_f = 1.25m$
齿厚	S	$S = P/2$

2. 齿轮啮合

对任意齿轮，正确啮合时，接触点处的法向量必须垂直于它们之间的相对运动速度。对于常见的渐开线外啮合齿轮，任意两条渐开线都是相互啮合的，因此它们只需要满足公法线处的齿距相等就可以正确啮合了。简言之，两标准直齿圆柱齿轮正确啮合的条件是模数相等、压力角相等。齿轮啮合如图 3-17 所示。

两标准斜齿圆柱齿轮正确啮合的条件是模数相等、压力角相等、螺旋角相等，并且旋向相反。

传动比等于从动轮齿数/主动轮齿数或主动轮转速/从动轮转速。

在定传动比的齿轮传动中，节点在齿轮运动平面的轨迹为一个圆，这个圆即为节圆。此时可以认为两个齿轮的节圆相切，齿轮做纯滚动。一对标准齿轮处在正确安装位置时，即两齿轮的分度圆相切时，分度圆与节圆重合。

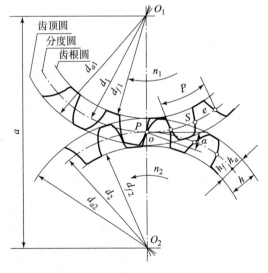

图 3-17 齿轮啮合

3.4.2 齿轮副

在 UG NX 中，通过"齿轮副"来模拟一对齿轮的啮合传动，实现齿轮机构的运动仿真。"齿轮副"对话框如图 3-18 所示。定义齿轮副，首先需要定义相互啮合齿轮的旋转副，使齿轮能够旋转，在齿轮的旋转副上面添加齿轮副，然后给主动齿轮的旋转副添加驱动即可。齿轮副的主要作用就是将两个旋转副连接起来。在进行运动仿真前，最好先通过装配

图 3-18 "齿轮副"对话框

功能调整齿轮的位置，使其啮合良好。

在"齿轮副"对话框中，"接触点"是两个齿轮的节圆切点，"比率"是两个齿轮的传动比。如果先设定"接触点"，系统根据"接触点"自动给出"比率"值，也可以先设定"比率"值，然后系统计算出"接触点"。

3.4.3 齿轮机构运动仿真

根据图 3-19 所示进行齿轮机构仿真。

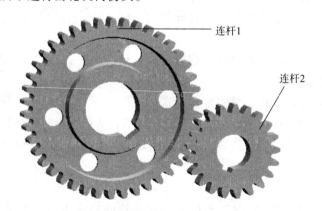

图 3-19 齿轮机构传动模型

（1）设置仿真环境

打开装配完成的齿轮机构传动模型，进入运动仿真模块。在"运动导航器"的根节点上用鼠标右键单击，在弹出的快捷菜单中选择"新建仿真"命令。在弹出的"环境"对话框中，选择"动力学"选项后，单击"确定"按钮。

（2）定义连杆

在运动工具条中，单击"连杆"按钮，启动"连杆"对话框。在定义连杆1和连杆2时，不要勾选"固定连杆"选项。

（3）定义运动副及驱动

在运动工具条中，单击"运动副"按钮，启动"运动副"对话框。定义连杆1做"旋转副"运动，旋转轴为连杆1的齿轮中心轴线。定义连杆2做"旋转副"运动，旋转轴为连杆2的齿轮中心轴线。

定义连杆2的运动副为驱动，驱动类型为恒定，初速度为60°/s。

（4）定义齿轮副

选择下拉菜单"插入"下"传动副"中的"齿轮副"命令，弹出"齿轮副"对话框。第一个运动副选择连杆1的旋转运动副，第二个运动副选择连杆2的旋转运动副。在"比率"文本框中输入传动比"2"，单击"确定"按钮。齿轮副设置如图3-20所示。

图3-20 齿轮副设置

（5）定义解算方案及求解

选择下拉菜单"插入"下的"解算方案"命令，系统弹出"解算方案"对话框。在"解算方案类型"下拉列表中选择"常规驱动"选项；在"分析类型"下拉列表中选择"运动学/动力学"选项；在"时间"文本框中输入"30"；在"步数"文本框中输入"60"；选中对话框中的"通过按确定进行解算"复选框；设置重力方向为"-ZC"，其他重力参数按系统默认设置值。单击"确定"按钮完成解算方案的定义。

（6）定义动画

在"动画控制"工具条中单击"播放"按钮,查看机构运动。单击"导出至电影"按钮,输入名称后保存动画。

3.5 齿 轮 齿 条

3.5.1 齿条简介

齿条是与齿轮相配的一种条形零件。齿条是长条形,一侧有齿,可以认为是一个直径无穷大的齿轮上的一段。在齿轮中的齿顶圆、分度圆、齿根圆在齿条中变成了直线,即齿顶线、分度线、齿根线。

齿条的主要参数有模数、分度线、齿槽宽、齿顶高、齿根高、齿高、齿厚、压力角等。

1. 齿条的主要特点

①由于齿条齿廓为直线,所以齿廓上各点具有相同的压力角,且等于齿廓的倾斜角,此角称为齿形角,标准值为20°。

②与齿顶线平行的任一条直线上具有相同的齿距和模数。

③与齿顶线平行且齿厚等于齿槽宽的直线称为分度线(中线),它是计算齿条尺寸的基准线。齿条上各同侧齿廓是平行的,所以在与分度线平行的各直线上,其齿距相等。

2. 齿条相关几何计算及画法

①齿条相关几何计算见表3-2。

表3-2 齿条几何计算

名称	代号	计算公式
模数	m	
周节	P	$P = \pi m$
齿厚	S	$S = 1.5708m$
径向间隙	c	$c = 0.25m$
齿顶高	h_1	$h_1 = m$
齿根高	h_2	$h_2 = 1.25m$
齿工作高度	h_g	$h_g = 2m$
齿全高	h	$h = 2.25m$
压力角	a	$a = 20°$

②齿条截面画法如图3-21所示。

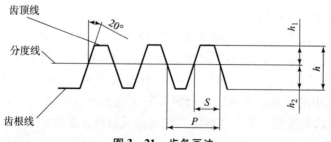

图3-21 齿条画法

3.5.2 齿轮齿条标准装配

齿条与齿轮相啮合,将转动变为移动,或将移动变为转动。齿轮齿条标准啮合如图 3-22 所示。标准装配的条件是模数相同,压力角相同,齿轮的节圆和齿条的节线相切。齿轮中心线到齿条齿顶面的距离为 L,其值为齿轮分度圆半径减去齿条的齿顶高。

3.5.3 齿轮齿条副

齿轮齿条副模拟齿轮与齿条间的啮合运动。在该副中,齿轮相对于齿条做相对转动。"齿轮齿条副"对话框如图 3-23 所示。齿轮齿条副本质是建立旋转副和滑动副的关联关系。

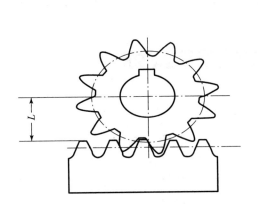

图 3-22 齿轮齿条标准啮合

图 3-23 "齿轮齿条副"对话框

在定义齿轮齿条副之前,应先定义齿条的滑动副和齿轮的旋转副。

在齿轮齿条副对话框中,"接触点"为齿轮节圆与齿条分度线的相切点,"比率"是齿轮节圆的半径。如果先设定"接触点",系统根据"接触点"自动给出"比率"值,也可以先设定"比率"值,然后系统自动计算出"接触点"位置。

3.5.4 齿轮齿条机构运动仿真

根据图 3-24 所示进行齿轮齿条机构仿真。

(1) 设置仿真环境

打开装配完成的齿轮齿条机构模型,进入运动仿真模块。连杆 1 为齿条,连杆 2 为齿

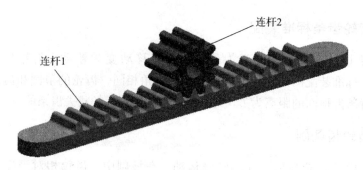

图3-24 齿轮齿条机构模型

轮,如图3-24所示。

在"运动导航器"的根节点上用鼠标右键单击,在弹出的快捷菜单中选择"新建仿真"命令。在弹出的"环境"对话框中选择"动力学"选项,单击"确定"按钮。

(2) 定义连杆

在运动工具条中,单击"连杆"按钮,启动"连杆"对话框,定义连杆1和连杆2。

(3) 定义运动副及驱动

在运动工具条中,单击"运动副"按钮,启动"运动副"对话框。定义连杆1做"滑动副"运动,滑动方向为齿条长边方向;定义连杆2做"旋转副"运动,旋转轴线为齿轮中心轴线。

定义连杆2旋转副为驱动,驱动类型为"简谐",幅值为100°,频率为30°/s。齿轮齿条的"驱动"设置对话框如图3-25所示。

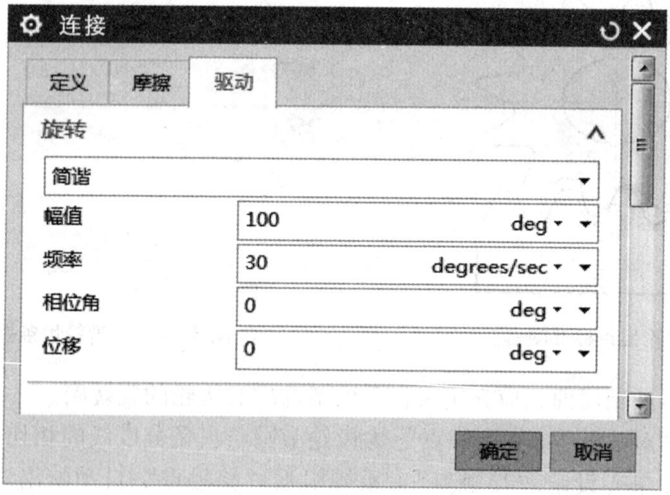

图3-25 齿轮齿条的驱动设置

(4) 定义齿轮齿条副

在下拉菜单"插入"下的"传动副"中选择"齿轮齿条"命令,弹出"齿轮齿条副"对话框,如图3-26所示。第一个运动副选择齿条的"滑动副",第二个运动副选择齿轮的"旋转副",比率为齿轮的节圆半径6.5,单击"确定"按钮完成设置。

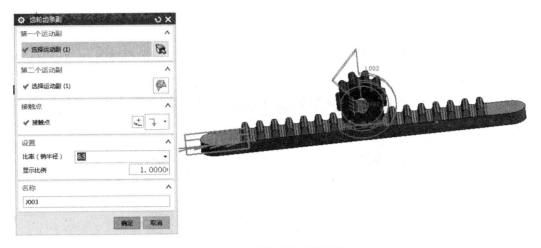

图 3-26 齿轮齿条副的设置

（5）定义解算方案及求解

选择下拉菜单"插入"下的"解算方案"命令，系统弹出"解算方案"对话框。在"解算方案类型"下拉列表中选择"常规驱动"选项；在"分析类型"下拉列表中选择"运动学/动力学"选项；在"时间"文本框中输入"30"；在"步数"文本框中输入"50"；选中对话框中的"通过按确定进行解算"复选框；设置重力方向为"-ZC"，其他重力参数按系统默认设置值。单击"确定"按钮完成解算方案的定义。

（6）定义动画

在"动画控制"工具条中单击"播放"按钮，查看机构运动。单击"导出至电影"按钮，输入名称后保存动画。

3.6 滑 轮 副

3.6.1 滑轮机构简介

滑轮是一个周边有槽，能够绕轴转动的小轮。由可绕中心轴转动有沟槽的圆盘和跨过圆盘的柔索（绳、胶带、钢索、链条等）所组成的可以绕着中心轴旋转的简单机械叫做滑轮。滑轮是杠杆的变形，属于杠杆类简单机械。

滑轮有定滑轮和动滑轮两种。定滑轮是固定在一个位置转动而不移动的滑轮，如图 3-27 所示。定滑轮的作用是改变力的方向，但不能节省力。动滑轮是一个能够转动且移动的滑轮，实质是动力臂为阻力臂 2 倍的杠杆，即省 1/2 力。多用 1 倍距离。由定滑轮和动滑轮组成滑轮组，滑轮组结合了定滑轮和动滑轮特点，这样既可以改变力的方向，又能很省力地拉动物体。若不计滑轮组使用中所做的额外功，动滑轮用得越多越省力。

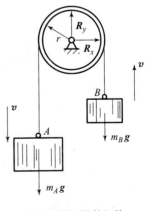

图 3-27 滑轮机构

3.6.2 线缆副

在 UG NX 中,线缆副也叫滑轮副,模拟的是物体在滑轮上的滑移运动。"线缆副"对话框如图 3-28 所示。

图 3-28 "线缆副"对话框

在建立滑轮机构时,需要定义两个物体的滑动副,且滑动副的矢量方向相反,还要定义滑轮的旋转副、重物和滑轮之间的齿轮齿条副和两重物之间的线缆副。线缆副的添加需要选择线缆两边的滑动副,在其中一个滑动副上定义驱动即可。

在"线缆副"对话框中,"设置"区域中的"比率"指的是滑轮两边重物的移动速度的数值比。

3.6.3 滑轮机构运动仿真

根据图 3-29 所示进行滑轮机构仿真。

1. 设置仿真环境

打开装配完成的滑轮机构模型,进入运动仿真模块。在"运动导航器"的根节点上用鼠标右键单击,在弹出的快捷菜单中选择"新建仿真"命令。在弹出的"环境"对话框中选择"动力学"选项,单击"确定"按钮。

2. 定义连杆

在运动工具条中,单击"连杆"按钮,启动"连杆"对话框。定义连杆1、连杆2和连杆3。

3. 定义运动副

在运动工具条中,单击"运动副"按钮,启动"运动副"对话框。定义连杆1做"滑动副"运动,滑动方向沿线

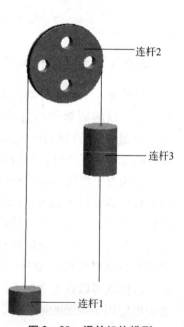

图 3-29 滑轮机构模型

缆向上。定义连杆2做"旋转副"运动,旋转轴线为齿轮中心轴线。定义连杆3做"滑动副"运动,滑动方向沿线缆向下。

4. 定义齿轮齿条副

在下拉菜单"插入"下的"传动副"中选择"齿轮齿条"命令,弹出"齿轮齿条副"对话框,如图3-30所示。第一个运动副选择连杆3的"滑动副",第二个运动副选择定滑轮的"旋转副",比率为定滑轮的半径50,单击"确定"按钮完成设置。

图3-30 齿轮齿条副的设置

5. 定义线缆副

选择下拉菜单"插入"下的"传动副"中的"线缆副"命令,系统弹出"线缆副"对话框,如图3-31所示。第一个运动副选择连杆1的滑动副,第二个运动副选择连杆3的滑动副。传动比率为1。

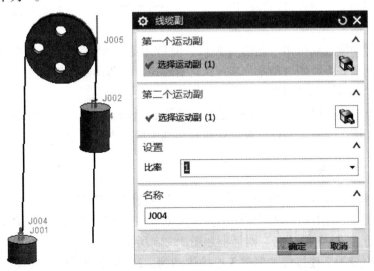

图3-31 线缆副的设置

6. 定义解算方案及求解

选择下拉菜单"插入"下的"解算方案"命令,系统弹出"解算方案"对话框。在"解算方案类型"下拉列表中选择"常规驱动"选项;在"分析类型"下拉列表中选择"运动学/动力学"选项;在"时间"文本框中输入"10";在"步数"文本框中输入"150";选中对话框中的"通过按确定进行解算"复选框;设置重力方向为"-ZC",其他重力参数按系统默认设置值。单击"确定"按钮完成解算方案的定义。

7. 定义动画

在"动画控制"工具条中单击"播放"按钮,查看机构运动。单击"导出至电影"按钮,输入名称后保存动画。

3.7 带传动

3.7.1 带传动简介

带传动是利用张紧在带轮上的柔性带进行运动或动力传递的一种机械传动。根据传动原理的不同,有靠带与带轮间的摩擦力传动的摩擦型带传动,也有靠带与带轮上的齿相互啮合传动的同步带传动。

带传动通常由主动轮、从动轮和张紧在两轮上的环形带组成,如图 3-32 所示。带传动工作时所受的应力有由紧边和松边拉力产生的应力、由离心力产生的应力和带在带轮上弯曲产生的弯曲应力。

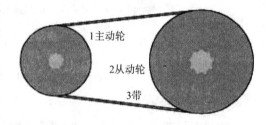

图 3-32 带传动

摩擦型传动带根据其截面形状的不同,又分平带、V 带和特殊带(多楔带、圆带)等。在实际应用中,摩擦型传动带会出现弹性滑动和打滑现象。弹性滑动是由紧、松边拉力差引起的,只要传递圆周力,出现紧边和松边,就一定会发生弹性滑动,是不可避免的;打滑是指由过载引起的全面滑动,是可以避免的。

摩擦型带传动能过载打滑、运转噪声低,但传动比不准确;同步带传动可保证传动同步,但对载荷变动的吸收能力稍差,高速运转有噪声。带传动除用于传递动力外,有时也用来输送物料、进行零件的整列等。

带传动具有结构简单、传动平稳、能缓冲吸振,可以在大的轴间距和多轴间传递动力,且其造价低廉、维护容易等特点,在近代机械传动中应用十分广泛。

3.7.2 2-3 传动副

在 UG NX 系统中,带传动机构是通过"2-3 传动副"实现的。

"2-3 传动副"适用于传动部件间不直接接触且在空间中的不同位置做旋转运动或平移运动的机构运动。"2-3 传动副"对话框如图 3-33 所示。

2-3 传动副分为 2 连接传动副和 3 连接传动副。2-3 传动副的参数设置与齿轮副的类似。2 连接传动副的传动比率可以通过"缩放"值或"比例"值来定义。"缩放"值为第二

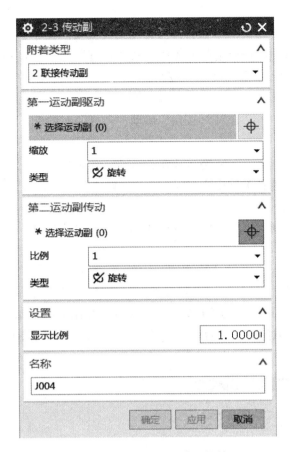

图 3-33 "2-3 传动副"对话框

运动副与第一运动副的速度比;"比例"值为第一运动副与第二运动副速度比,比率的大小决定第二运动副的速度,比率的正负确定第二运动副的方向。

3.7.3 带传动机构运动仿真

根据图 3-34 所示进行带传动机构仿真。

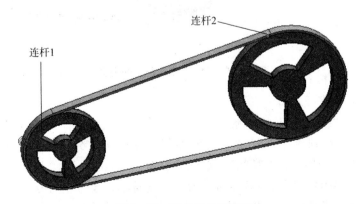

图 3-34 带传动机构模型

(1) 设置仿真环境

打开装配完成的带传动机构模型,进入运动仿真模块。在"运动导航器"的根节点上用鼠标右键单击,在弹出的快捷菜单中选择"新建仿真"命令。在弹出的"环境"对话框中选择"动力学"选项,单击"确定"按钮。

(2) 定义连杆

在运动工具条中,单击"连杆"按钮,启动"连杆"对话框。定义连杆1和连杆2。

(3) 定义运动副

在运动工具条中,单击"运动副"按钮,启动"运动副"对话框。定义连杆1做"旋转副"运动,旋转轴为连杆1的中心轴线。定义连杆2做"旋转副"运动,旋转轴为连杆2的中心轴线。

定义连杆1的运动副为驱动,驱动类型为恒定,初速度为100°/s。

(4) 定义2-3传动副

选择下拉菜单"插入"下的"传到副"中的"2-3传动副"命令,系统弹出"2-3传动副"对话框,如图3-35所示。"附着类型"选择"2连接传动副",第一运动副驱动选择连杆1的旋转副,"缩放"为连杆2与连杆1的半径比1.42。第二运动副驱动选择连杆2的旋转副,"比例"为连杆1与连杆2的半径比-0.7。"2-3传动副"的设置如图3-35所示。

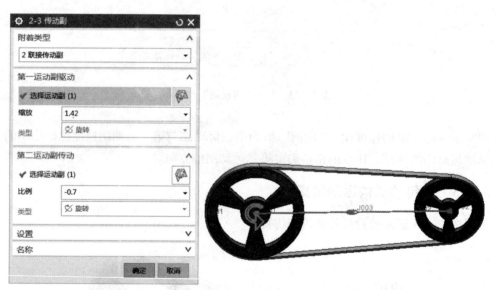

图3-35 "2-3传动副"的设置

(5) 定义解算方案及求解

选择下拉菜单"插入"下的"解算方案"命令,系统弹出"解算方案"对话框。在"解算方案类型"下拉列表中选择"常规驱动"选项;在"分析类型"下拉列表中选择"运动学/动力学"选项;在"时间"文本框中输入"30";在"步数"文本框中输入"150";选中对话框中的"通过按确定进行解算"复选框;设置重力方向为"-ZC",其他重力参数按系统默认设置值。单击"确定"按钮完成解算方案的定义。

(6) 定义动画

在"动画控制"工具条中单击"播放"按钮,查看机构运动。单击"导出至电影"按钮,输入名称后保存动画。

3.8 弹 簧

3.8.1 弹簧简介

弹簧是一种利用弹性来工作的机械零件。用弹性材料制成的零件在外力作用下发生形变,除去外力后又恢复原状。

按受力性质,弹簧可分为拉伸弹簧、压缩弹簧、扭转弹簧和弯曲弹簧;按形状,可分为碟形弹簧、环形弹簧、板弹簧、螺旋弹簧、截锥涡卷弹簧及扭杆弹簧等,如图 3-36 所示;按制作过程,可以分为冷卷弹簧和热卷弹簧。

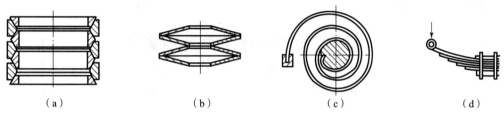

图 3-36 按形状分类的弹簧
(a) 环形弹簧; (b) 碟形弹簧; (c) 平面涡卷; (d) 板弹簧

螺旋弹簧是用金属丝(条)按螺旋线卷绕而成,由于制造简单,所以广泛应用。按形状,可分为圆柱形、截锥形等,如图 3-37 所示。普通圆柱弹簧可根据受载情况制成各种形式,结构简单,故应用最广。

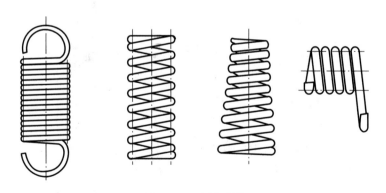

图 3-37 螺旋弹簧

弹簧的制造材料一般来说应具有高的弹性极限、疲劳极限、冲击韧性及良好的热处理性能等,常用的有碳素弹簧钢、合金弹簧钢、不锈弹簧钢、铜合金、镍合金和橡胶等。弹簧的制造方法有冷卷法和热卷法。弹簧丝直径小于 8 mm 的一般用冷卷法,大于 8 mm 的用热卷法。有些弹簧在制成后还要进行强压或喷丸处理,可提高弹簧的承载能力。

弹簧的载荷与变形之比称为弹簧刚度,刚度越大,则弹簧越硬。弹簧在受载时能产生较大的弹性变形，把机械功或动能转化为变形能，而卸载后，弹簧的变形消失并回复原状，将变形能转化为机械功或动能。

弹簧的主要功能：

①控制机械的运动，如内燃机中的阀门弹簧、离合器中的控制弹簧等。

②吸收振动和冲击能量，如汽车、火车车厢下的缓冲弹簧、联轴器中的吸振弹簧等。

③储存及输出能量作为动力，如钟表弹簧、枪械中的弹簧等。

④用作测力元件，如测力器、弹簧秤中的弹簧等。

3.8.2 弹簧连接器

对于有弹簧的机构仿真，可以添加"弹簧"连接。"弹簧"对话框如图 3-38 所示。弹簧在被拉伸或压缩时产生弹力，弹力的大小与弹簧受力时长度的变化有关。弹力大小 $F = K(X - U)$，其中 K 为弹性系数，U 为弹簧的初长度，X 为弹簧形变后的长度，单位依据用户选择的单位制而不同。

图 3-38 "弹簧"对话框

弹簧可以定义在旋转副和滑动副上，也可以定义在连杆的两点之间。定义的弹簧是一个虚拟的连接，在机构模块中不显示。

1. 附着

"附着"下拉列表用于选择弹簧的附着类型，包括"连杆""滑动副"和"旋转运动副"3种。

（1）连杆

通过定义连杆和原点来定义弹簧。两原点的连线为弹簧的轴线，连线的长度为弹簧的默认初始长度。

（2）滑动副

指定一个滑动副为弹簧的参考，通过输入"安装长度"的值来定义弹簧的长度。

（3）旋转运动副

指定一个旋转副为弹簧的参考，可以用于扭转弹簧的仿真。

2. 弹簧参数

弹簧参数区域用于定义弹簧的参数。

（1）刚度

"刚度"参数为弹簧弹力公式中的弹性系数 K。"刚度"的定义包括"表达式"和"样条"两种方式。"表达式"选项通过输入值来定义弹簧的弹性系数，默认单位是 N/mm。"样条"选项通过函数来定义弹簧的弹性系数。

（2）预载

"预载"用于定义预载力的大小和预载长度。

弹簧的预载荷就是给自由状态的弹簧预先施加的弹力。包括预载力和预载长度两个参数。在设置参数时，可以只设置预载力或只设置预载长度，另外一个参数系统会自动计算。

（3）阻尼器

弹簧阻尼力的大小与运动质点的速度大小成正比。弹簧的阻尼与弹簧材料有关，普通弹簧的阻尼非常小，可忽略不计。

3.8.3 弹簧运动仿真

根据图3-39所示进行弹簧运动仿真。

（1）设置仿真环境

打开装配完成的弹簧运动机构模型，进入运动仿真模块。在"运动导航器"的根节点上用鼠标右键单击，在弹出的快捷菜单中选择"新建仿真"命令。在弹出的"环境"对话框中，选择"动力学"选项后，单击"确定"按钮。

（2）定义连杆

在运动工具条中，单击"连杆"按钮，启动"连杆"对话框。定义连杆1和连杆2，其中连杆1为

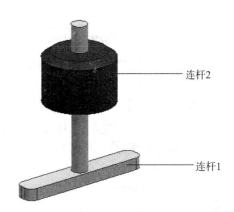

图3-39 弹簧运动机构模型

"固定连杆"。

(3) 定义运动副

在运动工具条中,单击"运动副"按钮,启动"运动副"对话框。定义连杆2做"滑动副"运动,滑动方向为连杆1的立柱方向。

(4) 定义弹簧

选择下拉菜单"插入"下"连接器"中的"弹簧"命令,系统弹出"弹簧"对话框,如图3-40所示。"附着"类型选择"连杆"选项。"操作"选择连杆2,指定原点为连杆2下底面圆心。"基座"选择连杆1,指定原点为连杆1立柱底面圆心。根据需要设置弹簧参数和阻尼参数。

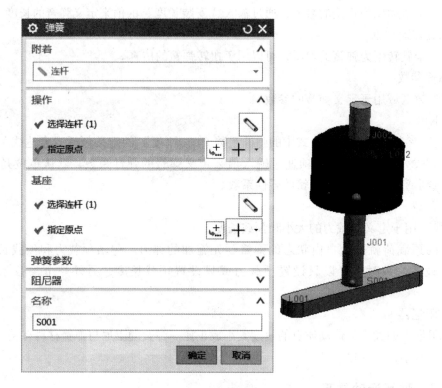

图3-40 弹簧运动设置

(5) 定义解算方案及求解

选择下拉菜单"插入"下的"解算方案"命令,系统弹出"解算方案"对话框。在"解算方案类型"下拉列表中选择"常规驱动"选项;在"分析类型"下拉列表中选择"运动学/动力学"选项;在"时间"文本框中输入"30";在"步数"文本框中输入"80";选中对话框中的"通过按确定进行解算"复选框;设置重力方向为"-ZC",其他重力参数按系统默认设置值。单击"确定"按钮完成解算方案的定义。

(6) 定义动画

在"动画控制"工具条中单击"播放"按钮,查看机构运动。单击"导出至电影"按钮,输入名称后保存动画。

3.9 槽轮机构

3.9.1 槽轮机构简介

槽轮机构（Geneva Drive）是由装有圆柱销的主动拨盘、槽轮和机架组成的单向间歇运动机构，又称马耳他机构。它常被用来将主动件的连续转动转换成从动件的带有停歇的单向周期性转动。

如图 3-41 所示，槽轮机构的典型结构由主动拨盘 1、从动槽轮 2 和机架组成。拨盘 1 以等角速度 w_1 做连续回转，当拨盘上的圆销 A 未进入槽轮的径向槽时，由于槽轮的内凹锁止弧被拨盘 1 的外凹锁止弧卡住，故槽轮不动。图中为圆销 A 刚进入槽轮径向槽时的位置，此时锁止弧也刚被松开，此后，槽轮受圆销 A 的驱使而转动，而圆销 A 在另一边离开径向槽时，锁止弧又被卡住，槽轮又静止不动。直至圆销 A 再次进入槽轮的另一个径向槽时，又重复上述运动。所以，槽轮做时动时停的间歇运动。

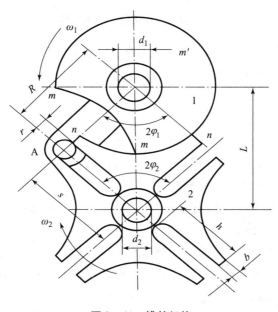

图 3-41 槽轮机构

槽轮机构的结构简单，外形尺寸小，机械效率高，并能较平稳、间歇地进行转位。但因为传动时尚存在柔性冲击，故常用于速度不太大的场合。

槽轮机构有外槽轮机构和内槽轮机构之分。它们均用于平行轴间的间歇传动，但前者槽轮与拨盘转向相反，而后者则转向相同。外槽轮机构应用比较广泛。

3.9.2 3D 接触

3D 接触副通常用来建立连杆之间的接触类型，可描述连杆间的碰撞或连杆间的支撑状况，"3D 接触"对话框如图 3-42 所示。其可以进行表面接触力、接触面积和滑动速度等参数的分析研究。定义 3D 接触需要选择两个实体连杆，这两个连杆可以预先接触，也可以在

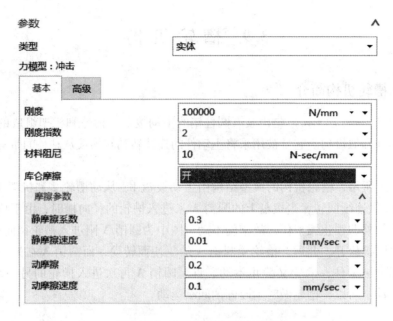

图 3-42 "3D 接触"基本参数

运动中接触。3D 接触在解算时,接触面积越复杂,解算时间越长。

3D 接触由接触力、材料阻尼和摩擦 3 个参数决定。

(1) 接触力

接触力原理方程公式如下:

$$F_{\text{Contact}} = k * x^e$$

其中,k 为接触物体的刚度;x 为穿透深度;e 为力指数。

接触物体的刚度:用来描述材料抵抗变形的能力,不同材料具有不同的刚度。在 UG NX 中,刚度值可以根据指定的材料、质量等自动计算,比如钢和钢接触为 10^7。刚度越大,ADAMS 求解器计算越困难。

穿透深度:用来设置允许物体陷入接触面的深度。在最大深度时,会出现最大阻尼。为了消除不连续性,通常穿透值设置得很小,在国际单位值中常取 0.001 mm。一般为保持求解的连续性,必须设置该选项。

力指数:用来设置接触力的响应。通常情况下,接触力的响应为非线性变化。当指数小于 1 时,降低接触力和运动响应;当指数大于 1 时,增加接触力和运动响应。

(2) 材料阻尼

材料阻尼对接触运动的响应起负作用。材料阻尼由用户定义,它作为穿透深度的函数逐渐起作用。当穿透深度为零时,阻尼也为零;当穿透深度为最大时,阻尼也为最大。

在定义材料最大的黏性阻尼时,根据材料不同,定义不同的取值。通常取值范围为 1~1 000,一般可取刚度的 0.1%。对于钢材料,材料阻尼通常选择 100。

(3) 摩擦

摩擦对接触表面之间的滑动或滑动趋势起阻碍作用。在接触的瞬间,静摩擦(较大的摩擦因数)作用在接触表面,物体运动后为动摩擦(较小的摩擦因数)。

对于有相对摩擦的杆件,根据两者间是否有相对运动,分别设置以下参数。
静摩擦系数:通常取值范围为 0~1,对于材料为钢的两个杆件,取 0.08。
静摩擦速度:与静摩擦速度相关的滑动速度,该值一般取 0.1。
动摩擦系数:通常取值范围为 0~1,对于材料为钢的两个杆件,取 0.05。
动摩擦速度:与动摩擦系数相关的滑动速度。
对于不考虑摩擦的运动分析情况,可在"库仑摩擦"下拉列表框中设置为"关"。

3.9.3 槽轮机构运动仿真

根据图 3-43 所示进行槽轮机构运动仿真。

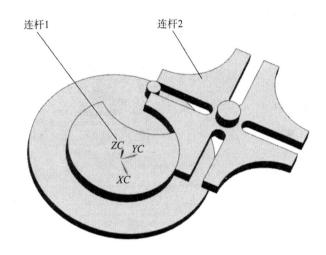

图 3-43 槽轮机构模型

(1) 设置仿真环境

打开装配完成的槽轮机构模型,进入运动仿真模块,新建运动仿真文件。在"运动导航器"的根节点上用鼠标右键单击,在弹出的快捷菜单中选择"新建仿真"命令。在弹出的"环境"对话框中,选择"动力学"选项后,单击"确定"按钮。

(2) 定义连杆

在运动工具条中单击"连杆"命令。定义连杆1和连杆2。

(3) 定义运动副及驱动

分别设置连杆1和连杆2为旋转运动副。连杆1的旋转轴为连杆1的中心线,连杆2的旋转轴为连杆2的中心线。

在连杆1的旋转运动副上设置驱动,驱动类型为恒定,初速度为150°/s。

(4) 定义3D接触连接器

在下拉菜单"插入"下"连接器"中选择"3D接触"命令,弹出"3D接触"对话框,如图 3-44 所示。

单击"3D接触"对话框"操作"区域中的"选择体"按钮,选择槽轮为操作体;单击"基座"区域中的"选择体"按钮,选择拨盘为基座。

在"参数"区域"类型"中选择"实体"选项,配置刚度系数后,单击"确定"按钮。

图 3-44 "3D 接触"对话框

(5) 定义解算方案及求解

选择下拉菜单"插入"下的"解算方案"命令,系统弹出"解算方案"对话框。在"解算方案类型"下拉列表中选择"常规驱动"选项;在"分析类型"下拉列表中选择"运动学/动力学"选项;在"时间"文本框中输入"10";在"步数"文本框中输入"300";选中对话框中的"通过按确定进行解算"复选框;设置重力方向为"-ZC",其他重力参数按系统默认设置值。单击"确定"按钮完成解算方案的定义。

(6) 定义动画

在"动画控制"工具条中单击"播放"按钮,查看机构运动。单击"导出至电影"按钮,输入名称后保存动画。

3.10 凸轮机构

3.10.1 凸轮机构简介

凸轮机构是一种常见的运动机构,它是由凸轮、从动件和机架组成的高副机构。从动件的位移、速度和加速度必须严格地按照预定规律变化,尤其是当原动件做连续运动而从动件必须做间歇运动时，则采用凸轮机构最为简便。凸轮从动件的运动规律取决于凸轮的轮廓线或凹槽的形状，凸轮可将连续的旋转运动转化为往复的直线运动，可以实现复杂的运动规律。凸轮机构广泛应用于各种自动机械、仪器和操纵控制装置。凸轮机构之所以得到如此广泛的应用，主要是由于凸轮机构可以实现各种复杂的运动要求，并且结构简单、紧凑，可以准确实现要求的运动规律。只要适当地设计凸轮的轮廓曲线，就可以使推杆得到各种预期的运动规律。

从动件与凸轮做点接触或线接触，有滚子从动件、平底从动件和尖端从动件等。尖端从动件能与任意复杂的凸轮轮廓保持接触，可实现任意运动，但尖端容易磨损，适用于传递力较小的低速机构中。为了使从动件与凸轮始终保持接触，可采用弹簧或施加重力。

一般情况下凸轮是主动的，但也有从动或固定的凸轮。多数凸轮是单自由度的，但也有双自由度的劈锥凸轮。

凸轮机构是由凸轮的回转运动或往复运动推动从动件做规定往复移动或摆动的机构。按凸轮形状分类，有盘形凸轮、移动凸轮和圆柱凸轮 3 种。

（1）盘形凸轮

这种凸轮是一个绕固定轴转动并且具有变化向径的盘形零件，如图 3-45 所示。当其绕固定轴转动时，可推动从动件在垂直于凸轮转轴的平面内运动。它是凸轮的最基本形式，结构简单，应用最广。

（2）移动凸轮

当盘形凸轮的转轴位于无穷远处时，就演化成了如图 3-46 所示的移动凸轮（或楔形凸轮）。凸轮呈板状，它相对于机架做直线移动。

在以上两种凸轮机构中，凸轮与从动件之间的相对运动均为平面运动，故又统称为平面凸轮机构。

（3）圆柱凸轮

如果将移动凸轮卷成圆柱体，即演化成圆柱凸轮。如图 3-47 所示，在这种凸轮机构中，凸轮与从动件之间的相对运动是空间运动，故属于空间凸轮机构。

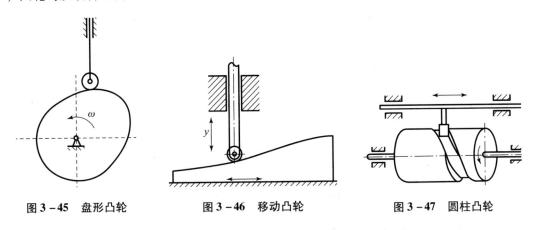

图 3-45　盘形凸轮　　　　图 3-46　移动凸轮　　　　图 3-47　圆柱凸轮

凸轮机构的优点为：只需设计适当的凸轮轮廓，便可使从动件得到所需的运动规律，并且结构简单、紧凑，设计方便。它的缺点是凸轮轮廓与从动件之间为点接触或线接触，易磨损，所以通常多用于传力不大的控制机构。

3.10.2 2D 接触

2D 接触定义组成曲线接触副间的两杆件接触力，通常用来表达两杆件间弹性或非弹性冲击。"2D 接触"对话框如图 3-48 所示。2D 接触可以用于平面中的曲线接触仿真，它结合了线在线上约束类型和碰撞载荷类型的特点，允许设置作用在连杆上的两条平面曲线之间的碰撞载荷。

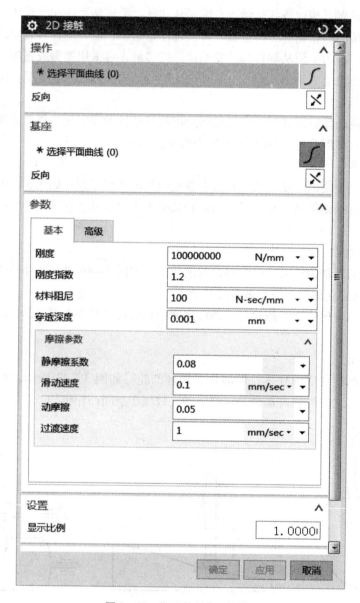

图 3-48 "2D 接触"对话框

2D 接触与线在线上约束的区别是：线在线上约束定义的对象始终是接触的，不会产生脱离，没有碰撞载荷和摩擦力，只是机构运动的传递；2D 接触定义的对象间可以分离或穿透，能够设置碰撞载荷和摩擦力，不仅可以传递机构运动，还可以传递接触力。

在2D接触选择平面曲线的过程中,若选择曲线为封闭曲线,则激活"反向材料侧"选项,该选项用来确定实体在曲线外侧或内侧。

高级参数中的"点数"表示两接触曲线最大接触点数目,取值范围为1~32,当取值为1时,系统定义曲线接触区域中的点为接触点。

3.10.3 凸轮机构运动仿真

根据图3-49所示进行凸轮机构运动仿真。

(1) 设置仿真环境

打开装配完成的凸轮机构运动模型。连杆1为机架,连杆2为凸轮,连杆3为连杆,连杆4为接触轮。

进入运动仿真模块,新建运动仿真文件。在"运动导航器"的根节点上用鼠标右键单击,在弹出的快捷菜单中选择"新建仿真"命令。在弹出的"环境"对话框中,选择"动力学"选项后,单击"确定"按钮。

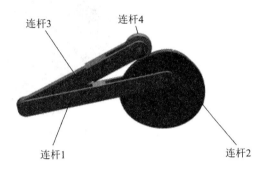

图3-49 凸轮机构运动模型

(2) 定义连杆

在运动工具条中,单击"连杆"按钮,启动"连杆"对话框。定义连杆1时,勾选"固定连杆";定义其他连杆时,不勾选"固定连杆"。

(3) 定义运动副及驱动

在运动工具条中,单击"运动副"按钮,启动"运动副"对话框。

连杆2参照连杆1做"旋转副"运动;连杆3左端参照连杆1做"旋转副"运动;连杆4参照连杆3做"旋转副"运动,同时与连杆3做啮合运动。

定义连杆2的运动副为驱动,驱动类型为恒定,初速度为100°/s。

(4) 定义2D接触

在连接器中单击"2D接触"命令,系统弹出"2D接触"对话框。"操作"选择连杆4的一条轮廓曲线;"基座"选择连杆2上且与"操作"中选择的曲线相接触的轮廓曲线,如图3-50所示。

配置"2D接触"的刚度参数和摩擦参数后,选择"确定"按钮。

(5) 定义解算方案及求解

选择下拉菜单"插入"下的"解算方案"命令,系统弹出"解算方案"对话框。在"解算方案类型"下拉列表中选择"常规驱动"选项;在"分析类型"下拉列表中选择"运动学/动力学"选项;在"时间"文本框中输入"20";在"步数"文本框中输入"100";选中对话框中的"通过按确定进行解算"复选框;设置重力方向为"-YC",其他重力参数按系统默认设置值。单击"确定"按钮完成解算方案的定义。

(6) 定义动画

在"动画控制"工具条中单击"播放"按钮,查看机构运动。单击"导出至电影"按钮,输入名称后保存动画。

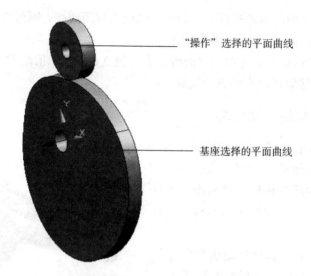

图 3-50 "2D 接触"的定义

3.11 螺旋传动

3.11.1 螺旋传动简介

螺旋传动是靠螺旋与螺纹牙面旋合实现回转运动与直线运动转换的机械传动。

螺旋传动按其在机械中的作用可分为传力螺旋、调整螺旋和传导螺旋,如图 3-51 所示。

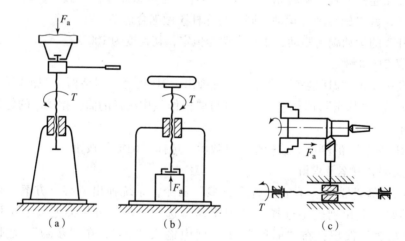

图 3-51 螺旋传动
(a) 传力螺旋;(b) 调整螺旋;(c) 传导螺旋

(1) 传力螺旋

以传递力为主,要求用较小的力矩转动螺杆(或螺母)而使螺母(或螺杆)产生轴向运动和较大的轴向力,这个轴向力可以用来做起重和加压等工作。一般在低转速下工作,每次工作时间短或间歇工作。例如螺旋压力机和螺旋千斤顶等。

(2) 调整螺旋

用于调整并固定零件或部件之间的相对位置,一般不经常转动。如带传动调整中心距的张紧螺旋。

(3) 传导螺旋

以传递运动为主,并要求具有很高的传动精度。通常工作速度较高,在较长时间内连续工作。它常用作机床刀架或工作台的进给机构。

螺杆和螺母的材料除要求有足够的强度、耐磨性外,还要求两者配合时摩擦系数小。螺旋传动失效主要是螺纹磨损。

3.11.2 螺旋副

螺旋副可以看作是旋转副和滑动副的组合,它可以约束参考连杆沿直线进行平移和旋转运动,并且平移运动和旋转运动通过螺旋副比率进行关联。螺旋副不能作为运动驱动。

组成螺旋传动的两杆件沿某轴线做相对移动和相对转动运动,两者间只有一个独立的运动参数,但实际上不能仅依靠螺旋副单独为两连杆生成 5 个约束,因此要达到施加 5 个约束的效果,应将螺旋副和柱面副结合起来使用。

"螺旋副"联接对话框如图 3-52 所示,螺旋副比率指的是当连杆旋转一周时,沿着参

图 3-52 "螺旋副"联接对话框

考方向的移动距离（螺距）。若定义螺距为正，则第一个连杆相对于第二连杆正向移动；若定义螺距为负，则反之。

3.11.3 螺旋传动机构运动仿真

根据图3-53所示进行螺旋传动机构仿真。

1. 设置仿真环境

打开装配完成的螺旋传动机构模型。连杆1为固定螺母，连杆2为转动螺杆。

进入运动仿真模块，新建运动仿真文件。在"运动导航器"的根节点上用鼠标右键单击，在弹出的快捷菜单中选择"新建仿真"命令。在弹出的"环境"对话框中，选择"动力学"选项后，单击"确定"按钮。

2. 定义连杆

在运动工具条中，单击"连杆"按钮，启动"连杆"对话框。定义连杆1时，勾选"固定连杆"；定义连杆2时，不需要勾选"固定连杆"。

3. 定义运动副及驱动

在运动工具条中，单击"运动副"按钮，启动"运动副"对话框。

连杆2参照连杆1做"柱面副"运动，如图3-54所示。连杆2参照连杆1做"螺旋副"运动，如图3-55所示。

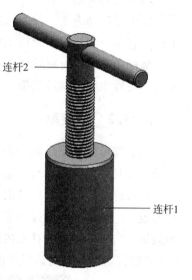

图3-53 螺旋传动机构模型

图3-54 "柱面副"设置

图3-55 "螺旋副"设置

定义连杆2的圆柱副为驱动,驱动类型为旋转恒定,初速度为120°/s,如图3-56所示。

图3-56 螺旋"驱动"设置

4. 定义解算方案及求解

选择下拉菜单"插入"下的"解算方案"命令,系统弹出"解算方案"对话框。在"解算方案类型"下拉列表中选择"常规驱动"选项,在"分析类型"下拉列表中选择"运动学/动力学"选项,在"时间"文本框中输入"20",在"步数"文本框中输入"100",选中对话框中的"通过按确定进行解算"复选框,设置重力方向为"-ZC",其他重力参数按系统默认设置值，单击"确定"按钮完成解算方案的定义。

5. 定义动画

在"动画控制"工具条中单击"播放"按钮，查看机构运动。单击"导出至电影"按钮，输入名称后保存动画。

3.12 阻尼器与衬套

3.12.1 阻尼器

阻尼器是以提供运动的阻力，耗减运动能量的装置，与力学中的阻尼概念不同。

阻尼器是一个耗能构件，使用在不同地方或不同工作环境就有不同的阻尼作用。如减震阻尼器低速时允许移动，在速度或加速度超过相应的值时闭锁，形成刚性支撑。常见的阻尼器有弹簧阻尼器、液压阻尼器、脉冲阻尼器、旋转阻尼器、风阻尼器、黏滞阻尼器、阻尼铰链、阻尼滑轨等。

阻尼力是运动物体速度的函数，作用方向与物体的运动方向相反，对物体的运动起反作用。阻尼一般将构件的机械能转化为热能或其他形式能量。与一般的滑动摩擦力不同的是，阻尼力不是恒定的，其与应用阻尼器的构件的运动速度成正比。

在 UG NX 中，"阻尼器"对话框如图 3 - 57 所示。

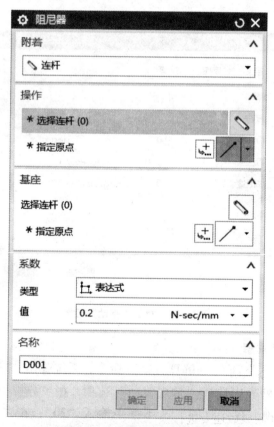

图 3 - 57 "阻尼器"对话框

（1）附着

在 UG NX 中，阻尼器的"附着"提供"连杆""滑动副"和"旋转副"3 种形式。

"连杆"：该选项在相对移动构件和基座（机架）间创建阻尼器。"操作"的对象为移动的连杆（构件），"指定原点"为移动连杆（构件）上的参考点；"基座"的对象为相对移动构件静止的机架，"指定原点"为基座上的参考点。

"滑动副"或"旋转副"：该选项在"滑动副"或"旋转副"上创建阻尼器。

（2）系数

阻尼器的系数包括"表达式"和"样条"两种。"表达式"通过设置数值来指定阻尼系数。"样条"通过设置函数来指定阻尼系数。

3.12.2 衬套

在 UG NX 中，"衬套"用来定义两个连杆之间的弹性关系，在仿真机构中建立一个柔性的运动副。"衬套"对话框如图 3-58 所示。

图 3-58 "衬套"对话框

定义"衬套"时，需要指定操作连杆、基本连杆、原点及矢量。衬套连接的连杆有 6 个自由度，分别是 3 个平移自由度和 3 个旋转自由度。定义衬套时，可以通过刚度系数、阻尼系数和预载来约束和控制这些自由度。

UG NX 运动仿真中的衬套有两种，分别是圆柱衬套和常规衬套。圆柱衬套一般用于具有对称结构和均匀材质的弹性衬套仿真。圆柱衬套将连接的自由度减少为 4 个，通过定义刚度系数和阻尼系数来设置。对于常规衬套，需要定义平移系数、扭转系数才能完全控制自由度。

3.13 驱动与函数

UG NX 运动仿真中的驱动可以设置机构以特定的方式运动。驱动不仅可以控制机构的运动速度，还可以控制机构的位移和加速度，系统提供了恒定、简谐、函数、铰接运动多种驱动方法。

3.13.1 恒定

恒定方式设置运动副为等常运动（旋转或者是线性运动），需要的参数是位移、速度和加速度。"恒定"驱动对话框如图 3-59 所示。

图 3-59 "恒定"驱动对话框

恒定运动驱动比较简单，设置好时间和解算步数之后，机构就在规定的时间和步数范围之内进行解算运动。如果需要定义一些比较复杂的运动，使用"恒定"驱动将无法实现，此时需要借助其他的驱动方法来实现。

3.13.2 简谐驱动

简谐驱动就是使用简谐运动函数驱动运动副的位移变化。

简谐运动（Simple Harmonic Motion，SHM）随时间变化按正弦规律的振动（或运动），称简谐振动。简谐振动的曲线图形如图 3-60 所示。简谐运动是最基本、最简单的机械振动。当某物体进行简谐运动时,物体所受的力跟位移成正比,并且总是指向平衡位置。它是一种由自身系统性质决定的周期性运动。如单摆运动和弹簧振子运动。

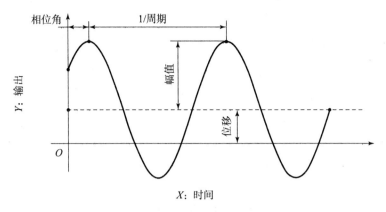

图 3-60　简谐函数的曲线图形

简谐运动的数学方程式：

$$\text{SHF} = B + A\sin(\omega t - \varphi)$$

式中，SHF 是数据输出；B 是位移；A 是幅值；ω 是频率；t 是时间变量；φ 是相位角。

当简谐运动做旋转运动时，幅值、位移和相位角的默认单位为度，频率单位默认为度/秒，如图 3-61 所示。

图 3-61　旋转简谐驱动对话框

当简谐运动做平移运动时，幅值、位移的默认单位为 mm，频率单位默认为度/秒，相位角默认单位为度，如图 3-62 所示。

3.13.3　函数驱动

函数驱动是通过函数对运动副驱动。

在"运动副"对话框"驱动"选项卡的下拉菜单中选择"函数"选项。在"函数数据类型"下拉列表中选择函数驱动的对象，函数可以驱动运动副中的位移、速度和加速度。

图 3-62 "平移简谐" 驱动对话框

单击"函数"后的下拉按钮,选择"f(x) 函数管理器"选项,系统弹出"XY 函数管理器"对话框,如图 3-63 所示。

图 3-63 "XY 函数管理器" 对话框

(1) 数学函数驱动

数学函数驱动使用数学和编程语言中的函数来定义驱动。表 3-3 为 UG NX 中常用的数学函数。

(2) 运动函数

运动函数是基于时间的复杂数学函数,通过"XY 函数管理器"调用。运动函数可以定义运动、力和扭矩等所需函数。

1) BISTOP($x, dx, x_1, x_2, k, e, c_{max}, d$)

BISTOP($x, dx, x_1, x_2, k, e, c_{max}, d$) 是双侧碰撞函数,返回值是力。BISTOP 的触发是由两个边界条件确定的,即 x_1 和 x_2;x 是两个对象之间的实际距离;dx 是 x 的一阶导数;x_1 和 x_2

表 3-3 常用数学函数表

序号	符号	含义	序号	符号	含义
1	ABS( )	绝对值函数	12	ACOS( )	反余弦函数
2	AINT( )	取整数函数	13	ANINT( )	四舍五入取整
3	ASIN( )	反正弦函数	14	ATAN( )	反正切函数 arctan(x)
4	ATAN2(y,x)	反正切函数 arctan(y/x)	15	Cos( )	余弦函数
5	CosH( )	双曲余弦函数	16	DIM(x_1,x_2)	求 x_1-x_2 和 0 中的最大值
6	EXP( )	求指数函数	17	LOG( )	求自然对数
7	LOG10( )	求以 10 为底的对数	18	MAX(,)	求最大值
8	MIN(,)	求最小值	19	MOD(x_1,x_2)	求 x_1/x_2 余数
9	SIGN(,)	求 X 的绝对值及 Y 的符号	20	SIN( )	正弦函数
10	SINH( )	双曲正弦函数	21	SQRT( )	求平方根
11	TAN( )	正切函数	22	TANH( )	双曲正切函数

是确定碰撞力打开和关闭的触发距离；k 是刚度系数；e 是刚度指数；c_{max} 是阻尼系数；d 是阻尼完全起作用的距离。

$$\text{BISTOP} = \begin{cases} 0, & x_2 \geqslant x \geqslant x_1 \\ k(x_1-x)^e - c_{max}*\mathrm{d}x*\text{step}(x, x_1-d, 1, x_1, 0), & x < x_1 \\ k(x-x_2)^e - c_{max}*\mathrm{d}x*\text{step}(x, x_2, 1, x_2+d, 0), & x > x_2 \end{cases}$$

2）FORCOS($x,x_0,w,a_0,\cdots,a_{30}$)

FORCOS($x,x_0,w,a_0,\cdots,a_{30}$) 函数返回傅里叶余弦级数值，函数变量为 x，初始偏置为 x_0，基本系数 w，$a_0 \sim a_{30}$ 共 31 个参数是级数系数。

$$\text{FORCOS}(x,x_0,w,a_0,\cdots,a_n) = a_0 + \sum_{i=1}^{n} a_i*\cos[i*\omega*(x-x_0)]$$

在 UG NX 中，n 的最大值取到 30，在操作时可以取小于等于 30 的有限数字。

3）FORSIN($x,x_0,w,a_0,\cdots,a_{30}$)

FORSIN($x,x_0,w,a_0,\cdots,a_{30}$) 函数返回傅里叶正弦级数值，其参数与上面的 FORCOS 相同。

$$\text{FORSIN}(x,x_0,w,a_0,\cdots,a_n) = a_0 + \sum_{i=1}^{n} a_i*\sin[i*\omega*(x-x_0)]$$

4）IF($x: e_1, e_2, e_3$)

IF($x: e_1, e_2, e_3$) 函数的原型函数如下：

IF(表达式 1：表达式 2，表达式 3，表达式 4)

在函数中，各参数含义如下：

表达式 1：ADAMS 的评估表达式；

表达式 2：如果表达式 1 的值小于 0，IF 函数返回表达式 2 的值；

表达式 3：如果表达式 1 的值等于 0，IF 函数返回表达式 3 的值；

表达式 4：如果表达式 1 的值大于 0，IF 函数返回表达式 4 的值。

例如：函数 IF(time -5：0, 10, 1)

结果：time $-5<0$，函数返回值为 0；

time $-5=0$，函数返回值为 10；

time $-5>0$，函数返回值为 1。

5）CHEBY$(x,x_0,a_0,\cdots,a_{30})$

CHEBY$(x,x_0,a_0,\cdots,a_{30})$ 函数用来返回第一类切比雪夫多项式的值，其中 x 是变量，x_0 是变量的偏量值，$a_0 \sim a_{30}$ 是多项式的系数。

第一类切比雪夫多项式由以下递推关系确定：

$$\begin{cases} T_0(x)=1 \\ T_1(x)=x \\ T_i(x)=2x\,T_{i-1}(x)-T_{i-2}(x), & i\geqslant 2 \end{cases}$$

CHEBY$(x,x_0,a_0,\cdots,a_n)$ 的函数方程如下：

$$\text{CHEBY}(x,x_0,a_0,\cdots,a_n)=\sum_{i=0}^{n}a_iT_i(x-x_0)$$

在 UG NX 中，n 的最大值取到 30，在操作时，可以取小于等于 30 的有限数字。

例如：

$$\text{CHEBY}(x,1,1,0,-1)=1+0-[2(x-1)^2-1]=4x-2x^2$$

6）IMPACT$(x,\mathrm{d}x,x_1,k,e,c_{\max},d)$

IMPACT$(x,\mathrm{d}x,x_1,k,e,c_{\max},d)$ 是单边冲击函数，返回值是力。

x 是两个对象之间的实际距离；$\mathrm{d}x$ 是 x 的一阶导数；x_1 是确定碰撞力打开和关闭的触发距离；k 是刚度系数；e 是刚度指数；$c_{\max}$ 是阻尼系数；d 是阻尼完全起作用的距离。

$$\text{IMPACT}=\begin{cases} 0, & x\geqslant x_1 \\ k\,(x_1-x)^e-c_{\max}*\mathrm{d}x*\text{step}(x,\,x_1-d,\,1,\,x_1,\,0), & x<x_1 \end{cases}$$

7）POLY$(x,x_0,a_0,\cdots,a_{30})$

POLY$(x,x_0,a_0,\cdots,a_{30})$ 可以创建光顺变化的函数值，主要用于递增或递减的速度或加速度上。它的函数定义如下：

$$\begin{aligned}\text{POLY}(x,\,x_0,\,\cdots,\,a_n)&=\sum_{j=1}^{n}a_j\,(x-x_0)^j\\ &=a_0+a_1(x-x_0)+a_2\,(x-x_0)^2+\cdots+a_n\,(x-x_0)^n\end{aligned}$$

在函数方程中，x 是自变量，一般是时间（time），可默认不设置；x_0 是多项式的偏移量，可定义为任何常数；$a_0 \sim a_n$ 是多项式的系数，系数越大，函数值越大。

在 UG NX 中，n 的最大值取到 30，在操作时，可以取小于等于 30 的有限数字。

8）SHF(x,x_0,a,w,phi,b)

SHF(x,x_0,a,w,phi,b) 是简谐运动函数，它的波形为正弦线，可以用来实现振动等周期性变化的关系模型。函数方程为：

$$\text{SHF}(x,x_0,a,w,\text{phi},b)=a*\sin[w*(x-x_0)-\text{phi}]+b$$

其中，x 是变量；x_0 是初偏相位；a 是振幅；w 是频率；phi 是相位角；b 是位移量。

9）STEP(x,x_0,h_0,x_1,h_1) 与 HAVSIN$(x,\,x_0,\,h_0,\,x_1,\,h_1)$

$STEP(x, x_0, h_0, x_1, h_1)$ 可以设置某个时间段内的速度、加速度及位移的变化,主要用于设置机构的间歇运动和多驱动的联动。间歇函数的方程式定义如下:

$$\alpha = h_1 - h_0$$
$$\Delta = (x - x_0)/(x_1 - x_0)$$
$$STEP(x, x_0, h_0, x_1, h_1) = \begin{cases} h_0, & x \leq x_0 \\ h_0 + \alpha\Delta^2(3 - 2\Delta), & x_0 < x < x_1 \\ h_1, & x \geq x_1 \end{cases}$$

其方程式各参数定义如下:

x 是自变量,可以是 time 或是 time 的任一函数;

x_0 是自变量的 step 函数初始值,可以是常数、函数表达式或设计变量;

x_1 是自变量的 step 函数结束值,可以是常数、函数表达式或设计变量;

h_0 是函数的初始值,可以是常数、设计变量或其他函表达式;

h_1 是函数的最终值,可以是常数、设计变量或其他函表达式。

$HAVSIN(x, x_0, h_0, x_1, h_1)$ 函数是半正矢阶跃函数,与 $STEP(x, x_0, h_0, x_1, h_1)$ 参数一样,目前应用较少。

3.13.4 AFU 格式驱动

AFU 格式驱动是使用一个 AFU 格式的表格来驱动机构运动。AFU 格式的表格创建分为"ID 信息""轴定义"和"XY 数据"三步。

(1) ID 信息

在"XY 函数编辑器"的"函数属性"区域中选择"AUF 格式的表",系统会切换到 AFU 格式文件创建的对话框。在此对话框中用鼠标单击"ID"图标,启动"ID 信息"定义,如图 3-64 所示。

在"ID 信息"对话框中,可以编辑定义函数的名称、文件保存路径、用途、函数类型及 ID 信息等参数。

(2) 轴定义

在"轴定义"对话框中可以编辑函数的横坐标和纵坐标的间距、格式、单位名及标签等参数,如图 3-65 所示。

在"轴定义"区域中,横坐标"间距"类型包括等距、非等距和序列选项。

1)"等距":该选项以恒定增量增加横坐标。使用该选项,可以采用文本输入、表格输入、随机数字、波形扫掠及函数的方法来创建表格数据。

2)"非等距":该选项将每个横坐标值都视为唯一的。使用该选项可以采用文本输入、表格输入、栅格数字化、数据数字化及绘图数字化的方法来创建表格数据。

3)"序列":该选项按顺序显示 X 轴数据并按顺序标记 X 轴的值,而不论实际 X 值如何。系统以递增方式将每个值放置在图表的 X 轴上,而不是用 X 值替代 X 轴的位置。

(3) XY 数据

在"XY 函数编辑器"对话框中选择"XY 数据",切换到"XY 数据"定义对话框,如图 3-66 所示。在该界面中可以选择各种创建数据的方法来创建 AFU 表格。

图 3-64 "ID 信息"对话框

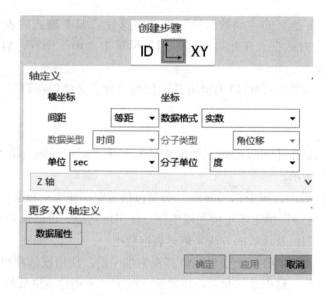

图 3-65 "轴定义"对话框

1)"X 向最小值":用来定义横坐标的最小值,只有当 X 轴的间距类型是"等距"时可用。

2)"X 向增量":用来定义横坐标的增量,对于"等距"类型的数据有效。

3)"点数":用来定义在图表上绘出的点数。

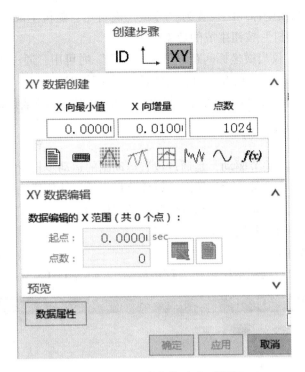

图3-66 "XY数据"定义对话框

4) "从文本编辑器输入":可以通过将 XY 数据点输入到文本文件来生成 XY 点的数据。

5) "从电子表格输入":可以通过将数据输入到 Excel 电子表格中的两列来生成 XY 点的数据。输入完成后,需要在 Excel 中选择下拉菜单"工具"中的"更新表函数"命令来更新表函数,然后退出电子表格。

6) "从栅格数字化":仅当横坐标间距设置为"非等距"或"序列"时可用。可以在 XY 坐标系的栅格中单击任意位置取点,来绘制大致的函数图形。所取的点还可以进行编辑修改。

"数据点设置"对话框用于设置所绘制的函数图形的起始点和终止点,如图3-67 所示。

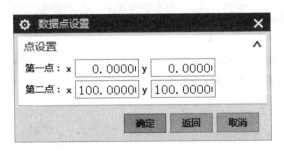

图3-67 "数据点设置"对话框

7) "从数据数字化":仅当横坐标间距设置为"非等距"或"序列"时可用。可以通过选择一个现有的表函数,然后在绘出的曲线上选择数据点来生成 XY 点数据。

8) "从绘图数字化":仅当横坐标间距设置为"非等距"或"序列"时可用。可以通过在另一个绘图函数的绘制曲线上选择 XY 点来生成数据。前提是必须对一个现有函数绘图,然后选择此选项并在绘图上选择想要的数据点。

9)"随机":仅当横坐标间距设置为"等距"时可用。随机生成 XY 点的数据。对于同一函数,每次单击"随机"按钮生成的数据均不同。

10)"波形扫掠":仅当横坐标间距设置为"等距"时可用。通过执行波形扫掠生成 XY 点的数据,包括正弦、余弦、正方形和已过滤正方形 4 种扫掠类型。

11)"方程":仅当横坐标间距设置为"等距"时可用。使用数学表达式生成 XY 点的数据。

3.13.5 铰接运动驱动

铰接运动驱动又称为关节驱动,是通过设置运动副的运动步长及步数来驱动机构的运动的。常用来观察机构每个步数的运行情况,以优化机构的设计位置。

铰接运动驱动可以用于做平移运动或旋转运动的机构。

铰接运动驱动设置的主要过程如下。

1. 创建铰接运动驱动

在运动副的"驱动"选项卡中选择"铰接运动",如图 3-68 所示。

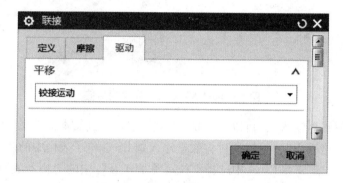

图 3-68 铰接运动设置对话框

2. 设置铰接运动驱动解算方案

在"解算方案类型"中选择"铰接运动驱动"选项,如图 3-69 所示。

图 3-69 铰接运动驱动解算方案

3. 铰接运动参数定义

在图 3-70 所示的"铰接运动"对话框中,"铰接运动模式"包括步长、立即变换和延迟变换 3 种。"步长"模式通过设置步长和步数进行动画播放;"立即变换"模式通过设置位移值进行机构运动;"延迟变换"模式通过设置位移和步数进行机构动画播放。

图 3-70 "铰接运动"对话框

3.14 分析与测量

使用 UG NX 运动分析的目的之一是研究机构中零件的位移、速度、加速度、作用力与反作用力和力矩等参数,系统提供了专用的分析和测量工具。

3.14.1 图表输出

图表是将机构中的某个连杆和运动副的运动数据以图形的形式进行表达仿真,可以用于位移、速度、加速度和力的结果表示。

在解算方案求解完成后,在下拉菜单"分析"下的"运动"中选择"图表"命令,或者在"运动"工具条中单击"作图"命令,系统弹出"图表"对话框,单击其中的"对象"选项卡,如图 3-71 所示。

①选择对象:用来选择图表输出对象。在对象区域中,系统提供了机构中可以选择的连杆、运动副、标记和传感器等图表输出对象。

②请求:用来定义分析模型的数据类型,其中包括位移、速度、加速度和力选项。

③分量:用来定义要分析的数据的值,也就是图表上竖直轴的值,其中包括"幅值""X""Y""Z""角度幅值""RX""RY""RZ"等选项。

④相对:用来定义图表显示的数值是按所选取的运动副或标记的坐标系测量获得的。

⑤绝对:用来定义图表显示的数值是按绝对坐标系测量获得的。

图 3-71 "图表"对话框

⑥轴定义：用来将 Y 轴的数值定义添加到坐标系中，包括选择对象、请求、分量等信息。可以通过"+""-""上移"和"下移"按钮进行操作。X 轴为分析数据的自变量，系统默认值为时间，也可以根据需要进行用户定义。

⑦图表：用来定义输出图表的形式，包括"NX"和"电子表格"两个选项。"NX"是以曲线方式将分析数据显示在 NX 系统窗口中；"电子表格"是以数值的方式将分析数据显示在 Excel 电子表格中。另外，通过选择下拉菜单"分析"下"运动"中的"填充电子表格"命令也可以输出相同的电子表格。

3.14.2 标记与传感器

标记与传感器用于分析机构连杆中某一点处的运动学和动力学数据。当要分析与测量某一点的位移、速度、加速度、力、弹簧的位移、弯曲量及其他运动学和动力学数据时，均会用到此类测量工具。

1. 标记

标记是在连杆中指定一个位置，用于分析、研究连杆该点处的机构数据。标记不仅与连杆有关，而且需要有明确的方向定义。标记的方向特性在复杂的动力学分析中非常有用，常用于分析某个点的线速度或加速度，以及绕某个特定轴旋转的角速度和角加速度等。

在下拉菜单"插入"中选择"标记"命令，系统弹出"标记"对话框，如图3-72所示。

图3-72 "标记"对话框

"关联链接"用于选择定义标记的连杆。"指定点"用于定义做标记的点。"指定CSYS"用于定义参考坐标系，通常情况下选择"动态"坐标系。

标记参数设置完成后，经解算方案求解，在图表中选择定义的标记进行分析及数据输出。

2. 传感器

传感器设置在标记或运动副上，能够对设置的对象进行精确的测量，也可以测量两个标记之间的相对参考数据。

选择下拉菜单"插入"下的"传感器"命令，系统弹出"传感器"对话框，如图3-73所示。

① "类型"：就是要分析数据的类型，有位移、速度、加速度和力4种。

② "分量"：其中的选项包括"线性幅值""X""Y""Z""角度幅值""RX""RY""RZ"。

③ "参考框"：有"相对""绝对""用户定义"3种。"相对"是相对某个参考点的数据，参考点可以是标记或运动副。"绝对"是以驱动运动副为参考点。

· 81 ·

图 3-73 "传感器"对话框

④ "测量":用来选择要分析的对象,可以是标记、运动副、连杆。
⑤ "相对":只有在"参考框"中选择"相对"时有效,是定义的相对参考标记。

传感器的所有参数设置完成后,经解算方案求解,在图表中选择定义的传感器进行分析及数据输出。

3.14.3 封装

封装有干涉、测量和追踪 3 项功能。

选择下拉菜单"工具"中的"封装"子菜单就可以发现"干涉""测量"和"追踪"命令。

1. 干涉

干涉是指在机构运动过程中发生构件重叠现象。干涉检查功能可以用于检查机构的动态干涉。定义干涉需要预先定义两组检查实体,然后在动画中启动干涉检查,即可以定义机构在干涉时停止运动。

单击"封装"子菜单中的"干涉"命令,系统弹出"干涉"设置对话框,如图 3-74 所示。

1) "类型":该下拉列表中包括"高亮显示""创建实体"和"显示相交曲线"选项。① "高亮显示":选择该选项,在分析时,若机构发生干涉,会高亮显示干涉物体。② "创建实体":选择该选项,在分析时,若机构发生干涉,会生成一个非参数化的相交实体来描述干涉体积。③ "显示相交曲线":选择该选项,在分析时,若出现干涉,系统会生成曲线来显示干涉部分。

图 3-74 "干涉"对话框

2)"模式":该下拉列表中包括"小平面"和"精确实体"选项。①"小平面"是以小平面为干涉对象进行干涉分析的;②"精确实体"是以精确的实体为干涉对象进行干涉分析的。

3)"事件发生时停止":该选项被勾选后,当机构发生干涉时,机构立刻停止运动。在"动画"对话框中系统默认选择此选项。

4)"激活":该选项被勾选后,在"动画"对话框中需要手动选择"干涉"选项;反之,在"动画"对话框中系统默认选择"干涉"选项。

2. 测量

测量功能用于定义机构中的一组几何对象的极限距离和极限角度,当机构运转超出极限范围时会自动停止,发出警告。

单击"封装"子菜单中的"测量"命令,系统弹出"测量"设置对话框,如图 3-75 所示。

1)"类型":该下拉列表中包括"最小距离"和"角度"两个选项。"最小距离"测量的是两组测量对象之间的最小距离值。"角度"测量的是两组测量对象之间的角度值。

2)"选择对象":指几何对象,包括点、线、面和体。

3)"阈值":指两组对象的距离或角度的参照值。在机构运动过程中,系统每做一步运动,都会将测量值与阈值进行比较,若不符合设置要求,则系统会发出警告并停止运动。

4)"测量条件":下拉列表中包括"小于""大于"和"目标"选项。"小于"指测量值小于阈值;"大于"指测量值大于阈值;"目标"指测量值等于阈值。

图 3-75 "测量"对话框

5)"公差":指实际测量值参照阈值的允许变动量。

6)"事件发生时停止"和"激活":此两个选项的设置与"干涉"对话框中的设置相同,不再赘述。

3. 追踪

追踪功能可以在机构运动的每一个步骤中创建一个复制的指定几何对象。追踪的几何对象可以是实体、片体、曲线及标记点。当追踪对象为标记点时,可以用于分析查看机构中某个点的运行轨迹。

单击"封装"子菜单中的"测量"命令,系统弹出"追踪"设置对话框,如图 3-76 所示。

1)"选择对象":用来指定要追踪的目标,目标的几何对象可以是实体、片体、曲线及标记点。

2)"参考框":用来指定跟踪对象的参考框架,包括"绝对"和"相对连杆"两个选项。①"绝对"指追踪对象在绝对坐标系运动过程中,作为机构正常运动范围内的一部分进行定位和复制,此项为系统默认值。②"相对连杆"指在相对参考对象下的追踪,系统会生成相对于参考对象的跟踪对象。

3)"目标层":用来指定放置复制对象的图层。

图 3-76 "追踪"对话框

3.14.4 载荷传递

载荷传递是系统根据基于对某特定连杆的反作用力来定义加载方案功能,该反作用力是通过对特定构件进行动态平衡计算得来的。可以将加载方案由机构分析模块输出到有限元分析模块,或对构件的受力情况进行动态仿真。

选择下拉菜单"插入"下"分析"中的"载荷传递"命令,系统会弹出"载荷传递"对话框,如图 3-77 所示。

图 3-77 "载荷传递"对话框

在机构中选择受载连杆,启动"播放"按钮,系统会生成反映仿真中每步对应的载荷数据的电子表格。通过该电子表格,可以查看连杆在每一步中的受力情况,也可以使用电子表格中的图表功能编辑连杆在整个仿真过程中的受力曲线。

在"载荷传递"对话框中,可以根据需要创建连杆加载方案。

3.15 载 荷

在机构的运动分析中,为了使分析结果更加接近真实水平,需要在机构中设置零件属性并添加一些力学对象,如添加质量属性,设置重力、力和力矩等。力学对象是影响机构运动的重要因素,UG NX 运动仿真中的力学对象除了重力之外,还有标量力、矢量力、标量扭矩和矢量扭矩 4 种。

3.15.1 标量力

标量力是通过空间直线方向、具有一定大小的力。标量力可以使机构中的某个连杆运动,也可以作为限制和延缓连杆的反作用力,还能够作为静止连杆的载荷。

定义标量力需要指定一组连杆,分别是操作连杆和基本连杆,并在连杆上定义力的原点,也就是力的作用点;也可以将力的起点固定,在单个连杆上定义标量力。

在机构运动过程中,标量力的方向始终处在操作连杆原点和基本连杆原点的连线上。标量力的方向可能会随着机构的位置变化而改变。标量力的大小可以是恒定的,也可以通过函数管理器来定义大小变化的力。

启动下拉菜单"插入"下"载荷"中的"标量力"命令,系统弹出"标量力"对话框,如图 3-78 所示。

图 3-78 "标量力"对话框

3.15.2 矢量力

矢量力是方向固定，具有一定大小的力。矢量力的创建方法和标量力的相似。矢量力和标量力的不同之处在于标量力的方向可能会变化，而矢量力的方向可以保持绝对不变或者相对于某一坐标系保持不变。

启动下拉菜单"插入"下"载荷"中的"矢量力"命令，系统弹出"矢量力"对话框，如图3-79所示。

图3-79 "矢量力"对话框

"类型"有"分量"和"幅值和方向"两个选项。"分量"需要指定在 X、Y 和 Z 三个方向上的分力。"幅值和方向"需要指定合力的方向和大小。

3.15.3 标量扭矩

标量扭矩可以使连杆做旋转运动，也可以作为限制和延缓连杆的反作用扭矩。定义扭矩的主要参数是扭矩的大小和旋转轴，扭矩的大小可以是恒定的，也可以是由函数控制的变量。

标量扭矩只能定义在旋转副上，扭矩的轴线就是旋转副的轴线。

启动下拉菜单"插入"下"载荷"中的"标量扭矩"命令，系统会弹出"标量扭矩"对话框，如图3-80所示。

图3-80 "标量扭矩"对话框

3.15.4 矢量扭矩

矢量扭矩和标量扭矩的作用一样,只是创建方法不同。矢量扭矩可以添加在连杆的任意轴上,而标量扭矩必须施加在旋转副上。

启动下拉菜单"插入"下"载荷"中的"矢量扭矩"命令,系统会弹出"矢量扭矩"对话框,如图3-81所示。

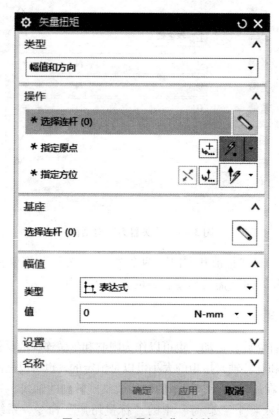

图3-81 "矢量扭矩"对话框

复习思考题

1. 简述机构运动仿真的一般流程。
2. 简述运动副的类型及功能。
3. 实现图 3-15 曲柄滑块机构的机构运动仿真。
4. 在齿轮副和齿轮齿条副中,"接触点"和"比率"的含义分别是什么?
5. 简述滑轮机构的运动仿真步骤。
6. 简述 2-3 传动副、2D 接触、3D 接触的区别。
7. 实现图 3-53 螺旋传动机构运动仿真。
8. 简述标记和传感器的功能。
9. 简述干涉、测量和追踪的功能。
10. 简述运动函数及其功能。

第4章 数控加工基础

4.1 概述

数字控制（Numerical Control，NC），简称数控，是一种自动控制技术，是用数字化信号对控制对象加以控制的一种方法。数字控制是相对模拟控制而言的，数字控制中的控制信息是数字量，而模拟控制系统中的控制信息是模拟量。数字控制与模拟控制相比有许多优点，如可用不同的字长表示不同精度的信息，可对数字化信息进行逻辑运算、数学运算等复杂的信息处理工作，特别是可用软件来改变信息处理的方式或过程，而不用改变电路或机械结构，从而使机械设备具有很大的"柔性"。因此，数字控制已经被广泛用于机械运动的轨迹控制和机械系统的开关量控制，如机床的控制、机器人的控制等。

数控加工就是根据零件图样及工艺要求等原始条件，编制零件数控加工程序，并输入数控机床的数控系统，控制数控机床中的刀具与工件做相对运动，从而完成零件的加工。数控加工过程如图4-1所示。数控加工具有产品精度高、自动化程度高、生产效率高及生产成本低等特点，在制造业中，数控加工是所有生产技术中相当重要的一环。

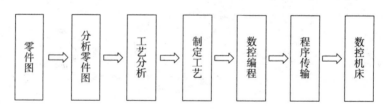

图4-1 数控加工过程

数控加工技术集传统的机械制造、计算机、信息处理、现代控制、传感检测等光机电技术于一体，是现代机械制造技术的基础。它的广泛应用给机械制造业的生产方式及产品结构带来了深刻的变化。近年来，由于计算机技术的高速发展，数控技术的发展相当迅速。数控技术的水平和普及程度，已经成为衡量一个国家综合国力和工业现代化水平的重要标志。

4.2 数控机床

数控机床是计算机数字控制机床（Computer Numerical Control，CNC）的简称，是一种由程序控制的自动化机床。该控制系统能够逻辑地处理具有控制编码或其他符号指令规定的程序，通过计算机将其译码，从而使机床执行规定好的动作，通过刀具切削将毛坯料加工成半成品零件。

4.2.1 数控机床的组成

数控机床的种类很多,但主要由以下几部分组成:

1. 数控系统

数控系统是数字控制系统的简称,英文名称为 Numerical Control System,是根据计算机存储器中存储的控制程序,执行部分或全部数值控制功能,并配有接口电路和伺服驱动装置的专用计算机系统。其通过利用数字、文字和符号组成的数字指令来实现一台或多台机械设备动作控制。它所控制的通常是位置、角度、速度等机械量和开关量。就目前应用来看,FANUC(日本)、SIEMENS(德国)、FAGOR(西班牙)、HIEDENHAIN(德国)、MITSUBISHI(日本)等公司的数控系统及相关产品,在数控机床行业占据主导地位。我国数控产品以华中数控、航天数控为代表,也已将高性能数控系统产业化。

数控系统通过译码、刀补处理、插补计算等数据处理和 PLC 协调控制,最终实现零件的加工。CNC 系统的工作过程如图 4-2 所示。

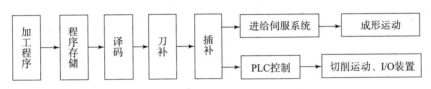

图 4-2 CNC 系统的工作过程

(1)译码

译码程序的主要功能是将文本格式表达的零件加工程序,以程序段为单位转换成刀具移动处理所要求的数据格式,把其中的各种零件轮廓信息(如起点、终点、直线或圆等)、加工速度信息(F 代码)和其他辅助信息(M、S、T 代码等),按照一定的语法规则解释成计算机能够识别的数据形式,并以一定的数据格式存放在指定的内存专用单元。在译码过程中,还要检查程序段的语法,若发现语法错误,数控系统便立即报警。

(2)刀补处理

刀具补偿包括刀具长度补偿和刀具半径补偿。通常输入 CNC 装置的零件加工程序以零件实际轮廓轨迹编程,刀具补偿作用是把零件实际轮廓轨迹转换成刀具中心轨迹。目前性能较好的 CNC 装置中,刀具补偿的工作还包括程序段之间的自动转接和过切削判别。

(3)插补计算

插补的任务是在一条给定起点和终点的曲线上进行数据点的密化。插补程序在每个插补周期运行一次,在每个插补周期内,根据指令进给速度计算出一个微小的直线数据段。通常,经过若干次插补周期后,插补加工完一个程序段轨迹,即完成从程序段起点到终点的数据点密化工作。

(4)PLC 控制

CNC 系统对机床的控制,分为对各坐标轴的速度和位置进行轨迹控制、对机床的动作进行顺序控制或逻辑控制。PLC 控制器可以在数控机床运行过程中,以 CNC 内部和机床各行程开关、传感器、按钮、继电器等开关信号状态为条件,并按预先规定的逻辑关系对诸如主轴的启停、换向,刀具的更换,工件的夹紧、松开,液压、冷却、润滑系统的运行等进行控制。

数控加工原理就是将预先编好的数控加工程序以数据的形式输入数控系统,数控系统通过译码、刀补处理、插补计算等数据处理和 PLC 协调控制,最终实现零件加工。

2. 伺服单元、驱动装置和测量装置

伺服单元和驱动装置包括主轴伺服驱动装置、主轴电动机、进给伺服驱动装置及进给电动机。测量装置是指位置和速度测量装置,它是实现主轴、进给速度闭环控制和进给位置闭环控制的必要装置。主轴伺服系统的主要作用实现零件加工的切削主运动,其控制量为速度。进给伺服系统的主要作用是实现零件加工的进给运动(成形运动),其控制量为速度和位置,能灵敏、准确地实现 CNC 装置的位置和速度指令。

3. 控制面板

控制面板是操作人员与数控机床进行信息交互的工具。操作人员通过它来操作、编程、调试,或对机床参数进行设定和修改,也可以通过它来了解或查询数控机床的运行状态。

4. 控制介质和输入、输出设备

控制介质是记录零件加工程序的媒介,是人与机床建立联系的介质。程序输入、输出设备是 CNC 系统与外部设备信息交互的装置,其作用是将记录在控制介质上的零件加工程序输入 CNC 系统,或将已调试好的零件加工程序通过输出设备存放或记录在相应的介质上。

5. PLC、机床 I/O 电路和装置

PLC 用于与逻辑运算、顺序动作有关的 I/O 控制,由硬件和软件组成。机床 I/O 电路和装置是用于实现 I/O 控制的执行部件,是由继电器、电磁阀、行程开关和接触器等组成的逻辑电路。

6. 机床本体

数控机床的本体是指机械结构实体,是实现加工零件的执行部件,主要由主运动部件(主轴、主运动传动机构)、进给运动部件(工作台、溜板及相应的传动机构)、支承件(立柱、床身、导轨等),以及特殊装置、自动工件交换(APC)系统、自动刀具交换(ATC)系统和辅助装置(如冷却、润滑、排屑、转位和夹紧装置等)组成。

4.2.2　数控机床加工的特点

同常规加工相比,数控机床加工有如下的特点:

①高精度,加工重复性高。目前,普通数控加工的尺寸精度通常可达到 ±0.005 mm。数控装置的脉冲当量(即机床移动部件的移动量)一般为 0.001 mm,高精度的数控系统可达 0.0001 mm。数控加工过程中,机床始终都在指定的控制指令下工作,消除了人工操作所引起的误差,不仅提高了同一批加工零件尺寸的统一性,而且能使产品质量得到保证,废品率也大为降低。

②生产效率高。数控机床的加工效率高,一方面,是因为自动化程度高,在一次装夹中能完成较多表面的加工,省去了划线、多次装夹、检测等工序;另一方面,是因为数控机床的运动速度高,空行程时间短。目前,数控车床的主轴转速已经达到 5 000 ~ 7 000 r/min,数控高速磨削的砂轮线速度达到 100 ~ 200 m/s,加工中心的主轴速度已经达到 20 000 ~ 50 000 r/min,各轴的快速移动速度达到 18 ~ 32 m/min。

③高柔性。数控机床的最大特点是高柔性，即通用、灵活、万能，可以适应加工不同形状的工件。如数控铣床一般能完成铣平面、铣斜面、铣槽、铣削曲面、钻孔、镗孔、铰孔、攻螺纹和铣削螺纹等加工工序，并且一般情况下，可以在一次装夹中完成所需的所有加工工序。加工对象改变时，除了相应地更换刀具和解决工件装夹方式外，只需改变相应的加工程序即可，特别适用于目前多品种、小批量和变化快的生产特征。

④大大减轻了操作者的劳动强度。数控铣床对零件加工是根据加工前编好的程序自动完成的。操作者除了操作键盘、装卸工件、中间测量及观察机床运行外，不需要进行繁重的重复性手工操作，大大减轻了劳动强度。

⑤易于建立计算机通信网络。数控机床使用数字信息作为控制信息，易于与 CAD 系统连接，从而形成 CAD/CAM 一体化系统。它是 FMS、CIMS 等现代制造技术的基础。

当然，数控加工在某些方面也有不足之处，比如，数控机床价格高昂，加工成本高，技术复杂，对工艺和编程要求较高，加工中难以调整，维修困难。为了提高数控机床的利用率，取得良好的经济效益，需要切实解决好加工工艺、程序编制、刀具的供应、编程与操作人员的培训等问题。

4.2.3 数控机床的分类

数控机床的分类有多种方式。

1. 按工艺用途分类

按工艺用途分类，数控机床可分为数控钻床、车床、铣床、磨床和齿轮加工机床等，压床、冲床、电火花切割机、火焰切割机和点焊机等也都采用数字控制。加工中心是带有刀库及自动换刀装置的数控机床，它可以在一台机床上实现多种加工。工件只需一次装夹，就可以完成多种加工，这样既节省了工时，又提高了加工精度。加工中心特别适用于箱体类和壳类零件的加工。车削加工中心可以完成所有回转体零件的加工。

2. 按加工路线分类

数控机床按加工路线分类示意图如图 4-3 所示。

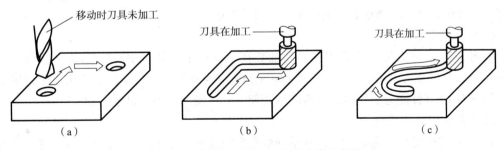

图 4-3 数控机床按加工路线分类示意图
(a) 点位控制；(b) 直线控制；(c) 轮廓控制

点位控制数控机床（PTP）：指在刀具运动时，不考虑两点间的轨迹，只控制刀具相对于工件位移的准确性。这种控制方法用于数控冲床、数控钻床及数控点焊设备，还可以用在数控坐标镗铣床上。

直线控制数控机床：要求在点位准确控制的基础上，还要保证刀具的运动轨迹是一条直线,并且刀具在运动过程中还要进行切削加工。采用这种控制的机床有数控车床、数控铣床和数控磨床等,一般用于加工矩形和台阶形零件。

轮廓控制数控机床（CP）：轮廓控制（也称连续控制）是对两个或两个以上的坐标运动进行控制（多坐标联动），刀具运动轨迹可为空间曲线。它不仅能保证各点的位置,还能控制加工过程中的位移速度,即刀具的轨迹,既要保证尺寸的精度,还要保证形状的精度。在运动过程中,同时向两个坐标轴分配脉冲,使它们能走出要求的形状来,这就叫插补运算。它是一种软仿形加工,而不是硬仿形（靠模）,并且这种软仿形加工的精度比硬仿形加工的精度高很多。这类机床主要有数控车床、数控铣床、数控线切割机和加工中心等。在模具行业中,对于一些复杂曲面的加工,多使用这类机床,如三坐标以上的数控铣床或加工中心。

3. 按可控制联动的坐标轴分类

数控机床可控制联动的坐标轴数目,是指数控装置控制几个伺服电动机,同时驱动机床移动部件运动的坐标轴数目。

① 两坐标联动机床。数控机床能同时控制两个坐标轴联动,如数控装置同时控制 X 和 Z 方向运动,可用于加工各种曲线轮廓的回转体类零件。

② 三坐标联动机床。能同时控制3个坐标轴联动,可用于加工曲面零件。

③ 两轴半坐标联动机床。数控机床本身有3个坐标轴,能做3个方向的运动,但控制装置只能同时控制两个坐标轴联动,第三个坐标轴只能做等距周期移动,可加工空间曲面。

④ 多坐标联动机床。数控机床能同时控制4个以上坐标轴联动。多坐标数控机床的结构复杂、精度要求高、程序编制复杂,主要用于加工形状复杂的零件,如五轴联动铣床加工曲面形状零件。

4. 按伺服系统有无检测装置分类

数控机床可分为开环控制和闭环控制数控机床。根据检测装置安装的位置不同,闭环控制数控机床又可分为闭环控制数控机床和半闭环控制数控机床两种。

5. 按数控系统的功能水平分类

数控系统一般分为高档型、普及型和经济型3个档次。其参考评价指标包括CPU性能、分辨率、进给速度、联动轴数、伺服水平、通信功能和人机对话界面等。

(1) 高档型数控系统

采用32位或更高性能的CPU,联动轴数在5轴以上,分辨率≤0.1 μm,进给速度≥24 m/min（分辨率为1 μm）或≥10 m/min（分辨率为0.1 μm）,采用数字化交流伺服驱动器,具有MAP高性能通信接口,具备联网功能,有三维动态图形显示功能。

(2) 普及型数控系统

采用16位或更高性能的CPU,联动轴数在5轴以下,分辨率在1 μm以内,进给速度≤21 m/min,可采用交、直流伺服驱动,具有RS232或DNC通信接口,有CRT字符显示和平面线性图形显示功能。

(3) 经济型数控系统

采用8位或单片机控制,联动轴在3轴以下,分辨率为0.01 μm,进给速度在6~8 m/min,采用步进电动机驱动,具有简单的RS232通信接口,用数码管或简单的CRT字符显示器。

4.2.4 数控机床的坐标系

1. 坐标轴及其运动方向的规定

机床坐标系的一个直线进给运动或一个旋转进给运动定义一个坐标轴。我国标准 GB/T 19660—2005 与国际标准 ISO 841:2001 等效,规定数控机床的坐标系采用右手笛卡儿坐标系统,即直线进给运动用直角坐标系 XYZ 表示,常称为基本坐标系。X、Y、Z 坐标的相互关系用右手定则确定,拇指为 X 轴,食指为 Y 轴,中指为 Z 轴,3 个手指自然伸开,互相垂直,其各手指指向为各轴正方向,并分别用 +X、+Y、+Z 来表示。围绕 X、Y、Z 轴旋转的转动轴分别用 A、B、C 坐标表示,其正向根据右手螺旋定则确定,拇指指向 X、Y、Z 轴的正方向,四指弯曲的方向为各旋转轴的正方向,并分别用 +A、+B、+C 来表示,如图 4-4 所示。

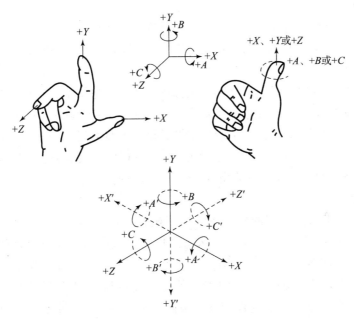

图 4-4 右手笛卡儿坐标系

数控机床的进给运动是相对运动,有的是刀具相对于工件的运动,有的是工件相对于刀具的运动。上述坐标系是假定工件不动,刀具相对于工件做进给运动的坐标系。如果是刀具不动,而是工件运动的坐标系,则用加 "′" 的字母表示。工件运动的坐标系正方向与刀具运动的坐标系的正方向相反,但两者的加工结果是一样的。因此,编程人员在编写程序时,均采用工件不动,刀具相对移动的原则,不必考虑数控机床的实际运动形式。

2. 机床坐标轴的确定方法

(1) 首先确定 Z 坐标

规定传送切削动力的主轴作为 Z 坐标轴,取刀具远离工件的方向为正方向(+Z)。对于没有主轴的机床(如刨床),则规定垂直于工件装夹表面的坐标为 Z 坐标。如果机床上有几根主轴,则选垂直于工件装夹表面的一根主轴作为主要主轴。Z 坐标即为平行于主要主轴轴线的坐标。

(2) 确定 X 坐标

规定 X 坐标轴为水平方向，且垂直于 Z 轴并平行于工件的装夹面。对于工件旋转的机床（如车床、外圆磨床等），X 坐标的方向是在工件的径向上，且平行于横向滑座，同样，取刀具远离工件的方向为 X 坐标的正方向。对于刀具旋转的机床（如铣床、镗床等），则规定当 Z 轴为水平时，从刀具主轴后端向工件方向看，向右方向为 X 轴的正方向；当 Z 轴为垂直时，对于单立柱机床，面对刀具主轴向立柱方向看，向右方向为 X 轴的正方向。

(3) 确定 Y 坐标

Y 坐标垂直于 X、Z 坐标。在确定了 X、Z 坐标的正方向后，可按右手定则确定 Y 坐标的正方向。

(4) 确定 A、B、C 坐标

A、B、C 坐标分别为绕 X、Y、Z 坐标的回转进给运动坐标。

在确定了 X、Y、Z 坐标的正方向后，可按右手定则来确定 A、B、C 坐标的正方向。

(5) 附加运动坐标

X、Y、Z 为机床的主坐标系或称第一坐标系。例如，除了第一坐标系外，还有平行于主坐标系的其他坐标系，则称为附加坐标系。附加的第二坐标系命名为 U、V、W。第三坐标系命名为 P、Q、R。第一坐标系是指与主轴最接近的直线运动坐标系，稍远的即为第二坐标系。若除了 A、B、C 第一回转坐标系以外，还有其他的回转运动坐标，则命名为 D、E、F 等。图 4-5 分别给出了几种典型机床标准坐标系简图。

3. 机床坐标系

机床坐标系是机床上固有的坐标系，机床坐标系的原点也称机床原点、机械原点，用 M 表示，如图 4-6 所示。它是由机床生产厂家在机床出厂前设定好的，在机床上的固有的点，它是机床生产、安装、调试时的参考基准，不能随意改变。例如，数控车床的机床原点大多定在主轴前端面的中心处；数控铣床的机床原点大多定在各轴进给行程的正极限点处（也有个别会设定在负极限点处）。机床坐标系是通过回参考点操作来确立的。

4. 参考坐标系

参考坐标系是为确定机床坐标系而设定的机床上的固定坐标系，其坐标原点称为参考点，参考点位置一般都在机床坐标系正向的极限位置处。参考点可以与机床坐标原点不重合（如数控车床），也可以与机床原点重合（一般是数控铣床），是用于对机床工作台（或滑板）与刀具相对运动的测量系统进行定位与控制的点，一般都设定在各轴正向行程极限点的位置，用 R 表示，如图 4-6 所示。机床坐标系就是通过返回参考点操作来确立的。参考点位置是在每个轴上用挡块和限位开关精确地预先调整好的，它相对于机床原点的坐标是一个已知数，是一个固定值。每次开机后，或因意外断电、急停等原因停机而重新启动时，都必须先让各轴返回参考点，进行一次位置校准，以消除机床位置误差。

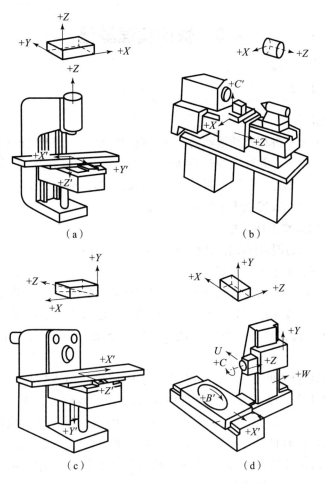

图 4-5 几种典型机床标准坐标系
(a) 立式升降台数控铣床坐标系；(b) 卧式数控车床坐标系；
(c) 卧式升降台数控铣床坐标系；(d) 卧式数控铣床坐标系

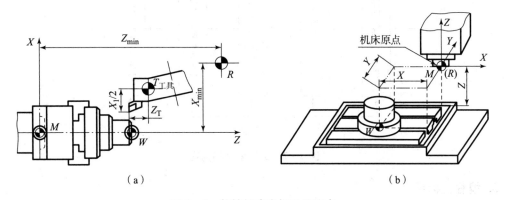

图 4-6 数控机床坐标系及原点
(a) 数控车床；(b) 数控铣床

4.3 数控编程基础

4.3.1 数控编程

1. 数控编程的定义

把零件全部加工工艺过程及其他辅助动作，按动作顺序，用规定的标准指令、格式，编写成数控机床的加工程序，并经过检验和修改后，制成控制介质的整个过程，称为数控加工的程序编制，简称数控编程。程序编制是一项重要的工作，迅速、正确而经济地完成程序编制工作，对于高效地使用数控机床具有决定意义。

2. 数控编程的内容和工作过程

如图4-7所示，数控程序的编制应该有如下几个过程：

（1）分析零件图，确定工艺过程

要分析零件的材料、形状、精度及毛坯形状和热处理要求等，以便确定加工该零件的设备，甚至要确定在某台数控机床上加工该零件的哪些工序或哪几个表面。需确定零件的加工方法、加工顺序、走刀路线、装夹定位方法、刀具及合理的切削用量等工艺参数。

（2）数值计算

根据零件图和确定的加工路线，对数控机床所需要的输入数据，如零件轮廓基点坐标、节点坐标等的计算。输入方式有语言输入方式和图形输入方式两种。语言输入方式是指加工零件的几何尺寸、工艺方案、切削参数等用数控语言编写成源程序后，输入计算机或编程中，用相应软件处理后得到零件加工程序的编程方式，如美国的APT系统等。图形输入方式是指被加工零件的几何图形及相关信息直接输入计算机并在显示器上显示出来，通过相应的CAD/CAM软件，经过人与计算机图形交互处理，最终得到零件的加工程序。

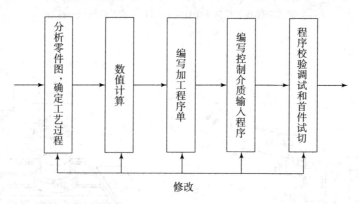

图4-7 数控编程的内容

3. 编程坐标系

编程坐标系是编程人员在编程时使用的坐标系，也称工件坐标系或加工坐标系。编程坐标系原点称为工件原点或编程原点，用W表示。编程坐标系是由编程人员根据零件图样自行确定的，对于同一个加工工件，不同的编程人员可能确定的编程坐标系会不相同。编程原点设定的一般原则如下：

①编程原点应选在零件图样的尺寸基准上。这样可以直接用图样标注的尺寸，作为编程点的坐标值，减少数据换算的工作量。

②能方便地装夹、测量和检验工件。

③尽量选在尺寸精度高、表面粗糙度值比较小的工件表面上，这样可以提高工件的加工精度和同一批零件的一致性。

④对于有对称几何形状的零件，编程原点最好选在对称中心点上。

车床的编程原点一般设在主轴中心线上，大多定在工件的左端面或右端面。铣床的编程原点，一般设在工件外轮廓的某一个角上或工件对称中心处。铣床背吃刀量方向上的零点，大多取在工件上表面。对于形状较复杂的工件，有时为编程方便，可根据需要通过相应的程序指令随时改变新的编程坐标原点。当在一个工作台上装夹多个工件时，在机床功能允许的条件下，可分别设定编程原点，独立进行地编程，再通过编程原点预置的方法在机床上设定各自的编程坐标系。

4. 绝对坐标编程和相对坐标编程

数控编程通常都是按照组成图形的线段或圆弧的端点的坐标来进行的。当运动轨迹的终点坐标是相对于线段的起点来计量时，称为相对坐标或增量坐标表达方式。若按这种方式编程，则称为相对坐标编程。当所有坐标点的坐标值均从某一固定的坐标原点计算时，就称为绝对坐标表达方式，按这种方式编程即为绝对坐标编程。

采用绝对坐标编程时，程序指令中的坐标值随着程序原点的不同而不同；而采用相对坐标原点编程时，程序指令中的坐标值则与程序原点的位置没有关系。同样的加工轨迹，既可用绝对坐标编程，也可以用相对坐标编程。采用恰当的编程方式可以简化程序的编写。

4.3.2 数控编程中的数学处理

1. 基点的计算

零件的轮廓是许多不同的几何元素组成的，如直线、圆弧、二次曲线等。基点就是构成零件轮廓几何元素的起点、终点、圆心及各相邻几何元素之间的交点或切点等。基点坐标是编程中非常重要的数据，一般来说，基点的坐标根据图样给定的尺寸，利用一般的解析几何或三角函数关系便可求得。

如果零件图转化为数字二维或三维模型，则可用 CAD/CAM 软件方便求得。

2. 节点的计算

数控系统一般只有直线及圆弧插补功能。若零件轮廓不是由直线和圆弧组成，而是非圆曲线时，则要用直线段或圆弧段拟合的方式去逼近轮廓曲线。逼近线段与被加工曲线的交点称为节点，如图 4-8 所示的 A、B、C、D、E、F 各点，故要进行相应的节点计算。

节点计算的方法很多，一般可根据轮廓曲线的特性、数控系统的插补功能及加工要求的精度而定。

手工编程中，常用的逼近计算方法有等间距直线逼近法、等弦长直线逼近法及三点定圆法等。等间距直线

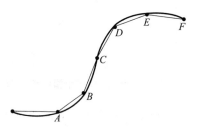

图 4-8 零件轮廓的节点

逼近法是在一个坐标轴方向，将需逼近的轮廓等分，再对其设定节点，然后计算坐标值。等弦长直线逼近法是设定相邻两点间的弦长相等，再对该轮廓曲线进行节点坐标值计算。三点定圆法是一种用圆弧逼近非圆曲线时常用的计算方法，其实质是先用直线逼近方法计算出轮廓曲线的节点坐标，然后再通过连续的3个节点作圆，用一段段的圆弧逼近曲线。

(1) 等间距直线逼近法的节点计算

等间距直线逼近法的节点计算方法比较简单，其特点是使每个程序段的某一坐标增量相等，然后根据曲线的表达式求出另一坐标值，即可得到节点坐标。在直角坐标系中，可使相邻节点间的 X 坐标增量或 Y 坐标增量相等；在极坐标中，使相邻节点间的转角坐标增量或径向坐标增量相等。

如图 4-9 所示，由起点开始，每次增加一个坐标增量 ΔX，将得到 X_1，将 X_1 代入轮廓曲线方程 $Y=f(x)$，即可求出 A_1 点的 Y 坐标值。X_1、Y_1 即为逼近线段的终点坐标值。如此反复，便可求出一系列节点坐标值。这种方法的关键是确定间距值，该值应保证曲线 $Y=f(x)$ 相邻两节点间的法向距离小于允许的程序编制误差，即 $\delta \leq \delta_{允}$，允许误差一般为零件公差的 $1/10 \sim 1/5$。在实际生产中，常根据加工精度要求和经验选取间距值。

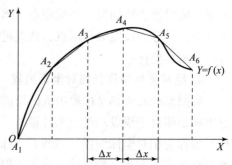

图 4-9　等间距法直线逼近求节点

(2) 等弦长直线逼近法的节点计算

这种方法是使所有逼近线段的弦长相等，如图 4-10 所示。由于轮廓曲线 $Y=f(x)$ 各处的曲率不等，因而各程序段的插补误差 δ 不等。所以，编程时必须使产生的最大插补误差小于允许的插补误差，以满足加工精度的要求。在用直线逼近曲线时，一般认为误差的方向是在曲线的法线方向，同时，误差的最大值产生在曲线的曲率半径最小处。

(3) 等误差直线逼近法的节点计算

等误差直线逼近法的特点是使零件轮廓曲线上各逼近线段的插补误差相等，并小于或等于允许的插补误差，用这种方法确定的各逼近线段的长度不等，如图 4-11 所示。

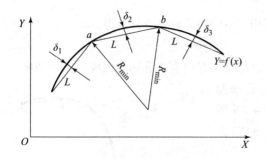

图 4-10　等弦长法直线逼近求节点

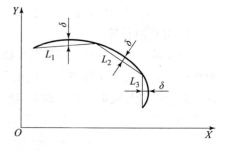

图 4-11　等误差法直线逼近求节点

在上述方法中，等误差直线逼近法的程序段数目最少，但其计算比较烦琐。

4.4 数控加工程序

4.4.1 字和功能指令

字即指令字,也称功能字,由地址符和数字组成,是组成数控程序的最基本单元。不同的地址符及其后续数字表示不同的指令字及含义。例如,G01 是一个指令字,表示直线插补功能,G 为地址符,数字 01 为地址中的内容;X-200 是一个指令字,表示 X 轴坐标 -200 mm,X 为地址符,数字 -200 为地址中的内容。常用的地址符及其含义见表 4-1。

表 4-1 常用的地址符及其含义

功能	地址码	说明
程序号	O、%、P	程序编号
程序段号	N	程序段号地址
坐标字	X、Y、Z、U、V、W、P、Q、R A、B、C、D、E R I、J、K	直线坐标轴 旋转坐标轴 圆弧半径 圆弧中心坐标
准备功能	G	指令机床动作方式
辅助功能	M	机床辅助动作指令
补偿值	H、D	补偿值地址
进给功能	F	指定进给速度
主轴功能	S	指定主轴转速
刀具功能	T	指定刀具编号
暂停功能	P	指定暂停时间
重复次数	L	指定子程序及固定循环的重复次数

一个指令字表达了一个特定的功能含义。在实际工作中,应根据不同的数控系统说明书使用各个功能指令。

1. 程序功能字

程序名又称程序号,每一个独立的程序都应有程序名,可作为识别、调用访问程序的标志。程序名一般由程序名地址符(字母)和 1~4 位数字构成,不同的数控系统程序名地址符所用字母可能不同。例如,FANUC 系统用"O",华中系统用"%",具体可参阅机床使用说明书。

2. 程序段号功能字 N

程序段号用来表示程序段的序号,由地址符 N 和后续字组成,如 N10。数控加工中的顺序号实际上是程序段的名称,与程序执行的先后次序无关。数控系统不是按程序段号的次序执行,而是按照程序段编写时的排列顺序逐段执行。一般情况下,程序段号应按一定的增量间隔顺序编写,以便程序的检索、编辑、检查和校验等。

3. 坐标功能字

坐标字用于确定机床在各种坐标轴上移动的方向和位移量，由坐标地址符和带正、负号的数字组成。例如，"X-50.0"表示坐标位置是 X 轴负方向 50 mm。

4. 准备功能字 G

准备功能字的地址符是 G，后跟两位数字组成，准备功能字简称 G 功能、G 指令或 G 代码，它是使机床或数控系统建立起某种加工方式的指令。G 指令从 G00 到 G99 共 100 种。

G 指令又分为模态指令（又称续效指令）和非模态指令（又称非续效指令）两种。模态指令表示该指令在一个程序段中一旦出现，后续程序段中将一直有效，直到有同组中的其他 G 指令出现时才失效。同一组的模态指令在同一个程序段中不能同时出现，否则只有后面的指令有效，而非同一组的 G 指令可以在同一程序段中同时出现。非模态 G 指令只在该指令所在程序段中有效，而在下一程序段中便失效。表 4-2 为 FANUC 0i 数控铣床系统常用的 G 代码的定义，表内"00"组为非模态指令，其他组为模态指令。表内标有"*"的指令为默认指令，即数控系统通电启动后的默认状态。

表 4-2 FANUC 0i 数控铣床系统常用的 G 功能指令

代码	组	意义	代码	组	意义	代码	组	意义
*G00	01	快速点定位	*G40	07	取消刀具半径补偿	G82	09	钻孔循环
G01		直线插补	G41		刀具半径左补偿	G83		啄式钻深孔循环
G02		顺时针圆弧插补	G42		刀具半径右补偿	G84		攻螺纹循环
G03		逆时针圆弧插补	G43	08	刀度长度正补偿	G85		镗孔循环
G04	00	暂停延时	G44		刀具长度负补偿	G86		镗孔循环
*G17	02	选择 xy 平面	*G49		取消刀具长度补偿	G87		背镗循环
GJ8		选择 yz 平面	G52	00	局部坐标系设置	G88		镗孔循环
G19		选择 xz 平面	G54~G59	14	零点偏置	G89		镗孔循环
G20	06	英制单位				*G90	03	绝对坐标编程
*G21		米制单位	G73	09	高速深孔钻削固定循环	G91		增量坐标编程
G27	00	参考点返回检查	G74		左旋攻螺纹循环	G92	00	工件坐标系设定
G28		返回参考点	G76		精镗循环	*G98	10	循环结束后返回初始点
G29		从参考点返回	*G80		钻孔循环取消	G99		循环结束后返回到 R 点
G30		返回第二参考点	G81		钻孔循环			

5. 辅助功能字 M

辅助功能字的地址符是 M，辅助功能指令简称 M 功能、M 指令或 M 代码。它由地址码 M 和两位数字组成，从 M00 到 M99，共有 100 种。它是控制机床辅助动作的指令，主要用于指定主轴的启动、停止、正转、反转，切削液的开、关，夹具的夹紧、松开，刀具更换，排屑器开、关等。M 指令也有模态指令和非模态指令两类。常见 M 指令见表 4-3。

表 4-3 常见 M 指令

M 代码	功能	说明	M 代码	功能	说明
M00	程序停止	非模态	M08	冷却液开	模态
M01	选择程序停止		M09	冷却液关	
M02	程序结束		M30	程序结束并返回程序头	非模态
M03	主轴顺时针旋转	模态	M98	调用子程序	
M04	主轴逆时针旋转		M99	子程序结束	
M05	主轴停止				

6. 进给功能字 F

进给功能字指令用来指定刀具相对于工件的进给速度，是模态指令，它由地址符 F 和后续数字组成，单位一般为 mm/min，例如，程序段"N10 G01X50.0Y0 F100;"中，"F100"表示刀具的进给速度是 100 mm/min。当进给速度与主轴转速有关时，即用进给量来表示刀具移动的快慢时，单位为 mm/r。当加工螺纹时，F 可用来指定螺纹的导程。

7. 主轴转速功能字 S

主轴转速功能指令用来指定主轴的转速，是模态指令，它由地址符 S 和后续数字组成，单位通常为 r/min。例如，"S1500"表示主轴转速为 1 500 r/min。加工中主轴的实际转速常用数控机床操作面板上的主轴速度倍率开关来调整。

8. 刀具功能字 T

刀具功能字指令用以选择所需的刀具号和刀补号，是模态指令。它以地址符 T 和后续数字表示，数字的位数和定义由不同的机床自行确定，一般用两位或四位数字来表示。例如，T0101 表示选 1 号刀具且采用 1 号刀补值。

4.4.2 程序格式

1. 程序的结构

一个完整的零件加工程序都由程序名、程序内容和程序结束指令三部分构成。程序内容由若干个程序段组成，每个程序段由若干个指令字组成，每个指令字又由字母、数字、符号组成。加工程序的结构如下：

```
O1001 //程序名
N10 G54 G90 G40 G00 Z100.0;
N20 M03 S1500;
N30 G00 X100.0 Y100.0;          //程序内容
...
N100 M05;
```

（1）程序名

每一个独立的程序都应有程序名，它可作为识别、调用该程序的标志。编程时，一定要根据说明书的规定使用，一般要求单列一段，否则系统是不会接受的。如"O1001"是此程序的程序名。

(2) 程序内容

程序内容是由若干个程序段组成的,每个程序段一般占一行,表示一个完整的加工动作。

(3) 程序结束指令

程序结束指令可以用 M02 或 M30 作为整个程序结束的标志,一般要求单列一段。

2. 程序段格式

程序段格式是指程序段中字的排列顺序和表达方式。数控系统曾用过的程序段格式有 3 种:固定程序段格式、带分隔符的固定顺序(也称表格顺序)程序段格式和字地址程序段格式,目前数控系统广泛应用的是字地址程序段格式。

字地址程序段格式也称为字地址可变程序段格式。这种格式的程序段,其长短、字数和字长(位数)都是可变的,字的排列顺序没有严格要求,不需要的字及与上一程序段相同的续效字可以不写。这种格式的优点是程序简短、直观、可读性强及易于检验、修改,因此现代数控机床广泛用这种格式。

程序段是由程序段号、若干个程序指令字和程序段结束符组成,而指令字又由地址码和数字及代数符号组成,各指令字可根据需要选用,不用的可省略。字地址程序段的一般格式如图 4 – 12 所示。

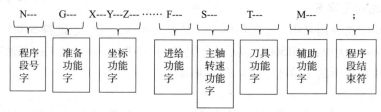

图 4 – 12 字地址程序段的一般格式

3. 主程序与子程序

机床的加工程序可以分为主程序和子程序。主程序是指一个完整的零件加工程序,其结构如前所示,程序结束指令为 M02 或 M30。

在编制零件加工程序时,有时会遇到一组程序段在一个程序中多次出现,或者在几个程序中都要使用它。这组典型的程序段可以按一定格式编成一个固定程序体,并单独命名,这个程序体就称为子程序。子程序不能作为独立的加工程序使用,只能通过主程序调用,实现加工中的局部动作。

(1) M98 子程序调用

格式一:M98 PXXXX LXXXX;

地址 P 后的 4 位数字为子程序号,地址 L 后的 4 位数字为重复调用的次数。子程序号及调用次数有效数字前的 0 可以省略。如果只调用一次,则地址 L 及其后的数字可以省略。例如,"M98 P123 L2;"为调用子程序"O123"并执行 2 次。

格式二:M98 PXXXXXX;

地址 P 后为 6 位数字,前两位为调用次数,省略时为调用 1 次;后 4 位为所调用的子程序号。在使用此格式时,首先看地址 P 后数字的位数,位数≤4 时,此数字表示子程序号;位数 >4 位时,后 4 位为子程序号,子程序号之前的数字为调用次数。例如,"M98 P50020;"表示调用子程序 O0020 并执行 5 次;而"M98P0020(调用一次可省调用次数);"表示调用子程序 O0020 并执行 1 次。

(2) M99 子程序返回

子程序返回在子程序中只能出现 1 次。子程序返回到主程序后,主程序继续执行程序中的下一行程序段。

子程序可以被主程序多次调用,称为重复调用,一般重复调用次数可以达到 9 999 次。同时,子程序也可以调用另一个子程序,称为子程序的嵌套,一般嵌套次数不超过 4 级。

4.5 数控切削刀具基础

4.5.1 切削运动和加工中的表面

1. 切削运动

金属切削加工就是用切削刀具把工件毛坯上预留的金属材料(统称余量)切除,获得图样所要求的零件。在切削过程中,刀具和工件必须有相对运动,这种相对运动就称为切削运动。按切削运动在切削加工中的功用不同,分为主运动和进给运动。

(1) 主运动

主运动是由机床提供的主要运动,它使刀具和工件之间产生相对运动,从而使刀具前刀面接近工件并切除切削层。它可以是旋转运动,如车削时工件的旋转运动、铣削时铣刀的旋转运动;也可以是直线运动,如刨削时刀具或工件的往复直线运动。主运动的特点是切削速度最高,消耗的机床功率也最大。

(2) 进给运动

进给运动是由机床提供的使刀具和工件之间产生附加的相对运动,加上主运动即可不断地或连续地切除切削层,并得出具有所需几何特性的已加工表面。它可以是连续的运动,如车削外圆时,车刀平行于工件轴线的纵向运动;也可以是间断运动,如刨削时刀具的横向运动,其特点是消耗的功率比主运动小得多。

主运动可以由工件完成(如车削、龙门刨削等),也可以由刀具完成(如钻削、铣削等)。进给运动也同样可以由工件完成(如铣削、磨削等)或刀具完成(如车削、钻削等)。

在各类切削加工中,主运动只有一个,而进给运动可以有一个(如车削)、两个(如圆磨削)或多个,甚至没有(如拉削)。

当主运动和进给运动同时进行时,由主运动和进给运动合成的运动称为合成切削运动。如图 4-14 所示,刀具切削刃上选定点相对工件的瞬时合成运动方向称为合成切削运动方向,其速度称为合成切削速度。合成切削速度 v_e 为同一选定点主运动速度 v_c 与进给运动速度 v_f 的矢量和。

2. 加工中的工件表面

在切削过程中,工件上多余的材料不断地被刀具切除而转变为切屑,因此,工件在切削过程中形成了 3 个不断变化着的表面(如图 4-13 所示)。

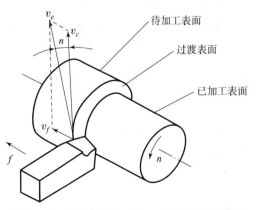

图 4-13 车削时的运动和工件上的 3 个表面

(1) 已加工表面

工件上经刀具切削后产生的表面称为已加工表面。

(2) 待加工表面

工件上有待切除切削层的表面称为待加工表面。

(3) 过渡表面

过渡表面就是工件上由切削刃形成的那部分表面,它在下一切削行程(如刨削)、刀具或工件的下一转里(如单刃镗削或车削)将被切除,或者由下一切削刃(如铣削)切除。

4.5.2 切削要素

1. 切削用量

切削用量是切削加工过程中切削速度、进给量和背吃刀量(切削深度)的总称。它表示主运动及进给运动量,用于调整机床的工艺参数。它包括3个要素,如图4-14所示。

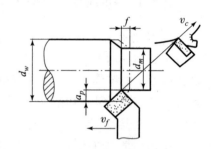

图4-14 切削用量3个要素

(1) 切削速度(v_c)

切削刃选定点相对于工件主运动的瞬时速度称为切削速度。大多数切削加工的主运动是回转运动,其切削速度v_c(单位为m/min)的计算公式如下:

$$v_c = \frac{\pi d n}{1\,000}$$

式中,n为工件或刀具的转数,单位为r/min;d为切削刃选定点处所对应的工件或刀具的回转直径,单位为mm。

(2) 进给量(f)

刀具在进给方向上相对于工件的位移量称为进给量,可用刀具或工件每转或每行程的位移量来表达或度量。其单位为mm/r或mm/行程(如刨削等)。车削时的进给速度v_f(单位为mm/min)是指切削刃上选定点相对工件的进给运动的瞬时速度,它与进给量之间的关系为:

$$v_f = nf$$

对于铰刀、铣刀等多齿刀具,常规定出每齿进给量f_z(单位为mm/z),其含义为多齿刀具每转或每行行程中每齿相对于工件在进给运动方向上的位移量,即

$$f_z = \frac{f}{Z}$$

式中,Z为刀齿数。

(3) 背吃刀量(a_p)

背吃刀量是已加工表面和待加工表面之间的垂直距离,以a_p表示,单位为mm。车外圆时,a_p可用下式计算:

$$a_p = \frac{d_w - d_m}{2}$$

式中,d_w为待加工表面直径,单位mm;d_m为已加工表面直径,单位mm。

镗孔时，则上式中的 d_w 和 d_m 互换一下位置。

2. 切削层参数

在切削加工中，刀具或工件沿进给运动方向每移动 f 或 f_z 后，由一个刀齿正在切除的金属层称为切削层。切削层的尺寸称为切削层数参数。为简化计算，切削层的剖面形状和尺寸在垂直于切削速度 v_c 的基面上度量。图 4-15 表示车削时的切削层，当工件旋转一转时，车刀切削刃由过渡表面 I 的位置移到过渡表面 II 的位置，在这两圈过渡表面（圆柱螺旋面）之间所包含的工件材料层在车刀前刀面挤压下被切除，这层工件材料即是车削时的切削层。

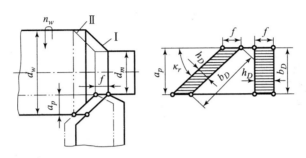

图 4-15 车外圆时切削层的参数

（1）切削厚度（h_D）

它是指在垂直于切削刃方向上度量的切削层截面的尺寸。当主切削刃为直线刃时，直线切削刃上各点的切削层厚度相等（如图 4-15 所示），并有以下近似关系：

$$h_D \approx f \sin \kappa_r$$

图 4-16 所示为主切削刃为曲线刃时，切削层局部厚度的变化情况。

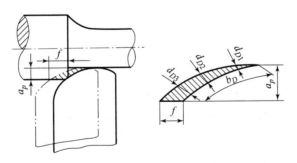

图 4-16 曲线切削刃工作时切削层局部厚度变化

（2）切削宽度（b_D）

它是指沿切削刃方向度量的切削层截面尺寸。它大致反映了工作主切削刃参加切削工作的长度。它对于直线主切削，有以下近似关系（如图 4-15 所示）：

$$b_D = \frac{a_p}{\sin \kappa_r}$$

（3）切削面积（A_D）

它是指在给定瞬间，切削层在切削层尺寸平面里的横截面积，即图 4-17 中的 $ABCD$ 所包围的面积。由于刀具副偏角的存在，经切削加工后的已加工表面上常留下有规则的刀纹，这些刀纹在切削层尺寸平面里的横截面积（图 4-17 中 ABE 所包围的面积）称为残留面积 ΔA_D，它构成了已加工表面理论表面粗糙度的几何基形。

车削时，切削面积 A_D 可按下式计算：

$$A_D = a_p f = b_D h_D$$

实际切削面积 A_{De} 等于切削面积 A_D 减去残留面积 ΔA_D，即

$$A_{De} = A_D - \Delta A_D$$

残留面积的高度称为轮廓最大高度，用 R_y 表示（如图 4-18 所示），它直接影响加工表面的粗糙度，其计算公式如下：

$$R_y = \frac{f}{\cot\kappa_r - \cot\kappa_r'}$$

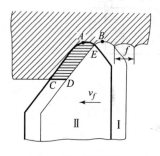

图 4-17 残留面积

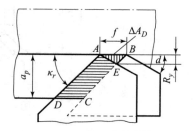

图 4-18 残留面积及其高度

若刀尖呈圆弧形，则轮廓最大高度 R_y 为

$$R_y = \frac{f^2}{8r_\epsilon}$$

式中，r_ϵ 为刀尖圆弧半径，mm。

4.5.3 刀具材料

目前，生产中应用的刀具材料有碳素工具钢、合金工具钢、高速钢、硬质合金钢、陶瓷、立方氮化硼、金刚石等。碳素工具钢及合金工具钢因耐磨性较差，仅用于一些手工刀具及切削速度较低的刀具，如手用丝锥、铰刀等。常用的是高速钢和硬质合金。

1. 高速钢

高速钢是一种加入了较多钨、钼、铬、钒等合金元素的高合金工具钢，综合性能较好，是应用范围最广泛的一种刀具。热处理后，硬度一般为 63~66 HRC，耐热性为 500~650 ℃，制造工艺好，能锻造，易磨成锋利切削刃。在切削加工过程中，低速切削刀具、形状复杂、成形刀具中高速钢应用广泛，例如钻头、铰刀、丝锥、成形刀具、拉刀、切齿刀具等。

2. 硬质合金

硬质合金是以碳化钨（WC）、碳化钛（TiC）粉末为主要成分，并以钴（Co）、钼（Mo）、镍（Ni）为黏结剂在真空炉或氢气还原炉中烧结而成的粉末冶金制品。

硬质合金的硬度 89~93 HRA，耐热性可达 800~1 000 ℃，抗弯强度 1~17.5 GPa。硬质合金抗弯强度、韧性比高速钢的低，工艺性比高速钢的稍差，但硬度、耐热性比高速钢的高，因而切削速度为高速钢的 4~10 倍。硬质合金已成为切削加工中主要的刀具材料，广泛

用在切削速度较高的各种刀具，甚至复杂刀具中。

3. 涂层刀具

涂层刀具是在韧性较好的硬质合金基体上，或在高速钢刀具基体上，涂覆一薄层或多层硬度和耐磨性很高的难熔金属化合物（TiC、TiN、TiCN）。涂层刀具具有很高的硬度和耐磨性，有较高的热稳定性，应用较为广泛。

4. 陶瓷刀具

陶瓷刀具是以氧化铝（Al_2O_3）或氮化硅（Si_3N_4）为基体，添加少量金属，在高温下烧结而成的一种刀具材料。陶瓷刀具一般适用于在高速下精细加工硬材料。

5. 超硬刀具材料

超硬刀具材料指金刚石和立方氮化硼。

4.5.4 刀具磨损及耐用度

切削时，由于切屑与刀具前面、加工表面和刀具后面之间产生持续的温度和摩擦作用，使刀具的前面和后面出现磨损，尤其是刀具受到高温和冲击振动等作用，还可能导致其破损。刀具破损影响加工表面质量、缩短刀具寿命，因此，避免刀具过早、过多磨损是切削加工中非常重要的实际问题。

1. 刀具磨损的原因

刀具正常磨损的原因主要是机械磨损、热磨损和化学磨损。机械磨损是由工件材料中硬质点的刻划作用引起的磨损，热磨损和化学磨损是由黏结、扩散等引起的磨损。

（1）磨料磨损

切削时，工件材料中杂质、材料基体组织中的碳化物、氮化物、氧化物等硬质点对刀具表面的刻划作用而引起的机械磨损，称为磨料磨损。在各种切削速度下，刀具都存在磨料磨损。磨料磨损是刀具磨损的主要原因，一般认为，磨料磨损量与切削路程成正比。

（2）黏结磨损

黏结磨损是指刀具与工件材料接触，达到原子间距离时所产生的黏结现象，又称冷焊。在切削过程中，由于刀具与工件材料的摩擦面上具备高温、高压，所以易发生黏结。在中、高切削速度下（切削温度 600～700 ℃），当形成不稳定积屑瘤时，黏结磨损最严重；刀具与工件材料硬度比越小，相互间的亲和力越大，黏结磨损越严重；刀具的面刃磨质量差，也会加剧黏结磨损。

（3）扩散磨损

扩散磨损是指在切削时由于高温和高压的作用，工件、刀具接触表面间金属元素相互扩散，使两者的化学成分发生变化，削弱刀具材料的性能，加速磨损过程。例如，用硬质合金刀具切削钢件时，切削温度常达到 800～1 000 ℃以上。扩散磨损是硬质合金刀具主要磨损原因之一。自 800 ℃开始，硬质合金中，Co、C、W 等元素会扩散到切屑中而被带走；同时，切屑中的 Fe 也会扩散到硬质合金中，使 WC 等硬质合金发生分解，形成低硬度、高脆性的复合碳化物；由于 Co 的扩散，会使刀具表面上 WC、TiC 等硬质相的黏结强度降低，因此加剧刀具磨损。

（4）化学磨损

化学磨损是指在一定温度下，刀具材料和某周围介质（空气中的氧及切削液中的极压添加剂硫、氯等）起化学作用，在刀具表面形成一层硬度较低的化合物而被切屑带走，加速刀具磨损。

2. 刀具磨损过程及磨钝标准

（1）刀具磨损过程

根据切削实验，可得图4-19所示的刀具磨损过程的典型曲线。由此可看出，刀具的磨损过程可以分3个阶段。

第一阶段是初期磨损阶段。因为新刃磨的刀具后刀面存在粗糙不平及显微裂纹、氧化或脱碳缺陷，并且切削刃较锋利，后刀面与加工表面接触面积较小，压应力较大，所以这一阶段磨损较快。

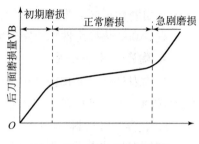

图4-19 磨损的典型曲线

第二阶段是正常磨损阶段。经过初期磨损后，刀具粗糙表面已经磨平，缺陷减少，刀具进入比较缓慢的正常磨损阶段。后刀面的磨损量与切削时间近似比例增加。正常切削阶段时间较长。第三阶段是急剧磨损阶段。当刀具的磨损带增加到一定限度后，切削力与切削温度迅速增高，磨损速度急剧增加。生产中为了合理使用刀具，保证加工质量，应该在发生急剧磨损之前就及时换刀。

（2）刀具磨钝标准

刀具磨损到一定限度后，就不能继续使用了。此磨损限度称为磨钝标准。在实际生产中，常常根据切削中发生的一些现象来判断刀具是否已经磨钝。在评定刀具材料的切削性能和实验研究时，都是以刀具表面的磨损作为衡量刀具的磨钝标准的。ISO标准统一规定1/2背吃刀量处的后刀面上测定的磨损带宽度VB作为刀具的磨钝标准；自动化生产的精加工刀具，常以沿工件径向的刀具磨损尺寸作为刀具的磨钝标准，称为径向磨损量NB。

3. 刀具耐用度

刀具耐用度定义为：由刃磨后开始切削，一直到磨损量达到刀具的磨钝标准所经过的总切削时间。以径向磨损量NB作为磨钝标准所确定的耐用度，称为尺寸耐用度。

切削速度对刀具耐用度影响最大，进给量其次，背吃刀量最小。这与三者对切削温度的影响顺序完全一致。反映出切削温度对刀具耐用度有着重要的影响。在优选切削用量以提高生产率时，其选择先后顺序为：首先尽量选用大的背吃刀量，然后根据加工条件和加工要求选取最大进给量，最后才在刀具耐用度和机床功率所允许的情况下选取最大的切削速度。

4.5.5 切削用量的选择

切削用量的大小对切削力、切削功率、刀具磨损、加工质量和加工成本均有显著影响。选择切削用量时，就是在保证加工质量和刀具耐用度的前提下，充分发挥机床性能和刀具切削性能，使切削效率最高，加工成本最低。

（1）切削用量选择原则

粗加工时，首先选取尽可能大的背吃刀量，其次要根据机床动力和刚性的限制条件等，选取尽可能大的进给量，最后根据刀具耐用度确定最佳的切削速度。

精加工时，首先根据粗加工后的余量确定背吃刀量，其次根据已加工表面粗糙度要求，选取较小的进给量,最后在保证刀具耐用度的前提下尽可能选用较大的切削速度。

(2) 切削用量选择方法

1) 背吃刀量的选择。

背吃刀量根据加工余量确定。粗加工($Ra10 \sim 80 \mu m$)时,一次进给尽可能切除全部余量。在中等功率机床上,背吃刀量可达 $8 \sim 10 mm$。半精加工($Ra1.25 \sim 10 \mu m$)时,背吃刀量取为 $0.5 \sim 2 mm$。精加工($Ra0.32 \sim 1.25 \mu m$)时,背吃刀量为 $0 \sim 0.4 mm$。

在工艺系统刚性不足,或毛坯余量很大,或余量不均匀时,粗加工要分几次进给,并且应当把第一、二次进给的背吃刀量尽量选取得大一些。

2) 进给量的选择。

粗加工时,由于对工件表面质量没有太高的要求,这时主要考虑机床进给机构的强度和刚性及刀杆的强度和刚性等限制因素。根据加工材料、刀杆尺寸、工件直径及已确定的背吃刀量来选择进给量。

在半精加工和精加工时,则按表面粗糙度要求,根据工件材料、刀尖圆弧半径、切削速度来选择进给量。

3) 切削速度的选择。

根据已经选定的背吃刀量、进给量及刀具耐用度选择切削速度。可根据经验公式计算,也可根据生产实践经验在机床说明书允许的切削速度范围内查表选取。在选择切削速度时,还应考虑以下几点:

①应尽量避开积屑瘤产生区域。
②断续切削时,为减小冲击和热应力,要适当地降低切削速度。
③在易发生振动的情况下,切削速度应避开自激振动的临界速度。
④加工大件、细长件和薄壁工件时,应选用较低的切削速度。
⑤加工带外皮的工件时,应适当降低切削速度。

4.5.6 切削液的合理选用

在金属切削过程中,合理选用切削液,可以改善工件与刀具间的摩擦状况,降低切削力和切削温度,对减轻刀具磨损、减少工件热变形、提高加工表面质量及加工精度起着重要的作用。

1. 切削液的作用

(1) 冷却作用

切削液可以将切削过程中所产生的热量迅速地从切削区带走,使切削区温度降低。切削液的流动性越好,比热、导热系数和汽化热等参数越高,其冷却性能越好。

(2) 润滑作用

切削液能在刀具的前、后刀面与工件之间形成一层润滑薄膜,可以减少或避免刀具与工件或切屑间的直接接触,减轻摩擦和黏结程度,因而可以减轻刀具的磨损,提高工件表面的加工质量。

(3) 清洗作用

在切削过程中,会产生大量切屑、金属碎片和粉末,特别是在磨削过程中,砂轮上的沙粒会随时脱落和破碎下来。使用切削液便可以及时将它们从刀具(砂轮)、工件上冲洗下去,从而避免切屑黏附刀具、堵塞排屑和划伤已加工表面。这一作用对于磨削、螺纹加工和深孔加工等工序尤为重要。为此,要求切削液有良好的流动性,并且在使用时有足够大的压力和流量。

(4) 防锈作用

为减轻工件、刀具和机床受周围介质(如水分、空气等)的腐蚀,要求切削液有一定的防锈作用。防锈作用的好坏取决于切削液本身的性能,以及加入防锈添加剂的品种和比例。

2. 切削液的种类

常用的切削液分为水溶液、乳化液和切削油。

(1) 水溶液

水溶液是以水为主要成分的切削液。水的导热性能好,冷却效果好。但单纯的水容易使金属生锈,润滑性能差。因此,常在水溶液中加入一定量的添加剂,如防锈添加剂、表面活性物质和油性添加剂等,使其有良好的防锈性能,又具有一定的润滑性能。在配制水溶液时,要特别注意水质情况,如果是硬水,必须进行软化处理。

(2) 乳化液

乳化液是将乳化油用95%~98%的水稀释而成,呈乳白色或半透明状的液体,具有良好的冷却作用。但润滑、防锈的性能差。常加入一定量的油性、极压添加剂和防锈添加剂,配制成极压乳化液和防锈乳化液。

(3) 切削油

切削油的主要成分是矿物油,少数采用动植物油或复合油。纯矿物油不能在摩擦界面形成坚固的润滑膜,润滑效果较差。实际使用中,常加入油性添加剂、极压添加剂和防锈添加剂,以提高其润滑和防锈作用。

3. 切削液的选用

(1) 工件材料方面

从工件材料方面考虑,切削钢等塑性材料需要用切削液。切割铸铁、青铜等脆性材料时,不能够使用切削液,原因是其作用不明显,且会污染工作场地。切割高强度钢、高温合金等难加工材料时,属高压边界摩擦状态,宜选用极压乳化液,有时还需配制特殊的切削液。对于铜、铝及铝合金,为了得到较高的加工表面质量和加工精度,可采用10%~20%乳化液或煤油等。

(2) 刀具

高速钢刀具耐热性差,应采用切削液。硬质合金刀具耐热性好,一般不用切削液,必须使用时,可采用低浓度乳化液或多效切削液(多效脂润滑,冷却,防锈综合作用好,如高速攻螺纹油),但浇注时要充分连续,否则刀片会因冷热不均而破裂。

(3) 加工方面

钻孔、铰孔、攻螺纹和拉削等工序的刀具与已加工表面摩擦严重,宜采用乳化液、极压乳化液或极压切削油。成形刀具、齿轮刀具等价格高昂,要求刀具耐用度高,可采用极压切削油(如硫化油等)。磨削加工温度很高,还会产生大量的碎屑及脱落的沙粒,因此要求切削液应具有良好的冷却和清洗作用,常采用乳化液,如选用极压型或多效型合成切削液。

（4）加工要求

粗加工时，金属切除量大，产生的热量也大，因此应着重考虑降低温度，选用冷却为主的切削液，如3%~5%的低浓度乳化液或合成切削液。精加工时，主要要求提高加工精度和加工表面质量，应选用以润滑性能为主的切削液，如极压切削油或高浓度极压乳化液，它们可减小刀具与切屑间的摩擦与黏结，抑制积屑瘤。

切削加工中，除采用切削液进行冷却、润滑外，有时也采用固体的二硫化钼作为润滑剂，各种气体作为冷却剂，以减少飞溅造成的不良影响和化学侵蚀作用。

复习思考题

1. 简述数控的含义及数控加工的过程。
2. 简述机床坐标系、参考坐标系和编程坐标系的区别。
3. 简述刀具磨损的原因。
4. 简述切削液的作用。

第 5 章　数控加工工艺基础

5.1　概　　述

5.1.1　数控加工工艺的概念

数控加工前对工件进行工艺设计是必不可少的准备工作。无论是手工编程还是自动编程，在编程前都要对所加工的工件进行工艺分析、拟订工艺路线、设计加工程序。因此，合理的工艺设计方案是编制加工程序的依据。如果工艺设计不合理，会造成工艺设计的反复、机械加工材料和零件等的浪费，大量增加加工成本。编程人员必须首先做好工艺设计，再考虑数控加工程序的编制。

数控加工工艺是使用数控机床加工零件的一种工艺方法。数控技术的应用使机械加工工艺过程产生了巨大的变化，它不仅涉及数控加工设备，还包括了工艺规程、工装和加工过程的控制等内容。其中，数控加工工艺的制定是核心工作。

5.1.2　数控加工工艺设计的主要内容

数控加工工艺设计主要包括以下几方面：
①选择适合在数控机床上加工的零件，确定工序内容。
②分析被加工零件图样，明确加工内容及技术要求，在此基础上确定零件的加工方案，制定数控加工工艺路线，如工序的划分、加工顺序的安排、与传统加工工序的衔接等。
③设计数控加工工序。如工步的划分、零件的定位与夹具的选择、刀具的选择、切削用量的确定等。
④调整数控加工工序的程序。如对刀点、换刀点的选择，加工路线的确定，刀具的补偿。
⑤分配数控加工中的容差。
⑥处理数控机床上部分工艺指令。
⑦编制数控加工工艺技术文件，如数控加工工序卡、刀具卡、程序说明卡和走刀路线图等。

5.1.3　数控加工工艺与普通加工工艺的比较

1. 共同点

数控加工工艺是建立在普通加工工艺基础之上的，数控加工工艺与普通加工工艺的共同点主要有 3 点：

①知识范围宽。不仅包括金属切削原理、刀具、夹具和加工工艺等,还涉及毛坯制造、金属材料、热处理、公差配合、零件表面加工方法和加工设备等多方面知识。

②工艺设计的步骤基本相同,都包括零件图纸的分析、毛坯的确定、定位基准的选择、各表面加工方案的确定、加工工艺路线的拟订、加工余量及工序尺寸的确定、刀量夹具的选择、切削参数的选择等。

③每一个零件的加工,不管是在数控机床上加工还是在普通机床上加工,如果生产条件不同,就会有不同的加工工艺方案。在所拟订的多个加工工艺方案中,其具体选择的原则是:在确保加工质量的前提下,尽可能提高生产率,尽可能降低生产成本。

2. 不同点

数控加工工艺与普通加工工艺的区别主要有4点:

①普通工艺在设计时比较注重时间定额的确定。时间定额是对零件加工过程中控制和成本核算的主要依据,确定要合理,要能够保证零件的加工质量。而数控工艺设计对该内容的确定不是那么严格,因为数控机床加工零件主要是自动完成的,尺寸的一致性程度比较好,工人的劳动强度也大大降低了。

②数控工艺比普通工艺的内容更为具体。在数控加工工艺中,加工工艺内容相对比较集中,所以必须对工步内容进行划分,对走刀路线、对刀点、换刀点和切削用量等具体的工艺问题做出正确的选择。

③数控工艺比普通工艺设计更为严密。数控加工工艺的设计必须注意加工过程中的每一个细节,如冷却状况、排屑情况等。对工件图形进行数学处理和编程时,都要准确无误。

④数控工艺比普通工艺更注重加工的适应性。要根据数控加工工艺的特点正确地选择加工方法和加工对象。由于数控机床的特点,适合采用数控加工的零件主要包括形状复杂、加工精度要求高,用普通机床无法完成或难以完成的零件;用数学模型描述的复杂曲线或曲面轮廓零件;难以测量、控制尺寸的型腔零件;必须在一次装夹中完成多工序加工内容的零件。

数控加工工艺过程与普通加工工艺过程之间应做好相互的衔接。数控加工工序前后一般都穿插有其他普通加工工序,如衔接不好,就容易产生矛盾。因此,在熟悉整个加工工艺内容的同时,要清楚数控加工工序与普通加工工序各自的技术要求、加工目的、加工特点,如要不要留加工余量、留多少等;定位面与孔的精度要求及形位公差;对各工序的技术要求;对毛坯的热处理状态等。这样才能使各工序相互满足加工需要,且质量目标及技术要求明确,交接验收有依据。

5.2 基本概念

5.2.1 生产过程和工艺过程

1. 生产过程

生产过程是指将原材料转变为成品的全过程。对机械产品的制造而言,其生产过程主要包括下列过程。

①生产的准备工作,如产品的开发设计和工艺设计、专用装备的设计与制造、各种生产

的组织及其他生产所需物资的准备工作。

②原材料及半成品的运输和保管。

③毛坯的制造过程，如铸造、锻造和冲压等。

④零件的各种加工过程，如机械加工、焊接、热处理和表面处理等。

⑤部件和产品的装配过程，包括组装、部装等。

⑥部件和产品的检验、调试、油漆和包装等。

上述"原材料"和"产品"的概念是相对的。一个工厂的"产品"可能是另一个工厂的"原材料"，而另一个工厂的"产品"又可能是其他工厂的"原材料"。因为在现代制造业中，组织专业化生产的程度越来越高，即一种产品的生产分散在若干个专业化工厂进行，最后集中由一个工厂制造成完整的机械产品。例如，汽车上的轮胎、仪表、电器元件、标准件等许多零件都是由其他专业厂生产的，汽车制造厂只生产一些关键部件和配套件，并最后装配成完整的产品（即汽车）。

2. 工艺过程和机械加工工艺过程

在机械产品的生产过程中，毛坯的制造、机械加工、热处理和装配等，这些与原材料变为成品直接有关的制造过程称为工艺过程。而在工艺过程中，用机械加工的方法直接改变毛坯形状、尺寸和表面质量，使之成为合格零件的那部分工艺过程称为机械加工工艺过程（以下简称为工艺过程），零件的机械加工工艺过程占有十分重要的地位。

5.2.2 机械加工工艺过程的组成

机械加工工艺过程往往是比较复杂的。在工艺过程中，根据被加工零件的结构特点、技术要求，在不同的生产条件下，需要采用不同的加工方法及加工设备，并通过一系列加工步骤，才能使毛坯成为零件。因此，深入仔细地分析工艺过程十分必要。机械加工工艺过程一般由一个或若干个工序组成。而工序又可分为安装、工位、工步和行程，它们按一定顺序排列，逐步改变毛坯的形状、尺寸和材料的性能，使之成为合格的零件。

1. 工序

一个（或一组）工人，在一个工作地点（如一台设备）对一个（或同时对一批）工件连续完成的加工过程，称为一道工序。工序是工艺过程的基本单元，划分工序的主要依据是零件加工过程中工作地点（设备）是否变动，该工序的工艺过程是否连续完成。

2. 安装

在机械加工中，使工件在机床或夹具中占据某一正确位置并被夹紧的过程，称为装夹。有时工件在机床上需经过多次装夹才能完成一个工序的工作内容。工件经一次装夹后所完成的那一部分工序称为安装。在一个工序中，工件的工作位置可能只需一次安装，也可能需要几次安装。零件在加工过程中应尽可能减少安装次数，因为安装次数越多，安装误差就越大，并且安装工件的辅助时间也要增加。

3. 工位

为了减少工件的安装次数，在大批量生产时，常采用各种回转工作台、回转夹具或移位夹具，使工件在一次安装中先后处于几个不同位置进行加工。工件在一次安装下相对于机床或刀具每占据一个加工位置所完成的那部分工艺过程称为工位。图5-1所示为一种用回转工作台在一次安装中顺次完成装卸工件、钻孔、扩孔和铰孔4个工位加工的实例。

4. 工步

工步是指加工表面（或装配时的连接面）和加工（或装配）工具不变的情况下，所连续完成的那一部分工序内容。划分工步的依据是加工表面和刀具是否变化。一道工序可以包括几个工步，也可以只包括一个工步。

一般构成工步的任一因素改变后，即为另一工步。但对于那些在一次安装中连续进行的若干相同工步，可简写成一个工步。有时为了提高生产率，用几把不同刀具同时加工几个不同表面，此类工步称为复合工步。在工艺文件上，复合工步应视为一个工步。

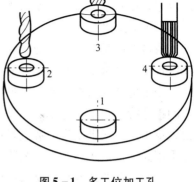

图 5-1 多工位加工孔
1—装卸工件；2—钻孔；
3—扩孔；4—铰孔

5. 行程

行程，俗称走刀。行程有工作行程和空行程之分。工作行程是指刀具以加工进给速度相对工件所完成一次进给运动的工步部分；空行程是指刀具以非加工进给速度相对工件所完成一次进给运动的工步部分。引入行程的概念是为了反映工步中的进给次数和工序卡片中的相吻合，并能精确计算工步工时。

5.2.3 机械加工的生产纲领、生产类型及工艺特征

各种机械产品的结构、技术要求等差异很大，但它们的制造工艺则存在着很多共同的特征。机械产品加工工艺过程取决于企业的生产类型，而企业的生产类型又由生产纲领所决定。

1. 生产纲领

生产纲领是指企业在计划期内应当生产产品的数量。计划期常定为 1 年，所以生产纲领也称为年产量。零件的生产纲领要计入备品和废品的数量，可按下式计算：

$$N = Qn(1+a)(1+b)$$

式中，N 是零件的年产量（件/年）；Q 是产品的年产量（台/年）；n 是每台产品中，该零件的数量（件/台）；a 是备品的百分率；b 是废品的百分率。

2. 生产类型

生产类型是指企业（或车间、工段、班组、工作地）生产专业化程度的分类。一般分为大量生产、成批生产和单件生产 3 种类型。

（1）单件生产

产品品种很多，同一产品的数量很少，各个工作地的加工对象经常改变，并且很少重复生产。通常新产品的试制、重型机械、大型船舶、刀具、量具、夹具、模具的制作也多属于单件或小批量生产。其特点是：在单件小批量生产中，一般多采用数控机床、普通机床和标准附件，极少采用专用夹具，靠划线及试切法保证尺寸精度。因此，加工质量主要取决于操作者的技术熟练程度，这种生产类型的生产效率较低。

（2）大量生产

大量生产的基本特点是产品品种单一而固定，同一产品产量很大，大多数工作地长期进行一个零件某道工序的重复加工。例如，汽车、拖拉机、轴承和自行车等的制造属于大量生产。其特点是：在大量生产中，广泛采用专用机床、刚性自动机床、自动生产线及专用工艺

装备。由于该类型工艺过程自动化程度高,因此对操作者的技术水平要求较低,但对于机床的调整,则要求工人的技术水平较高。

（3）成批生产

成批生产是在一年中分批轮流地制造不同的产品,每种产品均有一定的数量,生产呈周期性重复。每批生产相同零件的数量称为批量。按照批量的大小,成批生产又可分为小批生产、中批生产和大批生产。小批生产在工艺上接近单件生产,常称为单件小批生产。中批生产的工艺特点介于单件生产和大量生产之间。大批生产在工艺上接近于大量生产,常称为大批大量生产。成批生产的特点是：在成批生产中,既采用数控机床、通用机床和标准附件,又采用高效率机床和专用工艺装备。在零件加工时,广泛采用调整法,部分采用划线法。因此,对操作者的技术水平要求比单件生产的低。生产类型的具体划分,可根据生产纲领和产品及零件的特征或工作地每月担负的工序数进行,可参考表 5-1 中的数据。

表 5-1　生产类型和生产纲领的关系

生产类型	生产纲领/(台·年$^{-1}$或件·年$^{-1}$)			工作地担负的工序数/月
	小型机械或零件	中型机械或零件	重型机械或零件	
单件生产	<100	<10	<5	不作规定
小批生产	100~500	10~150	5~100	20~40
中批生产	500~5 000	150~500	100~300	10~20
大批生产	5 000~50 000	500~5 000	300~1 000	1~10
大量生产	>50 000	>5 000	>1 000	1

注：小型、中型和重型机械可分别以缝纫机、机床（或柴油机）和轧钢机为代表。

3. 工艺特点

生产类型不同,产品制造的工艺方法、设备、工装、组织管理形式均不同。各种生产类型的工艺特点见表 5-2。

表 5-2　各种生产类型的工艺特点

生产特征	生产类型		
	单件小批生产	中批生产	大批量生产
加工对象	经常变换	周期性变换	固定不变
毛坯的制造方法及加工余量	自由锻,毛坯精度低,加工余量大	部分铸件用金属型,部分锻件用模锻。毛坯精度中等、加工余量中等	广泛采用金属型机器造型、压铸、精铸、模锻。毛坯精度高,加工余量小
机床设备及其布置形式	通用机床,按类别和规格大小,采用机群式排列布置	部分采用通用机床,部分采用专用机床、按零件分类,部分布置成流水线,部分布置成机群式	广泛采用专用机床,按流水线或自动线布置

续表

生产特征	生产类型		
	单件小批生产	中批生产	大批量生产
加工对象	经常变换	周期性变换	固定不变
夹具	通用夹具或组合夹具，必要时采用专用夹具	广泛使用专用夹具、可调夹具	广泛使用高效率的专用夹具
刀具和量具	通用刀具和量具	按零件产量和精度，部分采用通用刀具和量具，部分采用专用刀具和量具	广泛使用高效率专用刀具和量具
工件的装夹方法	划线找正装夹，必要时采用通用夹具或专用夹具装夹	部分采用划线找正，广泛采用通用或专用夹具装夹	广泛使用专用夹具
装配方法	广泛采用配刮	少量采用配刮，多采用互换装配法	采用互换装配法
操作工人平均技术水平	高	一般	低
生产率	低	一般	高
成本	高	一般	低
工艺文件	用简单的工艺过程卡管理生产	有较详细的工艺规程，用工艺卡管理生产	详细制定工艺规程，用工序卡、操作卡及调整卡管理生产
趋势	复杂零件多采用加工中心	多采用成组技术及数控机床或柔性制造系统	采用自动化程度高的计算机集成制造系统

随着技术的进步和市场需求的变换，生产类型的划分正在发生着深刻的变化，传统的大批量生产，往往不能适应产品及时更新换代的要求，而单件小批量生产的生产能力又跟不上市场的需要，因此各种生产类型都朝着生产过程柔性化的方向发展。成组技术（包括成组工艺、成组夹具）为这种柔性化生产提供了重要的基础。

5.3 加 工 精 度

5.3.1 加工精度的概念

机械加工精度（简称加工精度）是指零件加工后的实际几何参数（包括尺寸、几何形状和表面间的相互位置）与理想几何参数的符合程度。

零件加工后的实际几何参数对理想几何参数的偏离程度称为加工误差。按其性质的不同，可分为两大类，即系统性误差和随机性误差。加工精度的高低是用加工误差的大小来衡量的，误差大，则精度低；反之，则高。

机械加工精度包括尺寸精度、形状精度和位置精度3个方面。

①尺寸精度。尺寸精度表明加工后的零件表面本身或表面之间的实际尺寸与理想零件尺寸之间的符合程度。理想零件尺寸是指零件图上标注尺寸的中值。

②形状精度。形状精度表明加工后的零件表面本身的实际形状与理想零件表面形状相符合的程度。理想零件表面形状是指绝对准确的表面几何形状。

③位置精度。位置精度表明加工后零件各表面间实际位置与理想零件各表面间的位置相符合的程度。理想零件各表面间的位置是指各表面间绝对准确的位置。

5.3.2 原始误差与加工误差的关系

在机械加工过程中，刀具和工件加工表面之间位置关系合理时，加工表面精度就能达到加工要求，否则就不能达到加工要求。加工精度分析就是分析和研究加工精度不能满足要求的各种因素，即各种原始误差产生的可能性，并采取有效的工艺措施进行克服，从而提高加工精度。

在机械加工中，机床、夹具、工件和刀具构成一个完整的系统，称为工艺系统。

由于工艺系统本身的结构、状态、操作过程及加工过程中的物理力学现象而使刀具和工件之间的相对位置关系发生偏移的各种因素称为原始误差。它可以照样、放大或缩小地反映给工件，使工件产生加工误差而影响零件加工精度。一部分原始误差与切削过程有关，一部分原始误差与工艺系统本身的初始状态有关。它们又受环境条件、操作者技术水平等因素的影响。

1. 与工艺系统本身初始状态有关的原始误差

1）原理误差。这是加工方法、原理上存在的误差。

2）工艺系统几何误差。

①工件与刀具的相对位置在静态下已存在的误差，如刀具和夹具的制造误差、调整误差及安装误差。

②工件和刀具的相对位置在运动状态下存在的误差，如机床的主轴回转运动误差、导轨的导向误差和传动链的传动误差等。

2. 与切削过程有关的原始误差

1）工艺系统力效应引起的变形，如工艺系统受力变形、工件内应力的产生和消失引起的变形等造成的误差。

2）工艺系统热效应引起的变形，如机床、刀具、工件的热变形等造成的误差。

5.3.3 影响加工精度的因素

工艺系统中的各组成部分（包括机床、刀具、夹具等）的制造误差、安装误差和使用中的磨损都直接影响工件的加工精度。也就是说，在加工过程中，工艺系统会产生各种误差，从而改变刀具和工件在切削运动过程中的相互位置关系而影响零件的加工精度。这些误差与工艺系统本身的结构状态和切削过程有关。

1. 工艺系统的几何误差

（1）加工原理误差

加工原理误差是指采用了近似的加工运动、近似的加工方法和近似的刀具轮廓进行加工而产生的误差。如图 5-2 所示，在三坐标数控铣床上铣削复杂曲面零件时，通常采用球头铣刀进行"行切"加工。由于数控铣床一般只具有空间直线插补功能，所以在加工一条曲线时，必须用许多很短的拆线段去逼近它，最终得到近似的曲线形状。

采用近似的加工原理进行加工，虽然会带来加工误差，但往往可以简化加工过程，使机构或刀具形状简化，刀具数量减少，降低成本，提高生产效率。因此，只要其误差不超过规定的精度要求，在生产中仍能得到广泛的应用。

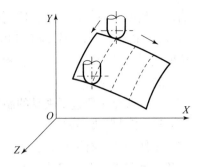

图 5-2 加工原理误差实例

(2) 机床主轴的回转运动误差

机床主轴是用来装夹工件或刀具并传递主要切削运动的重要零件。它是工件或刀具的位置基准和运动基准，它的误差直接影响着工件的加工精度。它的回转精度是机床精度的一项重要指标，主要影响零件加工表面的几何形状精度、位置精度和表面粗糙度。

主轴回转精度是指主轴实际回转轴线相对于平均回转轴线（实际回转轴线的对称中心），在规定测量平面内的变动量。理想回转轴线虽然客观存在，但却无法确定其位置，因此，通常用平均回转轴线（主轴各瞬时回转轴线的平均位置）来代替。变动量越小，主轴回转精度越高，反之越低。

影响主轴回转精度的主要因素有主轴的误差、轴承的误差、轴承的间隙、与轴承配合零件的误差，以及主轴系统的径向刚度不等和热变形等。不同类型的机床，其影响因素也各不相同。提高主轴回转精度的措施是提高主轴部件的制造和装配精度，对于高速运动或精密机床的主轴部件要进行动平衡校正。

(3) 机床导轨导向误差

直线运动主要由机床的导轨来实现。因此，机床床身导轨的制造误差、工作台与床身导轨之间的配合误差是影响直线运动精度的主要因素。导轨的各项误差将被直接地反映到被加工表面的形状误差中。

机床导轨导向误差是指机床导轨副运动件的实际运动方向与理想运动方向的符合程度，两者之间的偏差值称为机床导轨导向误差。主要表现为导轨在水平面内的直线度误差、导轨在垂直面内的直线度误差、导轨面间的平行度误差。

(4) 机床传动链的传动误差

传动链传动误差是指内联系传动链中首、末两端传动元件之间相对运动的误差。它是螺纹、齿轮、涡轮及其他按展成原理加工时，影响加工精度的主要因素。传动链的传动误差主要是由于传动链中各传动元件（如齿轮、涡轮、蜗杆、丝杠、螺母等）有制造误差、装配误差和磨损所造成的。

(5) 工艺系统的其他几何误差

1) 刀具误差。

刀具误差对加工精度的影响应根据刀具类型的不同进行具体分析。一般刀具（如普通车刀、刨刀、单刃镗刀和平面铣刀等）的制造误差对工件加工精度没有直接影响。定尺寸刀具（如钻头、铰刀、拉刀、键槽铣刀和浮动镗刀块等）的制造误差，直接影响加工工件的尺寸精度。刀具在安装、使用中的不当操作，将产生跳动，也会影响加工精度。采用成形刀具（如成形车刀、成形铣刀和成形砂轮等）加工工件时，被加工表面的几何形状精度直接取决于刀具轮廓的形状精度和安装精度。

2）夹具误差。

夹具误差主要包括夹具的制造误差、夹具的装配误差和夹具磨损产生的误差。

3）工件装夹误差。

工件的装夹有两种方法：一是采用夹具装夹工件，其误差包括工件的定位误差、夹紧误差及夹具在机床上的安装误差；二是将工件直接装夹在机床的工作台上，其误差的大小取决于工件定位基准的选择、安装中的测量误差及夹紧误差等。

4）测量误差。

在加工过程中，需要用各种量具、量仪等进行检验测量，再根据测量结果对工件进行试切或调整机床。由于量具本身的制造误差，测量时的接触力、温度和目测正确程度等都直接影响加工误差。因此，要正确选择和使用量具，以保证测量精度。

2. 工艺系统的受力变形

切削加工时，由机床、刀具、夹具和工件组成的工艺系统，在切削力、夹紧力及重力等的作用下，将产生相应的变形，使刀具和工件在静态下调整好的相互位置，以及切削时成型运动的正确几何关系发生变化，从而造成加工误差。

(1) 工艺系统刚度

工艺系统受力变形通常是弹性变形。一般来说，工艺系统抵抗弹性变形的能力越强，则加工精度越高。工艺系统抵抗变形的能力用刚度来描述。所谓工艺系统刚度，是指作用于工件加工表面法线方向上的切削分力与刀具在切削力作用下相对于工件在该方向上位移的比值。工艺系统刚度包括机床刚度、刀具刚度、夹具刚度和工件刚度。

(2) 工艺系统受力变形对加工精度的影响

1）切削力作用点位置变化引起的加工误差。

切削过程中，工艺系统的刚度会随切削力作用点位置的变化而变化，这将直接影响工件的几何形状误差。例如，在车床上用两顶尖夹持刚性好的工件，此时主要考虑机床和夹具的变形，加工出来的工件呈两端粗、中间细的鞍形，如图5-3（a）所示；而用两顶尖夹持细长轴时，工件刚度最小，变形最大，加工后的工件呈鼓形，如图5-3（b）所示。

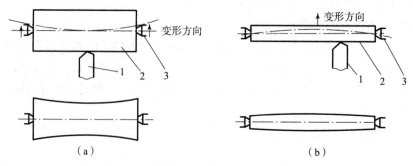

图5-3 零件受力变形引起的加工误差

(a) 车刚性轴；(b) 车细长轴

1—车刀；2—工件；3—顶尖

2）切削力变化引起的加工误差。

在切削加工中，工件毛坯加工余量或材料的硬度不均匀往往引起切削力变化，从而引起切削力和工艺系统受力变形的变化，造成工件的尺寸误差和形状误差。这样，被加工表面原有的几何形状误差由于工艺系统受力变形而使工件加工后产生相应的几何形状误差，这种现象叫作"误差复映"。

3）夹紧力和重力引起的加工误差。

工件在装夹时，由于工件刚度较低或夹紧力着力点不当，会使工件产生相应的变形，造成加工误差。

4）传动力和惯性力引起的加工误差。

在切削加工中，由于传动力和惯性力经常不断改变方向，有时与切削分力同向，有时与切削分力反向，将工件时而推向刀具，时而远离刀具，这就造成工件加工时过切或欠切，产生几何形状误差。周期变化的惯性力还常常引起工艺系统的受迫振动。

（3）减小工艺系统受力变形的措施

减小工艺系统受力变形是保证加工精度的有效途径之一。在生产实际中，常从两个主要方面采取措施来予以解决。

1）提高工艺系统刚度。

对机床进行合理的结构设计、提高连接表面的接触刚度、采用合理的装夹和加工方式，可提高工艺系统刚度。

2）减小载荷及其变化。

合理选择刀具几何参数（增大前角和主偏角）和切削用量（适当减少进给量和切深）、减小切削力，就可以减少受力变形；将毛坯进行分组，使一次调整中加工的毛坯余量比较均匀，就能减少切削力的变化，使复映误差减少。

但从加工质量、生产效率和经济性等问题全面考虑，提高工艺系统中薄弱环节的刚度是最重要的措施。

3. 工艺系统的热变形

在机械加工过程中，工艺系统会受到各种热源的影响而产生热变形。这种变形将破坏刀具与工件的正确几何关系和运动关系，造成工件的加工误差，特别是在精密加工和大件加工中，热变形所引起的加工误差通常会占到工件加工总误差的40%~70%。

（1）工艺系统的热源

引起工艺系统变形的热源可分为内部热源和外部热源两大类。内部热源主要指切削热和摩擦热，它们产生于工艺系统内部，其热量主要是以传导的形式传递的。外部热源主要是指工艺系统外部的、以对流传热为主要形式的环境温度（它与气温变化、通风、空气对流和周围环境等有关）和各种辐射热（包括由阳光、照明和暖气设备等发出的辐射热）。

（2）工艺系统的热变形对加工精度的影响

1）机床热变形对加工精度的影响。

机床在工作过程中，受到内外热源的影响，各部分的温度将逐渐升高。由于各部件的热源不同、分布不均匀及机床结构的复杂性，因此，不仅各部件的温升不同，而且同一部件不同位置的温升也不相同，形成不均匀的温度场，使机床各部件之间的相互位置发生变化，破坏了机床原有的几何精度而造成加工误差。

2)工件热变形对加工精度的影响。

工件的热变形主要也是由切削热引起的,有些大型精密零件同时还受环境温度的影响。在热膨胀下达到的加工尺寸,冷却收缩后会变小,甚至超差。工件受切削热影响,各部分温度不同,且随时间变化,切削区附近温度最高。开始切削时,工件温度低,变形小,随着切削的不断进行,工件温度逐渐升高,变形也逐渐增大。

3)刀具热变形对加工精度的影响。

刀具的热变形主要是由切削热引起的。通常传入刀具的热量并不太多,但由于热量集中在刀具的切削部分,其体积小,热容量有限,故刀具切削部分会急剧升温。例如,车削时,高速钢车刀的工作表面温度可达 700~800 ℃,而硬质合金刀刃可达 1 000 ℃ 以上。在加工大型或较长的工件时,刀具热变形往往会造成几何形状误差。

为了减小刀具的热变形,减少刀具伸出长度,改善散热条件,应合理选择切削用量和刀具几何参数,并给以充分冷却和润滑,以减少切削热,降低切削温度等。

(3)减少和控制工艺系统热变形对加工精度影响的措施

1)减少发热和隔离热源。

主要是采取措施减少切削热和摩擦热。对发热量大的热源,可以采用分离热源(如电动机、变速箱)、隔开热源(如床身、立柱)等措施解决。

2)均衡温度场。

采用热对称结构,在变速箱中,将轴、轴承、传动齿轮等对称布置,可使箱壁温升均匀,箱体变形减小,同时要合理选择机床零部件的装配基准。

3)控制环境温度。

建造恒温车间,恒温室的平均温度可以按季节适当加以调整,以节省投资和能源消耗。例如,春秋季取为 20 ℃,冬季取为 17 ℃,夏季取为 23 ℃。

4)冷却、通风、散热。

采用喷雾或大流量冷却是减少工件和刀具变形的有力措施。大型数控机床和加工中心普遍采用冷冻机对润滑油和切削液强制冷却,以提高冷却效果。此外,还可加强通风散热,在热源处加风扇、散热片和通风窗口等。

5)加速热平衡。

热平衡后,变形趋于稳定,对加工精度影响小。精密零件应待热平衡后再进行加工,且应连续加工完毕。但大型机床热平衡时间长,可采用两种方法加速其热平衡:一是在加工前高速空转,使机床在较短时间内达到热平衡;二是在机床适当部位设置"控制热源",人为地给机床加热,使其较快地达到热平衡状态。

4. 工件残余内应力引起变形

(1)内应力的概念

内应力也称残余应力,是指在没有外力作用下或去除外力后残存在工件内部的应力。具有内应力的零件处于一种不稳定状态,它的内部组织有强烈的倾向要恢复到一个稳定的没有应力的状态。即使在常温下,零件也会不断、缓慢地进行这种变化,直到内应力完全消失为止。在这一过程中,零件将会翘曲变形,原有的加工精度会逐渐丧失。

(2)内应力产生的原因

内应力是由于金属内部相邻组织发生了不均匀的体积变化而产生的。促成这种变化的因素，主要来自冷、热加工。

1）毛坯制造和热处理过程中产生的内应力。

在铸、锻、焊及热处理等加工过程中，由于各部分热胀冷缩不均匀及金相组织转变时发生的体积变化，使毛坯内部产生了相当大的内应力。毛坯的结构越复杂，各部分的厚度越不均匀，散热的条件相差越大，则在毛坯内部产生的内应力也越大。具有内应力的毛坯，由于内应力暂时处于相对平衡的状态，在短时间内还看不出有什么变化。当进行切削加工时，某些表面被切去一层金属后，就打破了这种平衡，内应力将重新分布，零件就明显地出现了变形。

2）冷校直产生的内应力。

冷校直产生的内应力可以用图 5-4 来说明。弯曲的工件（原来无内应力）要校直，必须使工件产生反向弯曲，如图 5-4（a）所示，并使工件产生一定的塑性变形。当工件外层应力超过屈服极限时，其内层应力还未超过弹性极限，故其应力分布情况如图 5-4（b）所示。去除外力后，由于下部外层已产生拉伸的塑性变形，上部外层已产生压缩的塑性变形，故内层的弹性恢复受到阻碍。结果上部外层产生残余拉应力、内层产生残余压应力；下部外层产生残余压应力、内层产生残余拉应力，如图 5-4（c）所示。冷校直后，虽然弯曲减小了，但内部组织处于不稳定状态，如再进行一次切削加工，则又会产生新的弯曲。

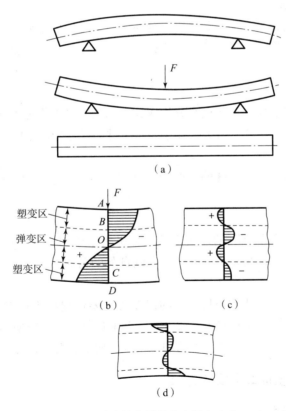

图 5-4 冷校直零件产生的内应力

3）切削加工带来的内应力。

切削过程中产生的力和热，也会使被加工工件的表面层产生内应力。

(3) 减少或消除内应力的措施

①改善零件的结构,提高零件的刚性,使壁厚均匀,以减少内应力的产生。

②采用适当的热处理工序。例如,对铸、锻、焊接件进行退火或正火;零件淬火后进行回火;对精度要求高的零件如床身、丝杠、箱体、精密导轨等,在粗加工后进行时效处理。

③合理安排工艺过程。

粗、精加工分开到不同工序中进行。当加工大型工件粗、精加工不能分开时,应在粗加工后松开工件,让工件有自由变形的可能,然后再用较小的夹紧力夹紧工件后进行精加工。对于精密零件(如精密丝杠),在加工过程中不允许进行冷校直(可采用热校直)。

5.3.4 提高加工精度的工艺措施

为了保证和提高机械加工精度,必须找出造成加工误差的主要因素(原始误差),然后采取相应的工艺技术措施来控制或减少这些因素的影响。

1. 直接消除和减少误差法

这种方法是在生产中应用较广的一种基本方法,它是在查明影响加工精度的主要原始误差因素之后,设法对其直接进行消除或减少。

2. 误差补偿或抵消法

误差补偿或抵消法就是人为地制造出一种新误差,去抵消原来工艺系统中固有的原始误差,或者利用一种原始误差去抵消另一种原始误差,从而达到减小加工误差,提高加工精度的目的。

3. 误差分组法

误差分组法就是把毛坯按误差大小分为 N 组,每组毛坯的误差就缩小为原来的 $1/N$,然后按各组分别调整加工,这样就可大大缩小整批工件的尺寸分散范围。

4. 误差转移法

误差转移法是把影响加工精度的原始误差转移到不影响(或少影响)加工精度的方向或其他零部件上去。

5. 就地加工法

就地加工法就是"自干自"的加工方法。如牛头刨床为了使工作台面分别对滑枕和横梁保持平行的位置关系,就在装配后进行"自刨自"的精加工。

6. 误差平均法

加工过程中,机床、刀具(磨具)等的误差总是要传递给工件的。如果利用有密切联系的表面之间的相互比较、相互修正,或者互为基准进行加工,则使传递到工件表面的加工误差较为均匀,因而可以大大提高工件的加工精度。例如,对工件进行研磨。

5.3.5 工件获得加工精度的方法

1. 获得尺寸精度的方法

(1) 试切法

试切法是通过试切、测量、调整、再试切,这个过程反复进行,直至达到要求为止。此法生产效率低,加工精度取决于操作者的技术水平,但有可能获得较高的精度且不需复杂的装置，常用于单件小批量生产。

（2）调整法

调整法是预先按要求调整好刀具与工件的位置并在一批零件的加工中均保持此位置不变，以获得规定的加工尺寸。用此法加工时，刀具的位置调整好后，必须保证每一个工件都安装在同一位置上。此法生产效率高且精度保持性好，常用于大量成批生产中。

（3）定尺寸刀具法

定尺寸刀具法是直接靠刀具的尺寸来保证工件的加工尺寸。如钻孔、铰孔，工件的孔径靠钻头、铰刀的直径来保证。用定尺寸刀具法加工操作方便，加工精度比较稳定，精度的高低主要取决于刀具本身的尺寸精度、刀具的磨损和安装等，几乎与工人的操作技术水平无关，生产效率高，在各种类型的生产中被广泛应用。

（4）自动控制法

自动控制法是将测量装置、进给装置和控制系统组成一个自动加工系统。加工过程中测量装置自动测量工件的加工尺寸，并与要求的尺寸进行比较后发出信号，信号通过转换、放大后，控制进给系统对刀具或机床的位置做相应的调整，直至达到规定的加工尺寸要求后，加工自动停止。此种方法广泛采用计算机数字控制，控制精度更高，使用更方便，适应性更好。

2. 获得形状精度的方法

（1）轨迹法

轨迹法是依靠刀具与工件的相对运动轨迹获得工件形状的。

（2）成形法

成形法是利用成形刀具加工工件的成形表面来获得所要求的形状精度的方法。成形法加工可以简化机床结构，提高生产率。

（3）相切法

相切法是利用刀具边旋转边做轨迹运动对工件进行加工的方法。如铣刀、砂轮等旋转刀具加工工件时，切削点轨迹运动的包络线形成工件的表面。相切法获得的形状精度主要取决于刀具中心按轨迹运动的精度。

（4）展成法

展成法又称为范成法，它是依据零件曲面的成形原理，通过刀具和工件的展成切削运动进行加工的方法。展成法所得的被加工表面是刀刃和工件在展成运动过程中所形成的包络面，刀刃必须是被加工表面的共轭曲线。所获得的精度取决于刀刃的形状和展成运动的精度。滚齿、插齿等齿轮加工都是用展成法来获得齿形的。

在获得形状精度的方法中，轨迹法的精度主要取决于轨迹运动的精度；成形法的精度主要取决于刀刃的制造精度及刀具的安装精度；展成法的精度主要取决于展成运动的精度和刀刃的形状精度。

3. 获得位置精度的方法

位置精度包含了如同轴度、对称度等的定位精度，以及平行度、垂直度等的定向精度。定位精度的获得需要确定刀具与工件的相对位置，定向精度则取决于工件与机床运动方向的相对位置是否正确。在刀具位置已调定的前提下，工件与刀具、机床之间的位置关系就取决于工件在机床上的正确定位。

获得工件位置精度的方法如下。

（1）找正安装法。

找正是用工具和仪表根据工件上有关基准，找出工件有关几何要素相对于机床的正确位置的过程。用找正法安装工件称为找正安装，找正安装又可分为划线找正安装和直接找正安装。

①划线找正安装法。

划线找正安装法是用划针，以毛坯或半成品上所划的线为基准，找正它在机床正确位置的一种安装方法。由于划线既费时，定位精度又不高，所以划线找正安装只用于批量不大、形状复杂而笨重的工件，或毛坯的尺寸公差很大而无法采用夹具装夹的工件。

②直接找正安装法。

直接找正安装法用划针和百分表或通过目测直接在机床上找正工件正确位置的安装方法。此法的生产率较低，对工人的技术水平要求高，一般只用于单件小批生产中。若工人的技术水平高，且能采用较精确的工具和量具，那么直接找正安装也能获得较高的定位精度。

（2）夹具安装法

夹具是用于安装工件和引导刀具的装置。在机床上安装好夹具，工件放在夹具中定位，能使工件迅速获得正确位置，并使其固定在夹具和机床上。因此，工件定位方便，定位精度高且稳定，装夹效率也高。但专用夹具的设计制造周期较长、成本较高，故在大批量生产中广泛使用该方法。

5.4 加工余量

5.4.1 加工余量的概念

加工余量是指零件在加工过程中从加工表面所切除的厚度。加工余量可分为工序加工余量和总加工余量。

1. 工序加工余量

工序加工余量是指某一表面在某一道工序中被切去的厚度，即相邻两工序的工序尺寸之差。对于外圆和孔等回转表面，加工余量是从直径方向考虑的，故称为双边余量，即实际切除的厚度是加工余量的一半。平面的加工余量是单边余量，它等于实际切除的厚度。

2. 总加工余量

总加工余量也叫毛坯余量，是零件上同一表面的毛坯尺寸与零件尺寸之差。总加工余量等于各工序加工余量之和。

3. 工序加工余量与工序尺寸的关系

由于毛坯制造和各个工序尺寸都不可避免地存在着误差，因而无论总加工余量还是工序加工余量，都是一个变动值，即有最大加工余量和最小加工余量之分。只标基本尺寸的加工余量称为基本余量或公称余量。工序加工余量与工序尺寸与公差的关系如图 5-5 所示。从图中可以看出，工序公称加工余量是相邻两工序基本尺寸之差；工序最小加工余量是前工序最小工序尺寸和本工序最大工序尺寸之差；工序最大加工余量是前工序最大工序尺寸和本工序最小工序尺寸之差。工序加工余量的变动范围等于前工序与本工序两工序尺寸公差之和。

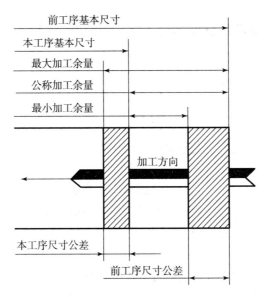

图 5-5 工序加工余量与工序尺寸关系

5.4.2 工序加工余量的影响因素

加工余量的大小对零件的加工质量、生产效率和生产成本均有较大影响。若零件的加工余量过大,则不能保留零件最耐磨的表面层,降低了被加工表面的机械性能,同时增加了材料的损耗,提高了生产成本,增加了机械加工工时,降低了生产效率。若零件的加工余量过小,则不能保证去除零件表面的缺陷层和前工序的各种误差;如果加工余量不够,就有可能造成零件报废。因此,加工余量要合理确定。影响加工余量的因素如下。

1. 上工序的各种表面缺陷和误差

(1) 上工序表面粗糙度 Ra 和缺陷层 D_a

为了使工件的加工质量逐步提高,一般每道工序都应切到待加工表面以下的正常金属组织,将上工序留下的表面粗糙度 Ra 和缺陷层 D_a 全部切去,如图 5-6 所示。

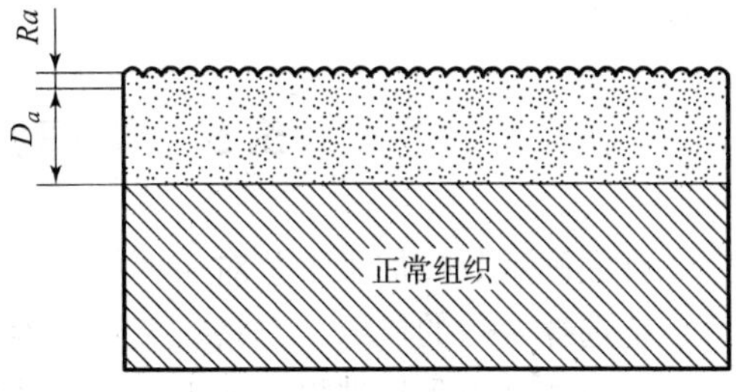

(2) 上工序的尺寸公差

上工序的尺寸公差直接影响本工序的基本余量,因此,本工序的余量应包含上工序的尺寸工差。

图 5-6 表面粗糙度和缺陷层

(3) 上工序的形位误差(也称空间误差)

当形位公差与尺寸公差之间的关系是包容原则时,尺寸公差控制形位误差,可不计空间误差值。但当形位公差与尺寸公差之间是独立原则或最大实体原则时,尺寸公差不控制形位误差,此时加工余量中要包括上道工序的形位误差。

2. 本工序的装夹误差

装夹误差包括定位误差、夹紧误差(夹紧变形)及夹具本身的误差。由于装夹误差的影响,使工件待加工表面偏离了正确位置,所以,确定加工余量时,还应考虑装夹误差的影响。

5.4.3 确定加工余量的计算方法

1. 确定加工余量的方法

确定加工余量有经验估计法、查表修正法和分析计算法。

（1）经验估计法

经验估计法即根据工艺人员的经验来确定加工余量。为避免产生废品，所确定的加工余量一般偏大。经验估计法常用于单件小批量生产。

（2）查表修正法

此法是根据工厂长期的生产实践与试验研究所积累的有关加工余量数据，制成各种表格并汇编成手册，确定加工余量时，先查阅有关手册，然后再结合本厂实际情况进行适当修正后确定的方法。这是一种广泛采用的方法。

（3）分析计算法

分析计算法首先对影响加工余量的各种因素进行分析，然后根据一定的计算关系式来计算加工余量。此法确定的加工余量较合理，但需要全面的试验资料，计算也较复杂。目前，这种方法只在材料十分贵重及军工生产或少数大量生产的工厂中采用。

2. 确定加工余量时应该注意的问题

①采用最小加工余量原则。在保证加工精度和加工质量的前提下，余量越小越好，以缩短加工时间、减少材料消耗、降低加工费用。

②余量要充分，防止因余量不足而造成不良品。

③余量中应包含因热处理引起的变形量。

④大零件取大余量。零件越大，切削力、内应力引起的变形越大。因此工序加工余量应取大一些，以便通过本道工序消除变形量。

⑤总加工余量（毛坯余量）和工序余量要分别确定。总加工余量的大小与所选择的毛坯制造精度有关。粗加工工序的加工余量不能用查表法确定，应等于总加工余量减去其他各工序的余量之和。

5.5 机械加工工艺规程制定

合理确定数控加工工艺对实现优质、高效和经济的数控加工具有极为重要的作用。其内容包括选择合适的机床、刀具、夹具、走刀路线及切削用量等，只有选择合适的工艺参数及切削策略才能得到较理想的加工效果。从加工的角度看，数控加工技术主要是围绕加工方法与工艺参数的合理确定及其实现的理论和技术。数控加工通过计算机控制刀具做精确的切削加工运动，是完全建立在复杂的数值运算之上的；它能实现传统的机加工无法实现的合理、完整的工艺规划。

5.5.1 机械加工工艺规程

1. 机械加工工艺规程的概念

规定产品或零部件制造工艺过程和操作方法等的工艺文件称为工艺规程。其中，规定零件机械加工过程和操作方法等的工艺文件称为机械加工工艺规程。它是在具体的生产条件下，最合理或较合理的工艺规程和操作方法，并按规定的形式书写成工艺文件，经审批后用来指导生产。

2. 机械加工工艺规程的作用

①工艺规程是指导生产的主要技术文件。工艺规程是在总结广大工人和技术人员实践经验的基础上，依据工艺理论和必要的工艺试验而制定的。按照工艺规程组织生产可以实现高质、优产和最佳的经济效益。

②工艺规程是生产、组织和管理工作的基本依据。从工艺规程所涉及的内容可以看出，在生产管理中，原材料和毛坯的供应，机床设备、工艺装备的调配，专用工艺装备的设计和制造，作业计划的编排，劳动力的组织及生产成本的核算等，都是以工艺规程作为基本依据的。

③工艺规程是生产准备和技术准备的基本依据。根据工艺规程能正确地确定生产所需的机床和其他设备的种类、规格、数量、车间的面积、机床的布置、工人的工种等级和数量以及辅助部分的安排等。

3. 制定机械加工工艺规程的原则

制定工艺规程的基本要求是在保证产品质量的前提下，尽量提高生产效率和降低生产成本，使经济效益最大化。另外，还应在充分利用本企业现有生产条件的基础上，尽可能采用国内外的先进工艺技术和经验，并保证工人具有良好而安全的劳动条件。同时，工艺规程还应做到正确、完整、统一和清晰，所用术语、符号、单位、编号等都要符合相应标准，并积极采用国际标准。

4. 制定机械加工工艺规程的主要依据

①产品的全套装配图和零件图。

②产品的技术设计说明书。它是针对技术设计中确定的产品结构、工作原理和技术性能等方面的说明性文件。

③产品的验收质量标准。

④产品的生产纲领及生产类型。

⑤工厂的生产条件。包括毛坯的生产条件或协作关系、工厂设备和工艺装备的情况、专用设备和专用工艺装备的制造能力、工人的技术等级、各种工艺资料（如工艺手册、图册和各种标准资料）。

⑥国内外同类产品的有关工艺资料。

5. 制定机械加工工艺规程的步骤

①收集和熟悉制定工艺规程的有关资料图纸，进行零件的结构工艺性分析。

②确定毛坯的类型及制造方法。

③选择定位基准。

④拟定工艺路线。

⑤确定各工序的工序余量、工序尺寸及其公差。

⑥确定各工序的设备，刀、夹、量具和辅助工具。

⑦确定各工序的切削用量及时间定额。

⑧确定主要工序的技术要求及检验方法。

⑨进行技术经济分析，选择最佳方案。

⑩填写工艺文件。

5.5.2　数控加工工艺文件的格式

编写数控加工专用技术文件是数控加工工艺设计的内容之一。这些专用技术文件既是数控加工及产品验收的依据，也是需要操作者遵守、执行的规程，有的则是加工程序的具体说明或附加说明。目的是让操作者更加明确程序的内容、装夹方式、各个加工部位所选用的刀具及其他问题。为加强技术文件管理，数控加工专用技术文件也应标准化、规范化，但目前国内尚无统一的标准，下面介绍几种数控加工专用技术文件，供参考使用。

1. 机械加工工艺过程卡

机械加工工艺过程卡描述整个零件加工所经过的工艺路线（包括毛坯、机械加工和热处理等）。它是制定其他工艺文件的基础，也是生产技术准备、编制作业计划和组织生产的依据。这种卡片由于各工序的说明不够具体，故一般不能直接指导工人操作，多用于生产管理方面。其格式见表5-3。

2. 数控加工工序卡

数控加工工序卡与普通加工工序卡有许多相似之处，只是所附的工艺草图应注明工件坐标系的位置、对刀点，要进行编程的简要说明，如所用机床型号、程序介质、程序编号、刀具补偿方式及切削参数（即主轴转速、进给速度、最大切削深度等）的确定，见表5-4。

工序卡片中工序简图的要求如下。

①简图可按比例缩小，用尽量少的投影视图表达。简图也可以只画出与加工部位有关的局部视图，除加工面、定位面、夹紧面、主要轮廓面外，其余线条可省略，以必须明了为度。

②被加工表面用粗实线（或红线）表示，其余均用细实线。

③应标明本工序的工序尺寸、公差及粗糙度要求。

④定位、夹紧表面应以规定的符号标明。

3. 数控刀具卡片

数控加工时，对刀具的要求十分严格，一般要在机外对刀仪上预先调整刀具直径和长度。刀具卡反映刀具编号、刀具结构、尾柄规格、组合件名称代号、刀片型号和材料等。它是组装刀具和调整刀具的依据。

4. 数控加工走刀路线图

在数控加工中，常常要注意并防止刀具在运动过程中与夹具或工件发生意外碰撞，为此，必须设法告诉操作者关于编程中的刀具运动路线（如从哪里下刀、在哪里抬刀、哪里是斜下刀等）。为简化走刀路线图，一般可采用统一约定的符号来表示。不同的机床可以采用不同的图例与格式。

5. 装夹图和零件设定卡

它应表示出数控加工原点定位方法和夹紧方法，并应注明加工原点设置位置和坐标方向、使用的夹具名称和编号等。

6. 数控编程任务书

它阐明了工艺人员对数控加工工序的技术要求和工序说明，以及数控加工前应保证的加工余量。它是编程人员和工艺人员协调工作和编制数控程序的重要依据之一，见表5-5。

表 5-3 机械加工工艺过程卡

机械加工工艺过程卡片		产品型号		零件图号			共 页	第 页
		产品名称		零件名称				
材料牌号		毛坯种类		毛坯外形尺寸		每毛坯件数	每台件数	备注
工序号	工序名称	工序内容	车间	工段	设备	工艺装备		工时
						设计（日期）	校对（日期）	审核（日期）	标准化（日期）	会签（日期）
标记	处数	更改文件号	签字	日期	标记	处数	更改文件号	签字	日期

表5-4 数控加工工序卡

单位		数控加工工序卡片		产品名称或代号		零件名称	零件图号
工序简图				车间		使用设备	
				工艺序号		程序编号	
				夹具名称		夹具编号	
工步号		工步作业内容		加工面	刀具号	刀补量	主轴转速	进给速度	背吃刀量	备注
编制		审核		批准		年 月 日	共 页	第 页

表5-5 数控编程任务书

工艺处	数控编程任务书	产品零件图号		任务书编号
		零件名称		
		使用数控设备		共 页 第 页
主要工序说明及技术要求:				
		编程收到日期	月 日	经手人
编制	审核	编程	审核	批准

5.5.3 零件图分析

在制定零件的机械加工工艺规程之前,要对零件进行深入细致的工艺分析。零件的工艺分析是从加工制造的角度对零件进行分析,主要包括零件的图样分析和零件的结构工艺性分析两方面内容。

1. 分析零件图样

零件图样是设计工艺过程的依据,因此,必须仔细地分析、研究它。

①通过图样了解零件的形状、结构并检查图样的完整性。

②分析图样上规定的尺寸及其公差、表面粗糙度、形状和位置公差等技术要求,并审查其合理性,必要时应参阅零件装配图或总装图。

③分析零件材料及热处理。其目的,一是审查零件材料及热处理方式选用是否合适,了解零件材料加工的难易程度;二是初步考虑热处理工序的安排。

④找出主要加工表面和某些特殊的工艺要求,分析其可行性,以确保其最终能顺利实现加工。

通过分析、研究零件图样,对零件的主要工序及加工顺序获得初步的概念,为具体设计工艺过程各个阶段的细节打下了必要的基础。

2. 零件的结构工艺性分析

(1) 结构工艺性的概念

零件的结构工艺性是指所设计的零件在满足使用要求的前提下,制造的可行性和经济性,它是评价零件结构设计优劣的主要技术经济指标之一。零件切削加工的结构工艺性涉及零件加工时的装夹、对刀、测量和切削效率等。零件的结构工艺性差,会造成加工困难,耗费工时,甚至无法加工。

零件的结构工艺性的好与差是相对的,与生产的工艺过程、生产批量、工艺装备条件和技术水平等因素有关。随着科学技术的发展和新工艺的出现及生产条件的变化,零件的结构工艺性的标准也随之变化。

(2) 零件结构工艺性

①零件的结构尺寸(如轴径、孔径、齿轮模数、螺纹、键槽和过渡圆角半径等)应标准化,以便采用标准刀具和通用量具,降低生产成本。

②零件结构形状应尽量简单且布局合理,各加工表面应尽可能地分布在同一轴线或同一平面上;否则,各加工表面最好相互平行或垂直,使加工和测量方便。

③尽量减少加工表面(特别是精度高的表面)的数量和面积,合理地规定零件的精度和表面粗糙度,以利于减少切削加工工作量。

④零件应便于安装,定位准确,夹紧可靠;有相互位置要求的表面,最好能在一次安装中加工。

⑤零件应具有足够的刚度,能承受夹紧力和切削力,以便于提高切削用量,采用高速切削。

在制定机械加工工艺规程时,主要进行零件切削加工工艺性分析。使用性能完全相同而结构不同的两个零件,它们的加工方法与制造成本可能有较大的差别。

零件的工艺分析是制定工艺规程中很重要的环节,必须认真细致地进行,不可有遗漏或疏忽之处。在分析过程中如有问题，应会同有关设计人员共同商量，经过审批予以必要的修改。

5.5.4 零件毛坯的确定

毛坯的形状和尺寸越接近成品零件，即毛坯精度越高，则零件的机械加工劳动量越少、材料消耗越少，因而机械加工的生产效率提高，成本降低，但是毛坯的制造费用提高了。所以，毛坯的选择应根据零件的生产纲领，综合考虑毛坯制造费用和零件加工费用来确定，以求得最佳方案。

1. 毛坯的种类

（1）铸件

形状复杂或尺寸较大的毛坯宜采用铸造方法，铸件的材料一般为铸铁（常用的有灰口铸铁、可锻铸铁、球墨铸铁）、铸钢、铜及铝合金，其中以灰口铸铁和铸钢最常用。目前生产中以砂型铸造为主，在精度要求和生产效率较高的场合，可采用金属型铸造和压力铸造，对于一些尺寸较小、精度较高的特殊形状铸件，可采用熔模铸造、离心铸造等特种铸造。

（2）锻件

加工余量小、精度高、性能好的毛坯，宜采用锻造方法，锻件的材料一般为碳钢及合金钢。常用的锻造方法有自由锻和模锻。自由锻锻件精度低，加工余量大，生产效率低，适用于单件小批生产及大型锻件；模锻锻件精度高，加工余量小，生产效率高，适用于产量较大的中小型锻件。

（3）型材

型材有热轧和冷轧两类。热轧型材尺寸较大、精度较低，多用于一般零件的毛坯；冷轧型材尺寸较小、精度较高，多用于精度要求高的中小型零件。

（4）焊接件

焊接件通过电焊、气焊、氩弧焊等焊接方式制造毛坯。焊接会造成零件的变形和切削加工困难，通常需通过时效热处理解决，一般用于大型零件的单件小批生产中。

2. 毛坯的选择

在选择零件毛坯时，主要考虑以下因素。

（1）零件的材料及其力学性能

零件的材料大致确定了毛坯的种类。例如，材料为铸铁的零件就用铸件毛坯。材料为钢材的零件，当形状不复杂而机械性能要求又不高时，可选用型材；形状复杂、机械性能要求较高时，可选用铸件；当机械性能要求高而形状较简单时，可选用锻件。

（2）零件的结构形状及外形尺寸

阶梯轴零件各台阶的直径相差不大时，可用棒料（型材）；直径相差较大时，宜用锻件。零件尺寸较大时，一般采用自由锻；中小型零件可选用模锻。对于形状复杂的零件，毛坯常用铸造方法。尺寸大的铸件宜用砂型铸造，中小型零件可用较先进的压力铸造和特种铸造，薄壁零件则不宜用砂型铸造。

（3）生产纲领

大批量生产时，应采用精度和生产效率都较高的毛坯制造方法。这时所增加的毛坯制造费用可由减少材料的消耗费用和机械加工费用来补偿。如铸件可采用金属模或精密铸造；锻件可采用模锻、冷轧等方式。单件小批生产则采用精度和生产效率都较低的毛坯制造方法，以降低生产成本。

（4）生产条件

选择毛坯时，必须结合本厂毛坯制造的生产条件、生产能力、对外协作的可行性。有条件时，应积极组织专业化生产，以保证毛坯质量，提高经济效益。

（5）积极推广应用新工艺、新技术和新材料

目前，毛坯制造方面的新工艺、新技术和新材料的发展很快。例如，精铸、精锻、冷轧、冷挤压、粉末冶金和工程塑料等在机械制造中的应用日益广泛。应用这些方法后，可大大减少机械加工量，有时甚至可不再进行机械加工，其经济效益明显提高。

5.5.5 工件定位基准的选择

制定机械加工工艺规程时，正确选择定位基准对零件加工的尺寸精度和相互位置精度、加工顺序的安排、余量的合理分配、工艺装备的结构都有很大影响。

1. 基准及其分类

基准是零件上用来确定其他点、线、面的位置所依据的点、线、面。根据基准功能不同，分为设计基准和工艺基准。

（1）设计基准

它是在零件设计图纸上用来确定其他点、线、面的位置的基准。

（2）工艺基准

它是在工艺过程中所采用的基准。包括以下基准。

①工序基准。

工序基准是在工序图上用来确定本工序加工表面加工后的尺寸、形状、位置的基准。所注的被加工表面位置尺寸称为工序尺寸，如图5-7所示。

②定位基准。

定位基准是在加工中用于工件定位的基准。如图5-8所示，加工 A 面和 B 面时，以 C 面和 D 面为工件的定位基准。

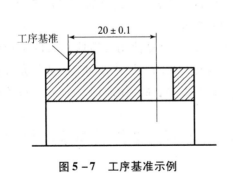

图5-7 工序基准示例　　　　图5-8 定位基准示例

③测量基准。

它是在测量工件的形状、位置和尺寸误差时所采用的基准。图5-9（a）所示为检验面 A 时以小圆柱面的上母线为测量基准；图5-9（b）所示是以大圆柱面的下母线为测量基准。

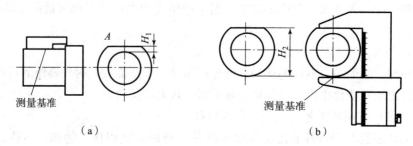

图 5-9 工件上已加工表面的测量基准

(a) 以小圆柱面的上母线为测量基准; (b) 以大圆柱面的下母线为测量基准

④装配基准。

装配基准是在机器装配时,用来确定零件或部件在产品中的相对位置所采用的基准。

2. 定位基准的选择

在机械加工过程中,开始时只能用未经加工的毛坯表面作为定位基准,这种基准称为粗基准。用加工过的表面作为定位基准,则称为精基准。有时为了满足工艺需要,在工件上专门设计的定位基准称为辅助基准,如工艺台、工艺孔等。根据工件加工的工艺过程,下面分别阐述粗、精基准选择的基本原则。

(1) 粗基准的选择

粗基准的选择主要应考虑到加工表面与不加工表面之间的位置要求、各加工表面加工余量的合理分配及定位精度和夹装的可靠性。因此,在选择粗基准时,一般要遵循下列原则。

①为了保证加工面和不加工面之间的相互位置要求,一般选择不加工面为粗基准。当工件上有多个不加工面与加工面之间有位置要求时,应选择其中位置要求较高的不加工面为粗基准。

②粗基准的选择应考虑合理分配各加工表面的加工余量。为了保证各加工面都有足够的加工余量,应选择毛坯余量最小的面为粗基准。

为保证重要加工工件表面的加工余量均匀,应选重要加工表面为粗基准。当工件上有多个重要加工面要求保证余量均匀时,应选余量要求最高的面为粗基准。

对具有较多加工表面的零件,粗基准选择应使零件各加工表面总的金属切除量最少,故应选择零件上加工面积较大、形状比较复杂的表面为粗基准。

③粗基准应避免重复使用。粗基准精度低、表面粗糙,重复使用会造成较大的定位误差,从而引起相应加工表面间出现较大的位置误差,因此,在同一尺寸方向上一般只允许使用一次。但在毛坯精度高,且不影响本工序加工精度和本工序表面与已加工表面相互位置精度的前提下,粗基准可适当重复使用。

④作为粗基准的表面,应平整光洁,要避开铸造浇冒口、分型面、锻造飞边等表面缺陷,以保证工件定位可靠,夹紧方便。

(2) 精基准的选择

精基准的选择应能保证零件的加工精度和装夹可靠方便。精基准的选择一般应遵循以下原则。

①基准重合原则。采用设计基准作为定位基准,称为基准重合。但在某些情况下,基准

重合会带来一些新的问题，如工件装夹不方便、夹具设计太复杂等，实现起来很困难。

②基准统一原则。在零件加工的整个工艺过程或者相关的某几道工序中，选用同一个（或一组）定位基准进行定位，称为基准统一原则。

采用基准统一的原则，可以简化工艺过程，减少夹具种类，避免因基准转换过多带来的不必要误差。同时，在一次装夹中加工出的表面，其相互位置精度高。但选用的统一基准与设计基准不重合时，需注意加工时可能存在基准不重合误差。当某一工序尺寸不能保证其精度时，该工序也可另行单独按基准重合原则加工，其余工序仍可以采用统一基准定位。

③自为基准原则。对于某些精度要求很高的表面，在精加工或光整加工工序中要求加工余量小而均匀时，可以选择加工表面本身作为定位基准进行加工，这就是自为基准原则。但须指出，用自为基准原则加工时，只能提高加工面本身的尺寸精度，不能提高加工面的几何形状和相互位置精度，其精度要求必须在前道工序加工时予以保证。

④互为基准原则。为了使加工面间有较高的位置精度，可采用互为定位基准、反复加工的原则。

⑤便于装夹原则。所选择的精基准应保证定位准确、可靠，夹紧机构简单，操作方便。必须指出，精基准的选择不能仅仅考虑本工序定位夹紧是否合适，而应结合整个工艺路线统一、全面考虑。

上述粗、精基准选择的各条原则，都是在保证工件加工质量的前提下，从不同角度提出的工艺要求和保证措施，有时这些要求和措施会出现相互矛盾的情况，在制定加工工艺规程时，必须结合具体情况进行全面系统的分析，分清主次，着重解决主要矛盾。

（3）辅助基准的应用

工件定位时，为了保证加工表面的位置精度，多优先选择设计基准或装配基准为定位基准，这些基准一般均为零件上的重要工作表面。但有些零件的加工，为了安装方便或易于实现基准统一，人为地制造一种定位基准，其在零件的工作中不起任何作用，只是由于工艺上的需要才做出的，这种基准称为辅助基准。此外，零件上的某些次要表面，即非配合表面，因工艺上宜作为定位基准而提高它的加工精度和表面质量，以备定位时使用，这种表面也属于辅助基准。

5.5.6 工艺路线的拟定

在仔细分析研究了零件图纸和初步考虑零件的定位基准使用情况后，便可以进一步拟定零件的机械加工工艺路线。它主要包括确定各个表面的加工方法，确定如何划分加工阶段，确定工序集中与分散程度，确定各个表面的加工顺序和装夹方式，以及详细拟定工序的具体内容等。

1. 表面加工方法的选择

为了正确选择加工方法，应了解各种加工方法的特点，掌握加工经济精度及经济粗糙度的概念。

（1）加工经济精度

加工经济精度是指在正常的加工条件下（采用符合质量标准的设备、工艺装备及标准技术等级的工人），以最有利的时间消耗所能达到的加工精度（或表面粗糙度）。各种典型表面的加工方法所能达到的经济精度及表面粗糙度等级在机械加工工艺手册中都能查到。

（2）选择加工方法时需考虑的主要因素

①工件的加工精度、表面粗糙度和其他技术要求。在分析研究零件图的基础上，根据各加工表面的加工质量要求，选择合适的加工方法。一般可以通过查表或经验来确定，有时还要根据实际情况进行工艺验证。

②工件材料的性质。

③工件的形状和尺寸。例如，对于加工精度为IT7级、表面粗糙度为 $Ra1.6\ \mu m$ 的孔，采用镗、铰、拉或磨削等都可以；但对于箱体上同样要求的孔，常用镗孔（大孔）或铰孔（小孔），一般不采用拉削或磨削。

④结合生产类型考虑生产效率和经济性。选择加工方法应与生产类型相适应。

⑤根据现有生产条件因地制宜。选择加工方法时，应首先考虑充分利用本厂现有的设备，挖掘企业潜力、发挥工人的积极性和创造性。

2. 加工阶段的划分

零件的加工质量要求较高时，其加工过程应划分成若干个加工阶段。

（1）加工阶段的划分

①粗加工阶段。切除各加工表面大部分的加工余量，并做出精基准。此时零件加工精度和表面质量都较低，加工余量大，因此应采取措施尽可能提高生产效率。

②半精加工阶段。通过切削加工消除主要表面粗加工留下来的较大误差，为精加工做好准备（达到一定的加工精度，并保证一定的精加工余量），同时完成一些次要表面的加工（如钻孔、攻丝、铣键槽等）。

③精加工阶段。保证各主要表面达到图纸规定的质量要求。

④光整加工阶段。进一步提高尺寸精度和降低表面粗糙度，提高表面层的物理机械性能，一般不能用来提高位置精度。

（2）划分加工阶段的原因

①保证加工质量。工件划分加工阶段后，粗加工阶段因切削用量大，产生较大的切削力和切削热，以及加工时夹紧力共同作用引起工件的变形，可在后续加工阶段逐步得到纠正。粗、精加工分开后，一方面各阶段之间的时间间隙相当于自然时效，有利于内应力消除；另一方面，不会破坏已加工表面的质量。

②合理使用机床设备。粗加工时可采用功率大、刚性好、精度不高的高效率机床，精加工时可采用小功率的高精度机床。这样能充分发挥机床设备各自的性能特点，并且能延长高精度机床的使用寿命。

③及时发现毛坯缺陷。毛坯的各种缺陷如气孔、砂眼、裂纹和加工余量不足等，在粗加工后即可发现，便于及时修补或决定报废，以免后期加工发现而造成工时浪费。

④便于安排热处理工序。例如，粗加工前可安排预备热处理（退火或正火），消除毛坯的内应力，改善零件切削加工性能；粗加工后可安排时效或调质，消除粗加工的内应力或提高零件的综合机械性能；半精加工之后安排淬火处理，淬硬后安排精加工工序。热处理引起的变形可通过后续切削加工消除。这样冷、热加工工序交替进行，配合协调，有利于保证加工质量和提高生产效率。

上述加工阶段的划分并不是一成不变的，在应用时要灵活掌握。当加工质量要求不高、工件刚性足够、毛坯质量好、加工余量小时，可以少划分或不划分加工阶段。因为严格划分加工阶段，不可避免地要增加工序的数目，使加工成本提高。例如，在数控机床上加工零件；又如，对于重型零件，由于安装运输费时，常常不划分加工阶段，而在一次装夹下完成全部粗、精加工。考虑到工件变形对加工质量的影响，在粗加工后，松开夹紧机构，让变形恢复，然后用较小的力再夹紧工件，继续进行精加工。

3. 加工顺序的安排

工件各表面的加工顺序，除依据加工阶段划分外，还应分别考虑以下因素。

（1）机械加工工序的安排

①先基面后其他表面。零件加工时，定位基准的精确与否，将直接影响零件的加工精度。所以，零件一般在起始几道工序先进行精基准表面的加工，以便尽快为后续工序的加工提供精基准。

零件上主要表面在精加工之前，一般还必须安排对精基准进行修整，以进一步提高定位精度。若基准不统一，则应以基准转换顺序逐步提高精度的原则安排基准面的加工。

②先粗后精。根据零件加工阶段划分的原则和依据，先安排粗加工，中间安排半精加工，最后安排精加工或光整加工。这种方法尤其适用于粗精加工间需要穿插热处理工序或容易发生加工变形的薄壳类及细长零件。

③先主后次。先考虑和安排主要表面的加工，再将次要表面的加工适当穿插在其前后。主要表面一般为装配表面、工作表面和定位基面等重要表面，其加工精度和表面质量要求都比较高。次要表面包括键槽、紧固用的光孔或螺纹孔等，由于其加工余量较少，并且又和主要表面有位置精度要求，因此一般应放在主要表面半精加工结束后、最后精加工或光整加工之前完成。

④先面后孔。能保证平面和孔的相互位置精度。另外，由于先加工好平面，能防止孔加工时刀具引偏，使刀具的初始工作条件得到改善。

此外，在数控机床上加工零件，还应适当考虑按所用刀具划分工序，即用同一把刀具加工完成所有可以加工的内容，再进行换刀加工。这种方法可以减少换刀次数，减少刀具的空行程移动量，缩短辅助加工时间，提高生产效率，尤其是在不具备自动换刀功能的数控机床上加工零件，可以减少不必要的定位误差，提高加工精度。

（2）热处理工序的安排

热处理的目的是提高材料的力学性能、消除毛坯制造及加工过程中的内应力、改善材料的切削加工性能。根据目的不同，可以分为预备热处理和最终热处理工序。

①预备热处理。一般安排在机械加工粗加工前后，主要目的是改善零件的切削加工性能，消除毛坯制造和粗加工切削产生的内应力，并为最终热处理做好金相组织准备。常用的预备热处理有退火、正火、时效和调质等。

②最终热处理。最终热处理的主要目的是提高零件的硬度和耐磨性，一般包括淬火、回火及表面热处理（表面淬火、渗碳淬火、氮化处理、碳氮共渗）等，它应安排在精加工前后。例如，变形较大的热处理淬火、渗碳淬火等应安排在精加工磨削前进行，以便在磨削时纠正热处理变形。变形较小或热处理层较薄的热处理如氮化等，应安排在半精磨后、精磨前进行。为消除淬火内应力，或满足零件的特殊要求，可安排低温或中温回火。

（3）辅助工序的安排

辅助工序包括检验、去毛刺、倒角、退磁、清洗和防锈等。辅助工序也是必要的工序，若安排不当或遗漏，会给后续工序和装配带来困难，甚至影响产品质量。其中检验工序是最主要的，它对保证产品质量、防止产生废品起到重要作用。除每道工序结束操作者自检外，还必须在下列情况下安排单独的检验工序。

①粗加工阶段结束后。
②关键工序前后。
③转换车间的前后，特别是热处理工序前后。
④零件全部加工结束之后。

（4）数控加工工序与普通加工工序的衔接

数控加工工序前后一般都穿插有其他普通加工工序，如衔接得不好，就容易产生问题。因此，在熟悉整个加工工艺的同时，要清楚数控加工与普通加工工序各自的技术要求、加工目的和特点。

4. 工序的集中与分散

安排好零件的加工顺序后，就可以按不同的加工阶段和加工表面的先后顺序将零件的加工工艺路线划分成若干个工序。工序的组合可采用工序集中或分散的原则，其实质是决定工艺路线中工序数目多少的问题。决定工序集中与分散的因素主要是零件的生产类型、加工精度要求、零件的结构刚性及工序选用机床的形式与功能。

（1）工序分散

工序分散是指整个工艺过程安排的工序数较多，而每道工序的加工内容较少。其特点是：

①设备和工艺装备比较简单，调整方便，生产适应性好，便于产品的变换。
②有利于选择最合理的切削用量。
③设备数量多，操作工人多，生产面积大。

（2）工序集中

工序集中则正好相反，即整个工艺过程集中在几个工序中，每道工序的加工内容较多。其特点是：

①工件安装次数减少，不仅可以缩短辅助时间，而且易于保证加工表面之间的相互位置精度。
②设备数量减少，并相应地减少了操作工人人数和生产面积，缩短了工艺流程，简化了生产计划工作和生产组织工作。
③有利于采用高效的专用设备和工艺装备，提高生产效率。

（3）工序集中与分散的应用

工序集中与分散各有其特点，应根据生产纲领、零件结构特点、技术要求条件和产品的发展情况等因素来综合分析。例如，大批量生产结构较复杂的零件，适合采用工序集中的原则，可以采用改装通用设备，或采用专用机床或多刀、多轴自动机床，以提高生产效率；对一些结构简单的产品如轴承生产，也可采用工序分散的原则。单件小批量生产通常采用工序集中的原则。零件加工质量、技术要求较高时，一般采用工序分散的原则，可以选用高精度机床，在精加工时保证零件的质量要求。对于尺寸、质量较大且不易运输和安装的零件，应采用工序集中的原则。数控机床加工零件一般采用工序集中的原则。

随着机械加工设备的精度和自动化程度的不断提高、成组加工技术的推广和应用，机械加工更趋向于工序集中的原则。

5. 设备与工艺装备的选择

（1）设备的选择

设备的选择一般应考虑下列问题。

①机床的精度与工序要求的精度相适应。

②机床的规格与工件的外形尺寸、本工序的切削用量相适应。

③机床的生产效率与被加工零件或产品的生产类型相适应。

④选择的设备应尽可能地与工厂现有的条件相适应。

（2）工艺装备的选择

选择工艺装备就是确定各工序所需的刀具、夹具和量具等。

①夹具的选择。单件小批生产时，应尽量选用通用夹具，有条件的可采用组合夹具或可调夹具；成批生产时，可采用专用夹具，但应力求结构简单；大批量生产时，应采用液压或气动夹具、多工位夹具等，保证装卸零件方便、可靠、迅速，以提高生产效率。

在数控机床上使用夹具时，由于夹具确定了零件在机床坐标系中的位置，因而要求夹具能保证零件在机床坐标系中的正确坐标方向，同时，协调零件与机床坐标系的尺寸。

另外，夹具要开敞，其定位、夹紧机构元件在加工中不能与刀具产生干涉。

②刀具的选择。刀具的选择主要取决于各工序所采用的加工方法、加工表面尺寸、工件材料、加工精度和表面粗糙度要求、生产效率和经济性等因素。因此，刀具必须具有较高的精度、刚度和耐磨性，应尽量采用新型高效的刀具，并使刀具标准化和通用化，以减少刀具的种类，便于刀具管理。同时，要注重推广新型刀具材料和先进的刀具。

③量具的选择。量具主要根据生产类型和工件的加工精度来选取。单件小批生产中，应尽量选用通用量具；大批量生产时，应采用各种量规和高效的专用量具。

6. 切削用量与工时定额的确定

（1）切削用量

切削用量包括主轴转速、进给速度和背吃刀量（切削深度）。正确、合理选择切削用量，对保证零件加工精度、提高生产率和降低刀具的损耗都有很大的意义。切削用量应根据加工性质、加工要求、工件材料及刀具的尺寸和材料等查阅机械加工工艺手册查取或计算，也可根据单位实际情况、实际参数计算确定。

（2）时间定额

时间定额是在一定的生产条件下制定出来的完成单件产品（如一个零件）或某项工作（如一个工序）所消耗的时间。它不仅是衡量劳动生产率的指标，也是安排生产作业计划、进行成本核算、确定设备数量和人员编制、规划生产面积的重要依据，因此工时定额是工艺规程中的重要组成部分。工时定额由下述部分组成：

①基本时间。

对切削加工来说，就是直接用于切除工序余量所消耗的时间（包括刀具的切入和切出时间）。

②辅助时间。

辅助时间是工人在完成工序加工时所必须进行的各种辅助动作的时间。它包括装卸工件、开停机床、改变切削用量、手动进刀和退刀、测量工件等所消耗的时间。

基本时间和辅助时间之和称为工序时间。

③服务时间。

服务时间是为使加工正常进行，工人照管工作地（如更换刀具、润滑机床、清理切屑、收拾工具等）及保持正常工作状态所消耗的时间。一般按工序时间的百分数来计算。

④休息与生理需要时间。

休息时间是工人在工作班内为恢复体力和满足生理上的需要所消耗的时间。一般按工序时间的百分数来计算。

以上四部分时间的总和称为单件时间。

⑤准备与终结时间（简称准终时间）。

准备与终结时间是工人为了生产一批产品或零部件，进行准备和结束工作所消耗的时间。

复习思考题

1. 简述数控加工工艺设计的主要内容。
2. 简述工序、安装、工位、工步、行程的含义。
3. 影响加工精度的因素有哪些？
4. 简述制订机械加工工艺规程的步骤。
5. 机械加工工序安排应遵循哪些原则？

第6章 数控铣削自动编程基础

6.1 数控铣削加工的一般过程

数控铣削自动编程的过程是指从加载毛坯,定义工序加工的对象,选择刀具,定义加工方式及参数并生成刀具轨迹,经仿真加工后进行后置处理,生成相应数控系统的加工代码进行 DNC 传输与数控加工。

目前,市场上流行的 CAM 软件均具备了较好的交互式图形编程功能,操作过程大同小异。UG NX 的数控编程基本过程及内容如图 6-1 所示。

在 UG NX 系统中,加工过程如下所述。

(1) 获得 CAD 数据模型

NX 是基于图形的交互式数控编程软件,编程前必须提供的 CAD 数据模型。它可以是 NX 直接造型的实体模型或者是经过数据转换的其他 CAD 模型。

(2) CAD 数据模型数据处理。

分析 CAD 数据模型,对 CAD 模型进行修补完善,隐藏对加工不产生影响的点、线和面,以适合编程需要。

(3) CAM 数据模型的建立

①根据加工对象建立 CAM 模型。

②确定加工坐标系(MCS)。

坐标系是加工的基准,将加工坐标系定位于机床操作人员确定的位置,同时保持坐标系的统一。

③构造 CAM 辅助加工几何。

针对不同驱动几何的需要,构造辅助曲线或辅助面、构建边界曲线限制加工范围。

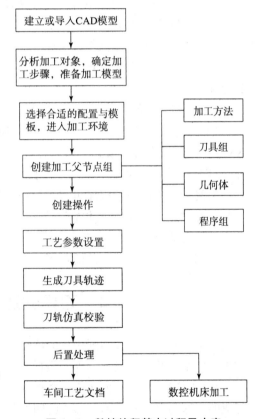

图 6-1 数控编程基本过程及内容

(4) 定义加工方案

①确定加工对象及加工区域。

在平面铣和型腔铣中,加工几何用于定义加工时的零件几何、设定毛坯几何、检查几何；在固定轴铣和变轴铣中，加工几何用于定义要加工的轮廓表面。

②刀具选择。

刀具选择可通过模板新建刀具或从刀具库中选择创建加工刀具尺寸参数。创建和选择刀具时，应考虑加工类型、加工表面的形状和加工部位的尺寸大小等因素。

③加工内容和加工路线规划。

零件加工过程中，为保证精度，需要进行粗加工、半精加工和精加工。为了有效组织各加工操作和排列各操作在程序中的次序，需要创建程序组。

④切削方式的确定。

确定加工区域的刀具路径模式与走刀方式。

⑤定义加工参数。

需要定义的加工参数包括切削过程中的切削参数、非切削移动参数，以及进给和转速等。

（5）生成刀具路径

在完成参数设置后，系统进行刀轨计算，生成加工刀具路径。

（6）刀具路径检验、编辑

对生成刀具路径的操作，可以在图形窗口中模拟刀具路径，以验证各操作参数定义的合理性。此外，可在图形方式下用刀具路径编辑器对其进行编辑，并在图形窗口中直接观察编辑结果。

（7）刀具路径后处理输出 NC 程序

因为不同厂商生产的机床硬件条件不同，并且各种机床所使用的控制系统也不同，UG NX 生成的刀具路径需要先经过后置处理，才能送到数控机床进行零件的加工。

（8）机床试切加工

较复杂工件的数控程序可以先采用硬塑料、铝、硬石蜡、硬木等低成本的试切材料进行试切，经过试切验证后，才能用于实际加工。

（9）编制车间工艺文档

车间工艺文档包括工艺流程图、操作顺序信息和工具列表等，供以后查询参考。

6.2 刀具的选择与切削用量的确定

加工刀具的选择和切削用量的确定是数控加工工艺中的重要内容，它不仅影响数控机床的加工效率，并且直接影响加工质量。

在 UG NX 的 CAM 模块中，数控加工的刀具选择和切削用量的确定是在人机交互状态下完成的，这与普通机床加工形成鲜明的对比，同时也要求编程人员必须掌握刀具选择和切削用量确定的基本原则，在编程时充分考虑数控加工的特点。

6.2.1 常见数控铣削刀具

铣刀的种类很多，这里只介绍几种在数控机床上常用的铣刀。

1. 立铣刀

立铣刀是数控机床上用得最多的一种铣刀，其结构如图 6-2 所示。立铣刀的圆柱表面和端面上都有切削刃，它们可同时进行切削，也可单独进行切削。

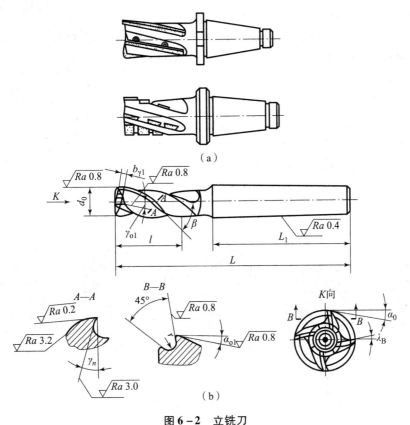

图 6-2 立铣刀
(a) 硬质合金立铣刀；(b) 高速钢立铣刀

立铣刀圆柱表面的切削刃为主切削刃，端面上的切削刃为副切削刃。主切削刃一般为螺旋齿，这样可以增加切削平稳性，提高加工精度。由于普通立铣刀端面中心处无切削刃，所以立铣刀不能做轴向进给，端面刃主要用来加工与侧面相垂直的底平面。

为了能加工较深的沟槽，并保证有足够的备磨量，立铣刀的轴向长度一般较长。为了改善切屑卷曲情况，一般增大容屑空间，防止切屑堵塞，刀齿数比较少，容屑槽圆弧半径则大。一般粗齿立铣刀齿数 $Z = 3 \sim 4$ 个，细齿立铣刀齿数 $Z = 5 \sim 8$ 个，套式结构 $Z = 10 \sim 20$ 个，屑槽圆弧半径 $r = 2 \sim 5$ mm。当立铣刀直径较大时，还可制成不等齿距结构，以增强抗振作用，使切削过程平稳。标准立铣刀的螺旋角 β 为 $40° \sim 50°$（粗齿）和 $30° \sim 35°$（细齿），套式结构立铣刀的 β 为 $15° \sim 25°$。

直径较小的立铣刀，一般制成带柄形式。$\phi 2 \sim 71$ mm 的立铣刀制成直柄，$\phi 6 \sim 63$ mm 的立铣刀制成莫氏锥柄；$\phi 25 \sim 80$ mm 的立铣刀做成 7:24 锥柄，内有螺孔用来拉紧刀具。但是由于数控机床要求铣刀能快速自动装卸，故立铣刀柄部形式也有很大不同，一般是由专业厂家按照一定的规范设计制造成统一形式，统一尺寸的刀柄。直径大于 $\phi 40 \sim 60$ mm 的立铣刀可做成套式结构。

2. 面铣刀

面铣刀的圆周表面和端面上都有切削刃，端面切削刃为副切削刃，其结构如图6-3所示。面铣刀多制成套式镶齿结构，刀齿为高速钢或硬质合金，刀体材料为40Cr。高速钢面铣刀按国家标准规定，直径$d = 80 \sim 250$ mm，螺旋角$\beta = 10°$，刀齿数$Z = 10 \sim 26$个。

硬质合金面铣刀与高速钢铣刀相比，铣削速度较高、加工效率高、加工表面质量也较好，并可以加工带有硬皮和淬硬层的工件，故得到广泛应用。硬质合金面铣刀按刀片和刀齿的安装方式不同，可分为整体焊接式、机夹焊接式和可转位式3种，如图6-4所示。

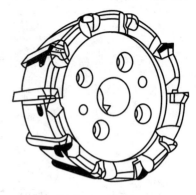

图6-3 面铣刀

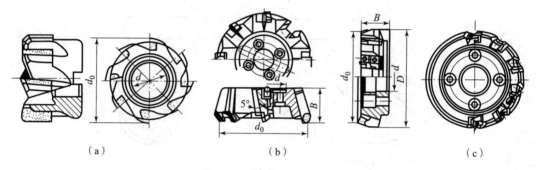

图6-4 硬质合金面铣刀
(a) 整体焊接式；(b) 机夹焊接式；(c) 可转位式

由于整体焊接式和机夹焊接式面铣刀难以保证焊接质量，刀具耐用度低，重磨较费时，目前已逐渐被可转位式面铣刀所取代。

可转位式面铣刀是将可转位刀片通过夹紧元件夹固在刀体上，当刀片的一个切削刃用钝后，直接在机床上将刀片转位或更换新的刀片。因此，这种铣刀在提高产品质量、提高加工效率、降低成本、使操作使用方便等方面都具有明显的优越性，目前已得到广泛应用。可转位式面铣刀要求刀片定位精度高、夹紧可靠、排屑容易、更换刀片迅速等，同时各定位、夹紧元件通用性要好，制造方便，并且应经久耐用。

3. 模具铣刀

模具铣刀是由立铣刀发展而成，可分为圆锥形立铣刀、圆柱形球头立铣刀和圆锥形球头立铣刀3种，其柄部有直柄、削平型直柄和莫氏锥柄。它的结构特点是球头或端面上布满了切削刃，圆周刃与球头刃圆弧连接，可以做轴向和径向进给。铣刀工作部分用高速钢或硬质合金制造。国家标准规定直径$d = 4 \sim 63$ mm。图6-5所示为高速钢制造的模具铣刀。图6-6所示为硬质合金制造的模具铣刀。小规格的硬质合金模具铣刀多制成整体结构，$\phi 16$ mm以上直径的，制成焊接或机夹可转位刀片结构。

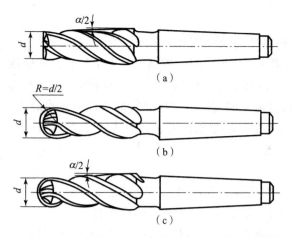

图 6-5 高速钢模具铣刀
(a) 圆锥形立铣刀；(b) 圆柱形立铣刀；(c) 圆锥形球头立铣刀

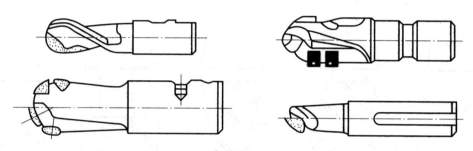

图 6-6 硬质合金模

4. 键槽铣刀

键槽铣刀如图 6-7 所示，它有两个刀齿，圆柱面和端面都有切削刃，端面刃延至中心，既像立铣刀，又像钻头。加工时，先轴向进给达到槽深，然后沿键槽方向铣出键槽全长。按国家标准规定，直柄键槽铣刀直径 $d = 2 \sim 22$ mm，锥柄键槽铣刀直径 $d = 14 \sim 50$ mm，键槽铣刀直径的偏差有 e8 和 d8 两种。键槽铣刀的圆周切削刃仅在靠近端面的一小段内发生磨损，重磨时，只需刃磨端面切削刃，因此重磨后铣刀直径不变。

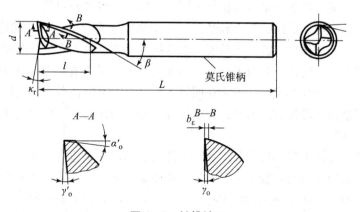

图 6-7 键槽铣刀

5. 鼓形铣刀

图 6-8 所示是一种典型的鼓形铣刀。它的切削刃分布在半径为 R 的圆弧面上，端面无切削刃。加工时，控制刀具上下位置，相应地改变刀刃的切削部位，可以在工件上切出从负到正的不同斜角。R 越小，鼓形刀所能加工的斜角范围越广，但所获得的表面质量也越差。这种刀具的缺点是刃磨困难，切削条件差，并且不适于加工有底的轮廓。

6. 成形铣刀

图 6-9 所示是常见的几种成形铣刀。一般都是为特定的工件或加工内容专门设计制造的，如角度面、凹槽、凸台或孔等。

除了上述几种类型的铣刀外，数控铣床也可使用各种通用铣刀。但因不少数控铣床的主轴内有特殊的拉刀位置，或因主轴内锥孔有别，故须配制过渡套和拉钉。

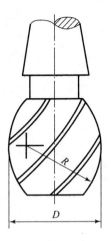

图 6-8 鼓形铣刀

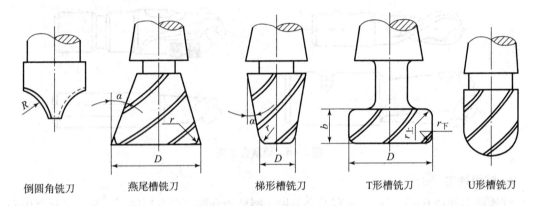

倒圆角铣刀　　燕尾槽铣刀　　梯形槽铣刀　　T形槽铣刀　　U形槽铣刀

图 6-9 几种常见的成形铣刀

6.2.2 数控铣削加工刀具的选择

刀具的选择是在数控编程的人机交互状态下进行的，应根据机床的加工能力、加工工序、工件材料的性能、切削用量及其他相关因素正确选用刀具和刀柄。

刀具选择的总原则是适用、安全和经济。适用是要求所选择的刀具能达到加工的目的，完成材料的去除，并达到预定的加工精度。安全指的是在有效去除材料的同时，不会产生刀具的碰撞和折断等，要保证刀具及刀柄不会与工件相碰撞或挤擦，造成刀具或工件的损坏。经济指的是能以最小的成本完成加工。在同样可以完成加工的情形下，选择综合成本相对较低的方案，而不是选择最便宜的刀具；在满足加工要求的前提下，尽量选择较短的刀柄，以提高刀具加工的刚性。

选取刀具时，要使刀具的尺寸与被加工工件的表面尺寸相适应。生产中，平面零件周边轮廓的加工，常采用立铣刀；铣削平面时，应选硬质合金刀片铣刀；加工凸台、凹槽时，选高速钢立铣刀；加工毛坯表面或粗加工孔时，可选取镶硬质合金刀片的玉米铣刀；对一些立体型面和变斜角轮廓外形的加工，常采用球头铣刀、环形铣刀、盘形铣刀和锥形铣刀。

在生产过程中，铣削零件周边轮廓时，常采用立铣刀，所用的立铣刀的刀具半径一定要小于零件内轮廓的最小曲率半径。一般取最小曲率半径的 0.8~0.9 即可。零件的加工高度（Z 方向的背吃刀量）最好不要超过刀具的半径。

平面铣削时，应选用不重磨硬质合金端铣刀、立铣刀或可转位面铣刀。一般采用二次进给，第一次进给最好用端铣刀粗铣，沿工件表面连续进给。选好每次进给的宽度和铣刀的直径，使接痕不影响精铣精度。因此，加工余量大且不均匀时，铣刀直径要选得小些。精加工时，一般用可转位密齿面铣刀，铣刀直径要选得大些，最好能够包容加工面的整个宽度，可以设置 6~8 个刀齿，密布的刀齿使进给速度大大提高，从而提高切削效率，同时可以达到理想的表面加工质量，甚至可以实现以铣代磨。

加工凸台、凹槽和箱口面时，选取高速钢立铣刀、镶硬质合金刀片的端铣刀和立铣刀。在加工凹槽时，应采用直径比槽宽小的铣刀，先铣槽的中间部分，然后再利用刀具半径补偿（或称直径补偿）功能对槽的两边进行铣加工，这样可以提高槽宽的加工精度，减少铣刀的种类。

加工毛坯表面时，最好选用硬质合金波纹立铣刀，它在机床、刀具和工件系统允许的情况下，可以进行强力切削。对一些立体型面和变斜角轮廓外形的加工，常采用球头铣刀、锥形铣刀和盘形铣刀。加工孔时，应该先用中心钻刀打中心孔，用以引正钻头。然后再用较小的钻头钻孔至所需深度，之后用扩孔钻头进行扩孔，最后加工至所需尺寸并保证孔的精度。在加工较深的孔时，特别要注意钻头的冷却和排屑问题，可以利用深孔钻削循环指令 G83 进行编程，即让钻头进入一段后，快速退出工件进行排屑和冷却；再进入，再进行冷却和排屑，循环直至孔深钻削完成。

在进行自由曲面加工时，由于球头刀具的端部切削速度为零，因此，为保证加工精度，切削行距一般取得很密，故球头常用于曲面的精加工。而平头刀具在表面加工质量和切削效率方面都优于球头刀，因此只要在保证不过切的前提下，无论是曲面的粗加工还是精加工，都应优先选择平头刀。另外，刀具的耐用度和精度与刀具价格关系极大，必须引起注意的是，在大多数情况下，虽然选择好的刀具增加了刀具成本，但由此带来的加工质量和加工效率的提高，则可以使整个加工成本大大降低。

在加工中心上，各种刀具分别装在刀库上，按程序规定随时进行选刀和换刀动作。因此必须采用标准刀柄，以便使钻、镗、扩、铣等工序用的标准刀具迅速、准确地装到机床主轴或刀库中去。编程人员应了解机床上所用刀柄的结构尺寸、调整方法及调整范围，以便在编程时确定刀具的径向和轴向尺寸。目前我国的加工中心采用 TSG 工具系统，其刀柄有直柄（三种规格）和锥柄（四种规格）两类，共包括 16 种不同用途的刀柄。

在经济型数控加工中，由于刀具的刃磨、测量和更换多为人工手动进行，占用辅助时间较长，因此必须合理安排刀具的排列顺序。一般应遵循以下原则：尽量减少刀具数量；一把刀具装夹后，应完成其所能进行的所有加工部位；粗精加工的刀具应分开使用，即使是相同尺寸规格的刀具；先铣后钻；先进行曲面精加工，后进行二维轮廓精加工；在可能的情况下，应尽可能利用数控机床的自动换刀功能，以提高生产效率等。

6.2.3　切削用量的确定

合理选择切削用量的原则如下：粗加工时，一般以提高生产率为主，但也应考虑经济性和加工成本；半精加工和精加工时，应在保证加工质量的前提下，兼顾切削效率、经济性和加工成本。具体数值应根据机床说明书和切削用量手册,并结合经验而定。

1. 背吃刀量 t

背吃刀量 t 也称切削深度,在机床、工件和刀具刚度允许的情况下,t 就等于加工余量,这是提高生产率的一个有效措施。为了保证零件的加工精度和表面粗糙度,一般应留一定的余量进行精加工。数控机床的精加工余量可略小于普通机床。

2. 切削宽度 L

切削宽度称为步距,一般切削宽度 L 与刀具直径 D 成正比,与背吃刀量成反比。在经济型数控加工中,一般 L 的取值范围为 $(0.6\sim0.9)D$。在粗加工中,大步距有利于加工效率的提高。使用圆鼻刀进行加工,实际参与加工的部分是从刀具直径扣除刀尖的圆角部分,即实际加工长度是 $D-2r$(D 为刀具直径,r 为刀尖圆角半径),L 可以取 $(0.8\sim0.9)D$。使用球头刀进行精加工时,步距的确定应首先考虑所能达到的精度和表面粗糙度。

3. 切削线速度 v_c

切削线速度 v_c 也称单齿切削量,单位为 m/min。提高 v_c 值也是提高生产率的一个有效措施,但与刀具寿命的关系比较密切。随着 v_c 的增大,刀具寿命急剧下降,故 v_c 的选择主要取决于刀具寿命。另外,切削速度与加工材料也有很大关系,例如,用立铣刀铣削合金钢 30CrNi2MoVA 时,v_c 可采用 8 m/min 左右;而用同样的立铣刀铣削铝合金时,v_c 可选 200 m/min 以上。一般好的刀具供应商都会在其手册或刀具说明书中提供刀具的切削速度推荐参数。

此外,在确定精加工、半精加工的切削速度时,应注意避开积屑瘤和鳞刺产生的区域;在易发生振动的情况下,切削速度应避开自激振动的临界速度;在加工带硬皮的铸锻件时或加工大件、细长件和薄壁件,以及断切削时,应选用较低的切削速度。

4. 主轴转速 n

主轴转速的单位是 r/min,一般应根据切削速度、刀具或工件直径来选定。计算公式为

$$n = \frac{1\,000 v_c}{\pi D_C}$$

式中,D_C 是刀具直径,单位为 mm。在使用球头铣刀时,要做一些调整,球头铣刀的计算直径 D_{eff} 要小于铣刀直径,故其实际转速不应按铣刀直径 D_C 计算,而应按计算直径 D_{eff} 计算。

$$D_{\text{eff}} = [D_C^2 - (D_C - 2t)^2] \times 0.5$$

$$n = \frac{1\,000 v_c}{\pi D_{\text{eff}}}$$

数控机床的控制面板上一般备有主轴转速修调(倍率)开关,可在加工过程中对主轴转速进行整倍数调整。

5. 进给速度 v_f

进给速度 v_f 是指机床工作台在做插位时的进给速度,单位为 mm/min。v_f 应根据零件的加工精度和表面粗糙度要求及刀具和工件材料来选择。v_f 的增加可以提高生产效率,但是刀具寿命也会降低。加工表面粗糙度要求低时,v_f 可选择得大些。在加工过程中,v_f 也可通过机床控制面板上的修调开关进行人工调整,但是最大进给速度要受到设备刚度和进给系统性能等的限制。进给速度可以按以下公式进行计算:

$$v_f = nz f_z$$

式中，v_f 是进给速度，单位为 mm/min；n 表示主轴转速，单位为 r/min；z 表示刀具齿数；f_z 表示每齿进给量，单位为 mm/齿，f_z 值由刀具供应商提供。

在数控编程中，还应考虑在不同情形下选择不同的进给速度。如在初始切削进给时，特别是在 Z 轴下刀时，因为进行端铣，受力较大，同时考虑程序的安全性问题，所以应以相对较慢的速度进给。

随着数控机床在生产实际中的广泛应用，数控编程已经成为数控加工中的关键问题之一。在数控加工程序的编制过程中，要在人机交互状态下及时选择刀具、确定切削用量，因此，编程人员必须熟悉刀具的选择方法和切削用量的确定原则，从而保证零件的加工质量和加工效率，充分发挥数控机床的优点，提高企业的经济效益和生产水平。

6.3 顺铣与逆铣

在加工过程中，铣刀的进给方向有两种，即顺铣和逆铣。对着刀具的进给方向看，如果工件位于铣刀进给方向的左侧，则进给方向称为顺时针，当铣刀旋转方向与工件进给方向相同时，即为顺铣；如果工件位于铣刀进给方向的右侧，则进给方向定义为逆时针，当铣刀旋转方向与工件进给方向相反时，即为逆铣。顺铣和逆铣示意图如图 6-10 所示。

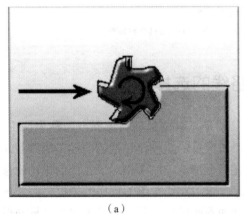
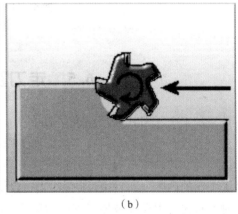

(a)   (b)

图 6-10 顺铣和逆铣
(a) 顺铣；(b) 逆铣

逆铣时，切削刃沿已加工表面切入工件，刀齿存在"滑行"和挤压，使已加工表面质量差，刀齿易磨损，但由于丝杠螺母传动时没有窜动现象，可以选择较大的切削用量，加工效率高，一般用于粗加工。

顺铣时，铣刀刀齿切入工件时的切削厚度由最大逐渐减小到零。刀齿切入容易，且铣刀后面与已加工表面的挤压、摩擦小，切削刃磨损慢，加工出的零件表面质量高；但当工件表面有硬皮和杂质时，容易产生崩刃而损坏刀具，故一般用于精加工。

一般情况下应尽量采用顺铣加工，以降低被加工零件表面粗糙度，保证尺寸精度，并且顺铣的功耗要比逆铣的小，在同等切削条件下，顺铣功耗要低 5%~15%，同时，顺铣也更有利于排屑。但是在切削面上有硬质层、积渣及工件表面凹凸不平较显著的情况下，应采用逆铣法，例如加工锻造毛坯。

6.4 轮廓控制

在数控编程中，有时候需要通过轮廓来限制加工范围，而某些刀轨的生成中，轮廓是必不可少的因素，缺少轮廓将无法生成刀路轨迹。轮廓线需要设定其偏置补偿的方向。对于轮廓线，会有三种参数选择，即刀具在轮廓上、轮廓内或轮廓外。轮廓控制示意图如图 6-11 所示。

①刀具在轮廓上（On）：刀具中心线始终完全处于轮廓上。
②刀具在轮廓内（To）：刀具不越过轮廓线，刀轴与轮廓线相差一个刀具半径。
③刀具在轮廓外（Past）：刀具完全越过轮廓线，超过轮廓线一个刀具半径。

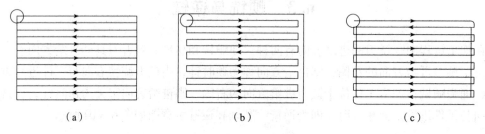

图 6-11 轮廓控制
(a) 刀具在轮廓上；(b) 刀具在轮廓内；(c) 刀具在轮廓外

6.5 走刀路线的选择

在数控加工中，刀具（严格说是刀位点）相对于工件的运动轨迹和方向称为加工路线，即刀具从对刀点开始运动起，直至结束加工程序所经过的路径，包括切削加工的路径及刀具引入、返回等非切削空行程。走刀路线是刀具在整个加工工序中相对于工件的运动轨迹，不但包括了工序的内容，而且也反映出工序的顺序。走刀路线是编写程序的依据之一。确定加工路线时，首先必须保证被加工零件的尺寸精度和表面质量，其次应考虑数值计算简单、走刀路线尽量短、效率较高等。

工序顺序是指同一道工序中各个表面加工的先后次序。工序顺序对零件的加工质量、加工效率和数控加工中的走刀路线有直接影响，应根据零件的结构特点和工序的加工要求等合理安排。工序的划分与安排一般可随走刀路线来进行，在确定走刀路线时，主要考虑以下几点。

（1）加工效率

对点位加工的数控机床，如钻床、镗床，要考虑尽可能使走刀路线最短，减少刀具空行程时间，提高加工效率。

如图 6-12（a）所示，按照一般习惯，总是先加工均布于外圆周上的八个孔，再加工内圆周上的四个孔。但是对点位控制的数控机床而言，要求定位精度高，定位过程应该尽可能快，因此这类机床应按空程最短来安排走刀路线，以节省时间，如图 6-12（b）所示。

（2）加工精度和表面粗糙度

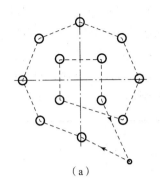
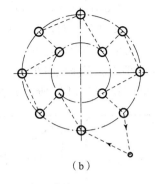

图 6-12　数控点位加工走刀路线
(a) 一般习惯；(b) 正确的走刀路线

当铣削零件外轮廓时，一般采用立铣刀侧刃切削。刀具切入工件时，应沿外轮廓曲线延长线的切向切入，避免沿零件外轮廓的法向切入，以免在切入处产生刀具的刻痕而影响表面质量，保证零件外轮廓曲线平滑过渡。同理，在切离工件时，应该沿零件轮廓延长线的切向逐渐切离工件，避免在工件的轮廓处直接退刀而影响表面质量，如图 6-13 (a) 所示。

铣削封闭的内轮廓表面时，如果内轮廓曲线允许外延，则应沿切线方向切入或切出。若内轮廓曲线不允许外延，则刀具只能沿内轮廓曲线的法向切入或切出，此时刀具的切入切出点应尽量选在内轮廓曲线两几何元素的交点处。若内部几何元素相切无交点，刀具切入切出点应远离拐角，以防刀补取消时在轮廓拐角处留下凹口，如图 6-13 (b) 所示。

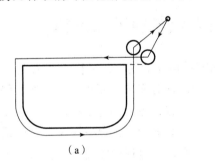
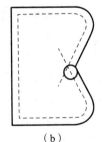

图 6-13　轮廓铣削走刀路线
(a) 外轮廓铣削走刀路线；(b) 内轮廓铣削走刀路线

对于边界敞开的曲面加工，可采用两种走刀路线。第一种走刀路线如图 6-14 (a) 所示，每次沿直线加工，刀位点计算简单，程序少，加工过程符合直纹面的形成，以保证母线的直线度。第二种走刀路线如图 6-14 (b) 所示，便于加工后检验，曲面的准确度较高，但程序较多。由于曲面零件的边界是敞开的，没有其他表面限制，所以边界曲面可以延伸，球头铣刀应由边界外开始加工。

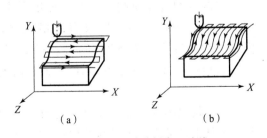

图 6-14　曲面铣削走刀路线
(a) 横向走刀；(b) 纵向走刀

图 6-15 (a) 和图 6-15 (b) 所示分别为用行切法加工和环切法加工凹槽的走刀路

线，而图 6-15（c）是先用行切法，最后环切一刀光整轮廓表面。所谓行切法，是指刀具与零件轮廓的切点轨迹是一行一行的，而行间的距离是按零件加工精度的要求确定的；环切法则是指刀具与零件轮廓的切点轨迹是一圈一圈的。这三种方案中，图 6-15（a）所示方案在周边留有大量的残余，表面质量最差；图 6-15（b）所示方案和图 6-15（c）所示方案都能保证精度，但图 6-15（b）所示方案走刀路线稍长，程序计算量大。

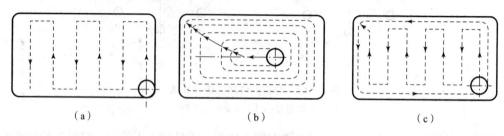

图 6-15 凹槽走刀路线
(a) 行切法；(b) 环切法；(c) 先行切后环切

此外，轮廓加工中应避免进给停顿。因为加工过程中的切削力会使工艺系统产生弹性变形并处于相对平衡状态，进给停顿时，切削力突然减小会改变系统的平衡状态，刀具会在进给停顿处的零件轮廓上留下刻痕。为提高工件表面的精度和减小表面粗糙度，可以采用多次走刀的方法，精加工余量一般以 0.2~0.5 mm 为宜。并且精铣时宜采用顺铣，以减小零件被加工表面粗糙度的值。

6.6 对刀点与换刀点选择

"对刀点"是数控加工时刀具相对零件运动的起点，又称"起刀点"，也是程序的开始。在加工时，工件可以在机床加工尺寸范围内任意安装，要正确执行加工程序，必须确定工件在机床坐标系的确切位置。确定对刀点的位置，也就确定了机床坐标系和零件坐标系之间的相互位置关系。对刀点是工件在机床上定位装夹后，再设置在工件坐标系中的。对于数控车床、加工中心等多刀具加工的数控机床，在加工过程中需要进行换刀，所以，在编程时应考虑不同工序之间的换刀位置，即"换刀点"。换刀点应选择在工件的外部，避免换刀时刀具与工件及夹具发生干涉，损坏刀具或工件。

对刀点的选择原则，主要是考虑对刀方便，对刀误差小，编程方便，加工时检查方便、可靠。对刀点的设置没有严格规定，可以设置在工件上，也可以设置在夹具上，但在编程坐标系中必须有确定的位置，如图 6-16 所示。对刀点既可以与编程原点重合，也可以不重合，主要取决于加工精度和对刀的方便性。当对刀点与编程原点重合时，$X_1 = Y_1 = 0$。

为了提高零件的加工精度，对刀点要尽可能选择在零件的设计基准或工艺基准上。例如，零件上孔的中心点或两条相互垂直的轮廓边的交点都可以作为对刀点，有时零件上没有合适的部位，可以加工出工艺孔来对刀。生产中常用的对刀工具有百分表、中心规和寻边器等，对刀操作一定要仔细，对刀方法一定要与零件的加工精度相适应。

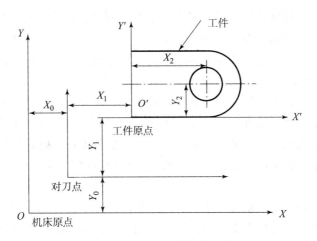

图 6-16 对刀点选择示意图

6.7 数控加工的刀具补偿

在 20 世纪六七十年代的数控加工中没有补偿的概念，所以编程人员不得不围绕刀具的理论路线和实际路线的相对关系进行编程，容易产生错误。补偿的概念出现以后，大大提高了编程的工作效率。

在数控加工中，刀具补偿有半径补偿和长度补偿两种。

1. 刀具半径补偿

在数控机床进行轮廓加工时，由于刀具有一定的半径（如铣刀半径），因此，在加工时，刀具中心的运动轨迹必须偏离实际零件轮廓一个刀具半径值，否则实际需要的尺寸将与加工出的零件尺寸相差一个刀具半径值或一个刀具直径值。此外，在零件加工时，有时还需要考虑加工余量和刀具磨损等因素的影响。有了刀具半径补偿后，在编程时就可以不考虑太多刀具的直径大小了。刀具半径补偿一般只用于铣刀类刀具，当铣刀在内轮廓加工时，刀具中心向零件内偏离一个刀具半径值。在外轮廓加工时，刀具中心向零件外偏离一个刀具半径值。当数控机床具备刀具半径补偿功能时，数控编程只需按工件轮廓进行，然后再加上刀具半径补偿值，此值可以在机床上设定。程序中通常使用 G41/G42 指令来执行，其中 G41 为刀具半径左补偿，G42 为刀具半径右补偿。根据 ISO 标准，沿刀具前进方向看去，当刀具中心轨迹位于零件轮廓右边时，称为刀具半径右补偿；反之，称为刀具半径左补偿。

在使用 G41/G42 进行半径补偿时，应采取如下步骤：设置刀具半径补偿值；让刀具移动来使补偿有效（此时不能切削工件）；正确地取消半径补偿（此时也不能切削工件）。当然，要注意的是，在切削完成而刀具补偿结束时，一定要用 G40 使补偿无效。G40 的使用同样遇到和使补偿有效相同的问题，一定要等刀具完全切削完毕并安全地退出工件后，才能执行 G40 命令来取消补偿。

2. 刀具长度补偿

根据加工情况，有时不仅需要对刀具半径进行补偿，还要对刀具长度进行补偿。程序员在编程的时候，首先要指定零件的编程中心，然后才能建立工件编程的坐标系。因编程坐标系零点一般在工件上，长度补偿只是和 Z 坐标有关。对于长度不等的刀具，坐标系零点的 Z 坐标数值不同。每一把刀的长度都是不同的，例如，要钻一个深为 60 mm 的孔，然后攻螺纹长度为 55 mm，分别用一把长为 250 mm 的钻头和一把长为 350 mm 的丝锥。先用钻头钻深 60 mm 的孔，此时机床已经设定了工件零点。当换上丝锥攻螺纹时，如果两把刀都设定从零点开始加工，丝锥因为比钻头长，从而攻螺纹过长，会损坏刀具和工件。这时就需要进行刀具长度补偿，铣刀的长度补偿与控制点有关。一般用一把标准刀具的刀头作为控制点，则该刀具称为零长度刀具。长度补偿的值等于所换刀具与零长度刀具的长度差。另外，当把刀具长度的测量基准面作为控制点，则刀具长度补偿始终存在。无论用哪一把刀具都要进行刀具的绝对长度补偿。

在进行刀具长度补偿前，必须先进行刀具参数的设置。设置的方法有机内试切法、机内对刀法和机外对刀法。对数控车床来说，一般采用机内试切法和机内对刀法。对数控铣床而言，采用机外对刀法为宜。不管采用哪种方法，所获得的数据都必须通过手动输入数据方式将刀具参数输入数控系统的刀具参数表中。

程序中通常使用指令 G43（G44）和 H3 来执行刀具长度补偿。使用指令 G49 可以取消刀具长度补偿，其实不必使用这个指令，因为每把刀具都有自己的长度补偿。当换刀时，利用 G43（G44）和 H3 指令同样可以赋予刀具自身刀长补偿而自动取消了前一把刀具的长度补偿。在加工中心上，刀具长度补偿的使用，一般是将刀具长度数据输入机床的刀具数据表中，当机床调用刀具时，自动进行长度的补偿。刀具的长度补偿值也可以在设置机床工作坐标系时进行补偿。

6.8 数控铣削常见问题

在数控编程中，常遇到的问题有撞刀、弹刀、过切、漏加工、多余的加工、空刀过多、提刀过多和刀路凌乱等。

1. 撞刀

撞刀是指刀具的切削量过大，除了切削刃外，刀杆也撞到了工件。撞刀产生最直接的后果就是损坏刀具和工件，更严重的可能会损害机床主轴。

造成撞刀的原因主要有安全高度设置不合理或根本没设置安全高度；选择的加工方式不当；刀具使用不当和二次开粗时，余量的设置比第一次开粗设置的余量小；不恰当的修剪刀路等。

2. 弹刀

弹刀是指刀具因受力过大而产生幅度相对较大的振动。弹刀会造成工件过切和损坏刀具，刀径小且刀杆过长或受力过大都会产生弹刀的现象。

在数控编程时，应根据切削材料的性能和刀具的直径、长度来确定吃刀量和最大加工深度。如果深度太大，应考虑电火花加工。

3. 过切

过切是指刀具把不应该切削的部位进行了切削，使工件受到了损坏。造成工件过切的原因有多种，主要有机床精度不高、撞刀、弹刀、编程时选择小的刀具但实际加工时误用大的刀具等。另外，如果数控机床操作人员对刀不准确，也可能会造成过切。

4. 欠加工

欠加工是指工件中存在一些刀具能加工到的地方却没有加工，其中平面中的转角处是最容易漏加工的。

通常情况下，为了避免出现欠加工现象，一般会使用较大的平底刀或圆鼻刀进行光平面，当转角半径小于刀具半径时，则转角处就会留下余量。为了清除转角处的余量，应使用较小半径球刀在转角处补加刀路。

5. 多余的加工

多余的加工是指对于刀具加工不到的地方或电火花加工的部位进行加工，多余的加工多发生在精加工或半精加工。

有些工件的重要部位或者普通数控加工不能加工的部位都需要进行电火花加工，所以在开粗或半精加工完成后，这些部位就无须再使用刀具进行加工了，否则就是浪费时间或者造成刀具损坏。

6. 提刀过多和刀路凌乱

提刀在数控编程加工中是不可避免的，但当提刀过多时，就会浪费时间，降低加工效率和提高加工成本。另外，提刀过多会造成刀路凌乱不美观，并且会给检查刀路的正确与否带来麻烦。

造成提刀过多的原因有模型本身复杂、加工参数设置不当、选择不当的切削模式和没有设置合理的进刀点等。

7. 空刀过多

空刀是指在加工时没有切削到工件，当空刀过多时，则浪费时间。产生空刀的原因有加工方式选择不当、加工参数设置不当、已加工的部位所剩的余量不明确和大面积进行加工等，其中，选择大面积的范围进行加工最容易产生空刀。

为避免产生过多的空刀，在编程前应详细分析加工模型，确定多个加工区域。编程总脉络是开粗用型腔铣刀路，半精加工或精加工平面用平面铣刀路，陡峭的区域用等高轮廓铣刀路，平缓区域用固定轴轮廓铣刀路。避免空刀过多的方法就是把刀路细化，通过选择加工面或修剪边界的方式把大的加工区域分成若干个小的加工区域。

6.9 加工前的准备工作

在应用 UG NX 进行加工编程操作之前，一般先要进行一些准备工作，主要包括模型分析和创建父节点。

6.9.1 模型分析

模型分析主要是分析模型的结构、大小和凹圆角半径等。模型的大小决定了粗加工使用多大的刀具，模型的结构决定了是否需要线切割加工等其他加工方式，圆角半径的大小决定了精加工时需要使用多大的刀清角。

1. 测量模型尺寸

在加工界面单击"测量距离"按钮，或者在主菜单中选择"分析""测量距离（D）"命令，系统弹出"测量距离"对话框，如图 6-17 所示。用鼠标左键选择模型上的两点，

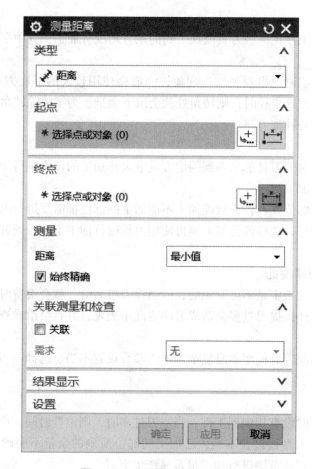

图 6-17 "测量距离"对话框

即可得到两点间的直线距离。

2. 测量加工深度

在"测量距离"对话框中的"类型"下拉式列表中选择"投影距离","投影距离"对话框如图 6-18 所示。根据加工区域确定合适的投影矢量,再分别选择模型加工表面的起点和终点。

3. 分析模型最小圆角半径

在主菜单中选择"分析(L)"下的"最小半径"命令,系统弹出如图 6-19 所示的"最小半径"对话框,选择工作所有几何模型,系统弹出相关的"信息"文本框,在其中的主曲率半径下可以看到圆角曲率的最小值。

6.9.2 创建父节点

在 UG NX 中,创建操作之前,必须为该操作指定 4 个父节点组,用于存储加工信息,如刀具数据、几何体等,在父节点组中指定的信息可以被操作所继承。NX 加工应用模块提供了四个父节点组:程序组、刀具组、几何体组和加工方法组。

1. 程序组

程序组用于管理各加工操作、指定用来输出 CLS 文件和后处理操作的顺序。在加工操

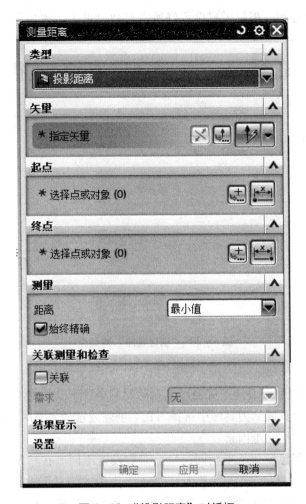

图 6-18 "投影距离"对话框

图 6-19 "最小半径"对话框

作的很多情况下,用程序组来管理程序会比较方便,例如,一个复杂的零件往往需要在不同机床上进行加工,这时就应该将同一机床上加工的操作组合成程序组,以便刀具路径的输出,直接选择这些操作所在的父节点组即可。

首次进入加工环境时,系统将会自动创建三个程序组:NC_PROGRAM、未用项和PROGRAM,其中"未用项"不可删除,用于存放暂时不使用的操作。通常情况下,如果零件所包含的操作不多,可以不用创建程序组,而直接使用模板所提供的默认程序组。

在加工环境中,单击"加工创建"工具条上的"创建程序"图标,或者在主菜单上选择"插入"下的"程序"命令,系统会弹出"创建程序"对话框,如图 6-20 所示,使用该对话框可以创建程序组。根据需要设置好所需参数，单击"确定"或"应用"按钮即可创建一个程序组。

图 6-20 "创建程序"对话框

2. 刀具组

UG NX 在加工过程中，刀具是从毛坯上切除材料的工具，在创建铣削、车削或是孔加工操作时，必须创建刀具或从刀具库中选择刀具。创建或选择刀具时，应考虑加工类型、加工表面形状和加工部位尺寸等因素。

各种类型的刀具创建步骤基本相同，只是参数设置不同。在"加工创建"工具条中单击"创建刀具"按钮，或在主菜单上选择"插入"下的"刀具"命令，系统弹出"创建刀具"对话框，如图 6-21（a）所示，刀具子类型按钮及名称如图 6-21（b）所示。

选择不同的加工类型，"创建刀具"对话框会有所不同，在对话框的"类型"下拉列表框中选择模板后，对话框即变为对应的"创建刀具"对话框。在该对话框中设置刀具的有关参数。刀具参数设置好后，单击"确定"或"应用"按钮即可完成刀具创建。

UG NX 也可以通过刀具库来管理常用的刀具，在创建刀具时，可以从刀具库中调用刀具，也可以将创建好的刀具存入刀具库中，方便以后调用。

3. 几何体的创建

创建几何体主要是在零件上定义要加工的几何对象和指定零件在机床上的加工位置。几何体包括机床坐标系、部件和毛坯，其中，机床坐标系属于父级，部件和毛坯属于子级。

在加工环境中，单击"加工创建"工具条中的"创建几何体"按钮，或者在主菜单选择"插入"下的"几何体"命令，系统就会弹出"创建几何体"对话框，如图 6-22 所示。

由于不同加工模板所需要创建的几何体不同，应当在"类型"下拉式列表中选择不同的模板，根据要创建的加工对象类型，在"几何体类型"中选择要创建的几何体子类型，在"几何体"下拉式列表中选择父节点组，并在"名称"文本框中输入要创建的几何体名称后，单击"确定"或"应用"按钮，系统根据所选择的几何模板类型，弹出相应的对话框，供用户进行几何对象的具体定义。

第6章 数控铣削自动编程基础

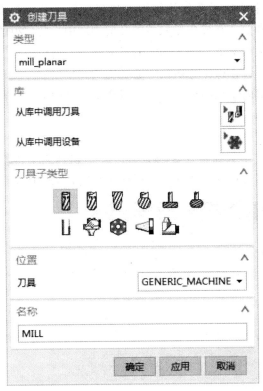

刀具子类型按钮	刀具名称
	Mill 立铣刀（端铣刀）
	Chamfer-mill 倒斜角铣刀
	Ball-mill 球头铣刀
	Spherical-mill 球面铣刀
	T-Cutter T形刀
	Barrel 鼓形刀（桶形刀）
	Thread-mill 螺纹铣刀
	Mill-user-defined 用户定义铣刀
	CARRIER 刀库
	MCT-pocket 刀头（刀槽）
	Head 动力头

（a） （b）

图 6-21 创建刀具

（a）"创建刀具"对话框；（b）刀具子类型

图 6-22 "创建几何体"对话框

· 163 ·

在创建几何体时,所选择的父节点组确定了新建几何体组与存在几何组的参数继承关系,新建几何组将继承其父节点的所有参数。在操作导航器的几何视图中,几何组的相对位置决定了它们之间的关系,下一级几何组继承上一级几何组的参数。当几何组的位置关系发生改变时,其继承的参数会随之变化。可以在操作导航器中通过剪切和粘贴的方式,或者直接拖动方式改变其位置,从而改变几何组的参数继承关系。随着加工类型的不同,在创建几何体对话框中可以创建不同类型的几何体。

(1) 创建机床坐标系和参考坐标系

在 UG NX CAM 模块中,除了使用工作坐标系 (WCS) 外,还会用到两个特有的坐标系,即机床坐标系 (MCS) 和参考坐标系 (RCS)。"MCS"对话框如图 6-23 所示。

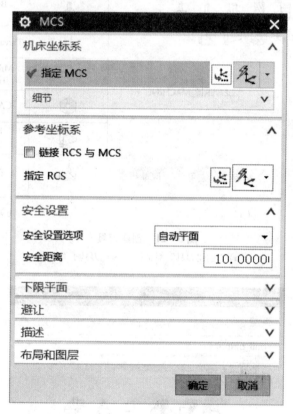

图 6-23 "MCS"对话框

1) 机床坐标系。

在 UG NX CAM 模块中,机床坐标系实际上是加工坐标系,是所有后续刀路轨迹中输出点坐标值的基准。如果移动加工坐标系,则后续刀具路径输出点坐标的基准位置将重新定位。在一个零件的加工工艺中,可以创建多个机床坐标系,但在每一个工序中只能选择一个机床坐标系。系统默认的机床坐标系定位在绝对坐标系的位置。机床坐标系 (MCS) 的显示与隐藏可以通过选择菜单"格式"下的"MCS 显示"命令来转换。

2) 参考坐标系。

参考坐标系 (RCS) 主要用于确定所有刀具轨迹以外的数据,如安全平面、对话框中指定的起刀点、刀轴矢量及其他矢量数据等。系统默认的参考坐标系定位在绝对坐标系上,不显示在屏幕中。选中"链接 MCS/RCS"复选框时,将当前的机床坐标系设置为参考坐标系,此时"指定 RCS"选项将不可用。

3)安全设置。

"安全设置"是对安全平面的设置,可以避免在创建每一个工序时都设置避让参数。安全平面的设定可以选取模型表面或者直接选择基准面作为参考平面,然后设定安全平面相对于所选平面的偏置距离。"安全设置选项"中经常使用的有"自动平面""使用继承的""无""刨"四个选项。①"自动平面":选择此选项,可以在"安全距离"文本框中设置安全平面的距离。②"使用继承的":将继承上一级的设置。③"无":表示不进行安全平面的设置。④"刨":指定一个平面,可以进行平面偏置。

(2)创建 WORKPIECE

工件(WORKPIECE)用于定义部件几何体、毛坯几何体、检查几何体和部件的偏置。它位于机床坐标系的父级组下,继承该机床坐标系的设置,如坐标系、安全平面、下限平面和避让等。"工件"对话框如图 6-24 所示。

图 6-24 "工件"对话框

1)"指定部件"用来选择部件几何体。部件几何体是加工完成后得到零件,即最终的零件。它控制刀具的切削深度和活动范围,可以选择特征、几何体(实体、面、曲线)和小面模型来定义部件几何体。

2)"指定毛坯"用来选择毛坯几何体。毛坯几何体是要加工的毛坯,主要用于定义加工区域范围,便于控制加工区域,以及在模拟刀具路径时观察零件的加工过程。

毛坯几何体经常使用的类型有"几何体""部件的偏置""包容块"和"包容圆柱体"。①"几何体"是在待加工的零件模型文件中,按照毛坯和零件的位置关系,创建独立的毛坯，再在"指定毛坯"时选择创建的毛坯；②"部件的偏置"是通过在部件几何体上增加或减去指定的厚度值来创建毛坯，多用于锻件和铸件毛坯；③"包容块"和"包容圆柱体"是在部件几何体的基础上创建的包容块毛坯和包容圆柱体毛坯。

3）"指定检查"用来指定检查几何体。检查几何体是刀具在切削过程中要避让的几何体，如夹具和其他已加工过的重要表面。

4）"部件偏置"用于设置在零件实体模型上增加或减去指定的厚度值。正的偏置值在零件上增加指定的厚度，负的偏置值在零件上减去指定的厚度。

4. 加工方法

在零件加工过程中，通常需要经过粗加工、半精加工、精加工几个步骤，而它们的主要差异在于加工后残留在工件上的余料的多少及表面粗糙度。创建加工方法就是为粗加工、半精加工和精加工指定统一的加工公差、加工余量、进给量等参数。

（1）创建方法

在加工环境中，单击"创建方法"按钮，或者在主菜单上选择"插入""方法"命令，启动"创建方法"对话框，如图6-25所示。

图6-25 "创建方法"对话框

加工方法节点之上同样可以有父节点，之下有子节点。加工方法继承其父节点加工方法的参数，同时也可以把参数传递给它的子节点加工方法。加工方法的位置可以通过单击鼠标右键弹出快捷菜单进行编辑、切削、复制、粘贴、重命名等操作。但改变加工方法的位置，也就改变了它的加工方法的参数，当系统执行自动计算时，切削进给量和主轴转速会发生相应的变化。

"方法"有6个选项，其说明如下：

①METHOD：系统指定的加工方法根节点，不能改变。

②NONE：系统给定的节点，不能删除，用于容纳暂时不用的加工方法。

③MILL_ROUGH：系统提供的粗铣加工方法节点，可以进行编辑、切削、复制、删除等

操作。

④MILL_SEMI_FINISH：系统提供的半精铣加工方法节点，可以进行编辑、切削、复制、删除等操作。

⑤MILL_FINISH：系统提供的精铣加工方法节点，可以进行编辑、切削、复制、删除等操作。

⑥DRILL_METHOD：系统提供的钻孔加工方法节点，可以进行编辑、切削、复制、删除等操作。

（2）铣削方法

在"创建方法"对话框选择"类型"和"方法"后进入"铣削方法"对话框。"铣削方法"对话框如图 6-26 所示。

图 6-26 "铣削方法"对话框

1）余量。该选项为当前所创建的加工方法指定加工余量。部件余量是指零件加工后剩余的材料。这些材料在后续加工操作中将被切除，余量的大小应根据加工精度要求的高低来确定，一般粗加工余量大，半精加工余量小，精加工余量为0。引用该加工方法的所有操作都有相同的余量。

2）公差。"内公差"和"外公差"用来定义刀具可以偏离"部件"曲面的允许范围，值越小，切削就会越准确。内公差限制刀具在加工过程中越过零件表面的最大过切量；外公差限制刀具在加工过程中没有切至零件表面的最大间隙量。

3）刀轨设置。"刀轨设置"主要用于设置引用该加工方法组的操作所采用的切削方法和进给速度。

进给是影响加工精度和加工零件表面质量及加工效率的重要因素之一。在一个加工刀具路径中存在着非切削运动和切削运动，每种运动中还包含不同的移刀方式和不同的切削条件，需要设置不同的进给速度。

4）选项。该选项主要包括"颜色"和"编辑显示"两个选项。

①颜色。"颜色"选项用于设置刀具路径在不同运动关键点之间的显示颜色。刀具路径及关键点如图 6-27 所示。

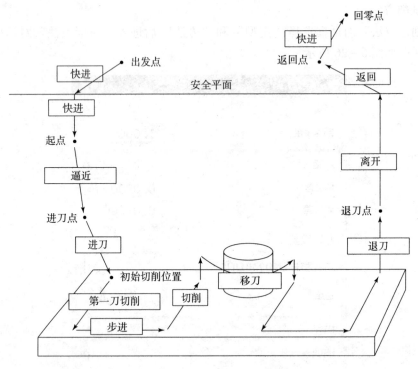

图 6-27　刀具路径及关键点

在"铣削方法"对话框中单击"颜色"按钮，系统将弹出"刀轨显示颜色"对话框，单击每个运动类型后面对应的颜色图标，会弹出"颜色"对话框，从中可以选择一种颜色，然后单击"确定"按钮，作为指定运动类型的显示颜色。使用"全部设置为"选项可以将所有刀具路径设置为同一种颜色。

在"快进""逼近""移动""离开"和"返回"运动中，系统默认进给速度为数控系统设定的机床快速运动速度。在"进刀""步进"和"切削"运动中，系统默认进给速度为切削进给率。"退刀"运动中；如果采用线用退刀，系统默认数控系统设定的机床快速运动速度；如果采用圆形退刀，系统默认按切削进给率退刀。"第一刀切削"指切入工件第一刀的进给率，系统默认为按"切削"进给率进行加工。由于毛坯表面通常有一定的硬皮，一般取进刀速度小的进给率。

②编辑显示。编辑显示用于指定切削仿真时刀具显示的形状、显示频率、刀轨显示方式、显示速度等。

6.10 刀具路径的管理

对于生成的刀具路径，可以通过 UG NX 提供的刀具路径管理相关操作对其进行重播、仿真等操作，从不同角度观察刀具路径是否符合编程要求。对于不符合要求的刀具路径，可以对其进行剪切、复制、编辑等工作。

1. 重播刀具路径

"重播刀轨"选项将在图形窗口中显示已生成的刀具路径。"重播刀轨"可以验证刀具路径的切削区域、切削方式、切削行距等参数，有助于决定是否接受或拒绝刀轨。

"重播刀轨"是最快的刀轨可视化选项，显示沿一个或多个刀轨移动的刀具或刀具装配，并允许刀具的显示模式为线框、实体和刀具装配。在"重播"中，如果发现过切，则高亮显示过切，并在重播完成后在信息窗口中报告这些过切。

在主菜单上选择"工具"→"工序导航器"→"刀轨"→"重播"。

2. 刀具路径编辑

"刀轨编辑器"可以对已生成的刀具路径进行编辑，并在图形窗口中观察编辑结果。在"刀轨编辑器"对话框中，可以为导轨添加新刀轨事件，对选定的刀轨进行剪切、复制、粘贴、移动、延伸、修剪和反向等操作，或者进行过切检查。其步骤是首先选定需要编辑的刀轨，然后选择编辑类型，再指定编辑参数。

在主菜单上选择"工具"→"工序导航器"→"刀轨"→"编辑"命令启动"刀轨编辑器"。"刀轨编辑器"对话框如图 6-28 所示。

3. 仿真刀具路径

仿真刀具路径功能可查看以不同方式进行动画模拟的刀轨。在刀具路径仿真中可查看正要移除的路径和材料，控制刀具的移动、显示并确认在刀轨生成过程中刀具是否正确切削原材料，是否过切等。

仿真刀具路径能够模拟实体切削，整个加工过程与实际机床加工十分类似，但是所用时间要短得多。通过模拟实体切削仿真可以及时发现实际加工时存在的问题，以便编程人员及时修正。

模拟刀具路径时，应该先在工序导航器中选择一个或多个已生成刀具路径的操作，或者包含已生成刀具路径操作的程序组，再单击"确认"按钮，或者在工序导航器中右键快捷菜单中选择"刀轨"→"确认"命令，系统将弹出"刀轨可视化"窗口，如图 6-29 所示。选择刀具路径显示模式后，单击该对话框底部的"播放"按钮，即可模拟刀具的切削运动。

刀具路径仿真有"重播""3D 动态"和"2D 动态"3 种方式。

（1）重播

刀具路径重播是沿一条或几条刀具路径显示刀具的运动过程。通过刀具路径模拟中的重播，用户可以完全控制刀具路径的显示，既可查看程序所对应的加工位置，也可查看刀位点的相应程序。

对话框上部的路径列表框列出了当前操作所包含的刀具路径命令语句。如果在列表框中选择某一行命令语句，则在图形区中显示对应的刀具位置；反之，在图形区中用鼠标选取任

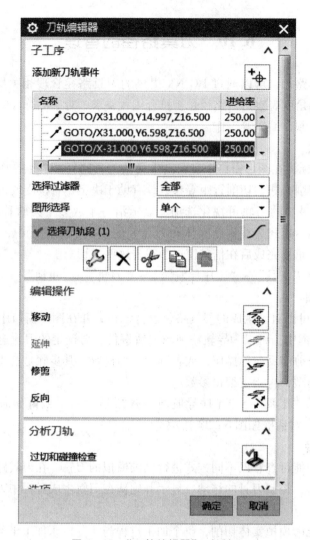

图 6-28 "刀轨编辑器"对话框

何一个刀位点,则刀具自动在所选位置显示,同时,在刀具路径列表框中高亮显示相应的命令语句行。

"显示选项"用来指定刀具在图形窗口中的显示形式。"运动显示"用来指定在图形窗口显示所有刀具路径运动的部分。"过切和碰撞检查"用于设置过切检查的相关选项,单击该按钮后,系统会弹出"过切和碰撞设置"对话框。"动画速度"用于改变刀具路径仿真的速度,可以通过移动其滑块的位置来调整动画的速度。

(2) 3D 动态

3D 动态通过三维实体的方式显示刀具和刀具夹持器沿着一个或多个刀轨移动,仿真材料的移除过程。这种模式允许在图形窗口中进行缩放、旋转和平移操作来显示细节部分。

(3) 2D 动态

2D 动态是采用固定视角模式在图形窗口中显示刀具切除的运动过程,不支持图形的缩放、旋转和平移操作。

图 6-29 "刀轨可视化"对话框

复习思考题

1. 简述数控铣削加工的一般过程。
2. 简述顺铣与逆铣的区别。
3. WORKPIECE 的功能是什么？
4. 在刀轨可视化中，3D 动态和 2D 动态有什么区别？

第7章 平面铣削加工技术

7.1 概　述

在 UG NX 中,"mill_planar"是一种常用的数控加工平面的方法,用来移除零件平面层中的材料,属于固定刀具轴铣削加工。在加工过程中,平面铣削首先完成在水平方向的 X、Y 两轴联动,然后进行 Z 轴下切,以完成零件加工。其主要应用于加工零件的基准面、内腔底面、内腔的垂直侧壁及敞开的外形轮廓等,非常适合加工带直壁平底(岛顶)和槽腔底平面的零件。

7.1.1 平面铣削子类型

在 mill_planar 模板中,对于平面加工,主要有"平面铣"和"面铣"两种技术。mill_planar 模板中共有 15 种子类型,其按钮、名称和含义见表 7-1。

表 7-1　mill_planar 子类型表

子类型按钮	名称	含　义
	底壁加工 (面铣)	切削零件底面和侧壁。移除的材料由切削区域底面和毛坯厚度确定。选择底面或/和壁几何体
	带 IPW 的底壁加工 (面铣)	使用 IPW 切削零件底面和侧壁。移除材料由所选几何体和 IPW 确定。选择底面或/和壁几何体
	使用边界面铣削 (面铣)	垂直于平面边界定义区域内的固定刀轴进行切削。选择面、曲线或点来定义与要切削的刀轴垂直的平面边界
	手工面铣削 (面铣)	切削垂直于固定刀轴的平面的同时,允许向每个包含手工切削模式的切削区域指派不同的切削模式。选择部件上的面可以定义切削区域,还可以定义壁几何体
	平面铣 (平面铣)	移除垂直于固定刀轴的平面切削层中的材料。定义平行于底面的部件边界。部件边界确定关键切削层,选择毛坯边界,选择底面来定义底部切削层。多用于移除带竖直壁的部件材料加工
	平面轮廓铣 (平面铣)	使用"轮廓"切削模式来生成单刀路和沿部件边界描绘轮廓的多层平面刀路。定义平行于底面的部件边界。选择底面,以定义底部切削层。多用于平面壁或边界的部件轮廓加工
	清理拐角 (平面铣)	使用 2D 处理中的工件来移除完成之前操作后所遗留的材料。选择底面来定义底部切削层。多用于清理遗留在拐角的材料

续表

子类型按钮	名称	含 义
	精加工壁（平面铣）	使用"轮廓"切削模式来精加工壁，同时留出底面上余量。定义平行于底面的部件边界。选择底面来定义底部切削层。根据需要定义毛坯边界和最终底面余量。多用于精加工竖壁
	精加工底面（平面铣）	使用"跟随部件"切削模式来精加工底面，同时留出壁上的余量。定义平行于底面的部件边界。选择底面来定义底部切削层。定义毛坯边界。根据需要编辑部件余量。多用于精加工底面
	槽铣削（平面铣）	使用T形刀切削单个线性槽。指定部件和毛坯几何体。通过选择单个平面来指定槽几何体。切削区域可由处理中的工件确定
	铣削孔（平面铣）	使用螺旋式和/或螺旋切削模式来加工盲孔和通孔或凸台。选择孔几何体或使用识别孔的特征。处理中孔特征的体积确定了要移除的材料
	螺纹铣（平面铣）	加工孔或凸台的螺纹。螺纹参数和几何信息可以从几何体、螺纹特征或刀具派生，也可以明确指定。刀具的螺纹形状和螺距必须匹配工序中指定的要求。选择几何体或使用已识别的孔特征
	平面文本（平面铣）	将制图文本选作几何体来定义刀路。选择底面来定义要加工的面。编辑文本深度来定义切削深度。文本将投影到沿着固定刀轴的面上
	铣削控制	仅包含机床控制用户定义事件。生成后处理命令并直接将信息提供给后处理器
	用户定义的铣削	需要定制NX OPEN程序以生成刀路的特殊工序

7.1.2 平面铣削加工的特点

①平面铣削只依据二维图形来定义切削区域，所以不必做出完整的零件形状。它可以通过边界指定不同的材料侧方向，定义任意区域作为加工对象，并且可以方便地控制刀具与边界的位置关系。

②平面铣削操作是指在与 XY 平面平行的切削层上创建刀具轨迹，这样刀具轴垂直于 XY 平面，即在切削过程中机床两轴联动，整个形状由平面和与平面垂直的面构成。

③采用边界定义刀具切削运动的区域。

④一般采用大刀进行加工，刀位轨迹生成速度快，效率较高。

⑤由于零件底面是平面并垂直于刀轴矢量，零件侧面平行于刀轴矢量，这样能很好地控制刀具在边界上的位置，调整方便。

⑥既可以用于粗加工，也可以用于精加工。

7.2 平面铣削操作中的几何体

平面铣不直接使用实体模型来定义加工几何体，而是通过几何体边界来定义切削范围，用底平面定义切削深度。"边界几何体"和"底平面"是平面铣操作的特有选项,刀具在它们限定的范围内进行切削。

7.2.1 几何体

平面铣所涉及的几何体部分包括"部件边界""毛坯边界""检查边界""修剪边界"和"底面"5 种,通过它们可以定义和修改平面铣操作的加工区域。"平面铣"对话框如图 7-1 所示。

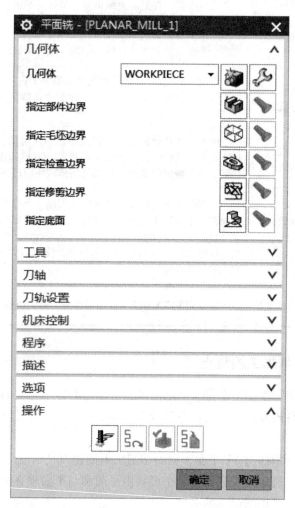

图 7-1 "平面铣"对话框

1. 部件边界

部件边界用于描述加工完成后的零件轮廓,它控制刀具的运动范围,可以通过选择面、曲线和点等来定义部件边界。选择面时,以面的边界所形成的封闭区域来定义,保留区域的内部或外部。曲线可以直接定义切削范围。选择点时,通过将点以选择的顺序用直线连接起来定义切削范围。通过曲线或点定义的边界有开放和封闭之分,如果区域是开放的,其材料左侧或右侧保留;如果区域是封闭的,材料内部或外部保留。平面铣部件边界如图 7-2 所示。

2. 毛坯边界

毛坯边界用于描述被加工材料的范围，其边界定义方法与部件边界的定义方法相似，但是毛坯边界只能是封闭的。平面铣毛坯边界如图 7-3 所示。

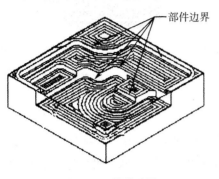

图 7-2 部件边界　　　　　图 7-3 毛坯边界

3. 检查边界

如图 7-4 所示，检查边界用于描述加工中不加工且不与刀具发生碰撞的区域，如用于固定零件的工装夹具等。检查边界的定义方法与毛坯边界的相同，只有封闭的边界，没有敞开的边界，在检查边界定义的区域内不会产生刀具路径。

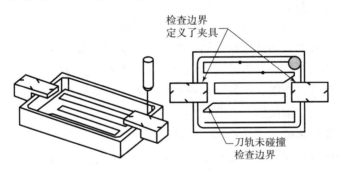

图 7-4 检查边界

4. 修剪边界

修剪边界用于进一步控制刀具的运动范围，如果操作产生的整个刀轨涉及的切削范围中某一区域不希望被切削，可以利用修建边界将这部分刀轨去除。修剪边界的定义方法和零件边界的相同。平面铣修剪边界如图 7-5 所示。

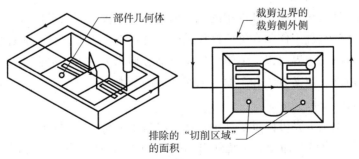

图 7-5 修剪边界

5. 底平面

如图 7-6 所示，底平面是指平面铣加工中的最低高度，每一个操作只可以指定一个底平面。可以直接在零件上选择水平面来定义底平面，也可以将一平面做一定偏置来作为底平面，或者通过"平面构造器"来生成底平面。如果用户不指定底平面，系统将使用加工坐标系（MCS）的 XY 平面。

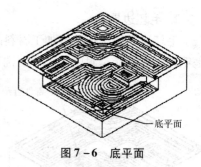

图 7-6 底平面

7.2.2 边界操作

平面铣所涉及的"部件几何体""毛坯几何体""检查几何体""修剪几何体"都是通过边界（Boundary）来定义的。边界定义约束切削移动的区域，这些区域既可以包含刀具的单个边界定义，也可以由包含和排除刀具的多个边界的组合来定义。

由于"部件几何体""毛坯几何体""检查几何体""修剪几何体"的边界操作基本相同，本书中以"部件几何体"的边界操作为例进行讲解。

1. 边界的类型

边界被用于定义刀具切削运动的区域，加工区域可以通过单边界或者组合的边界来定义。边界分为临时边界和永久边界。

（1）临时边界

临时边界通过有效的几何体选择对话框来创建。它作为临时实体显示在屏幕上，当屏幕刷新后就消失了。当需要使用边界显示选项时，临时边界又会重新显示。临时边界有着很多的优点，可以通过曲线、边缘、已经存在的永久边界、平面和点来创建，不但与创建它们的几何体相关联，而且能够被编辑。

临时边界与父几何体的相关性意味着父几何体的任何更改都将导致临时边界的更新，以反映几何体的那些更改。如果增加了一个实体面，边界也同样增加了；如果删除一个面，边界也同样被删除。

当临时边界由永久边界创建时，临时边界与创建永久边界的曲线或边缘相关，而与永久边界没有相关性。如果永久边界被删除，将不会影响临时边界的存在。临时边界会因父几何体的删除或修改而发生更新。

（2）永久边界

1）永久边界的基本概念。

永久边界是一种永久存在于部件中的几何对象，可以被不同的操作所利用，因此可以节省时间，简化具体的编程工作。在创建操作的时候选择永久边界，系统通过复制永久边界生成一个临时边界。临时边界可以被编辑，但是不会影响原来的永久边界。

永久边界的原理、定义方法和用途与临时边界的基本一样。

2）永久边界的创建。

永久边界的优点是边界可以重复利用，还可以防止重复选择相同的几何体。在加工应用中，选择"工具""边界"命令，系统弹出如图 7-7 所示的"边界管理器"对话框，可以对永久边界进行创建、删除、隐藏、显示和列表操作。

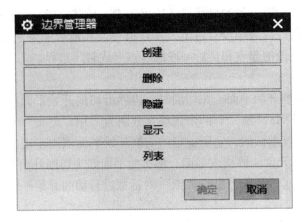

图 7-7 "边界管理器"对话框

2. 边界的创建

边界可以通过有效的"几何体"创建，在操作对话框中的"几何体"选择标记下，可以选择、编辑和显示临时边界。对于平面铣操作中的各种边界的定义，包括部件边界、毛坯边界、检查边界和修剪边界，其选择方法都是一样的。

选择不同的边界定义模式，创建边界的操作有所不同，下面分别进行说明。

（1）"曲线/边"定义边界

在"边界几何体"对话框中"模式"下拉式选项中选择"曲线/边界"，系统弹出如图 7-8 所示的"创建边界"对话框。可以通过选择现有曲线和边来创建边界。

图 7-8 "创建边界"对话框

1）类型。

边界类型有"封闭的"和"开放的"两种。"封闭的"定义一个区域，"开放的"定义一条路径。封闭边界的第一段的起点和最后一段的终点在一个公共点上。开放边界第一段的起点和最后一段的终点不在一个公共点上。创建封闭边界时，若没有一个封闭的区域定义封闭的边界，则系统将延伸第一条和最后一条边界元素，使其成为一个封闭的边界；在创建封闭边界时，若选择的曲线或边缘没有封闭，并且第一条和最后一条延长后也不相交，那么，系统将用直线连接第一段的起点和最后一段的终点形成封闭边界。

2）刨。

"刨"用来指定切削开始平面。在切削时，边界沿切削开始平面的法线方向投影到切削开始平面，生成加工范围。"刨"有两个选项，分别为"用户定义"和"自动"。

"自动"选项是系统默认的，它所指定的切削开始平面取决于定义边界的几何体。在定义边界时，如果前两个元素能够构成平面，那么此平面即为切削开始平面。

"用户定义"选项通过系统弹出的"刨"对话框进行切削开始平面的定义。

3）材料侧。

开放的边界通过选择边界的左侧或右侧来确定材料的保留侧；封闭的边界通过选择边界的内部或外部来确定材料的保留侧。

4）刀具位置。

此选项决定刀具接近边界时的位置。它有"相切"和"对中"两种状态。当设置为"相切"时，刀具边缘与边界相切；当设置为"对中"时，刀具中心处于边界上。

边界上显示的小圆圈表示边界的起点，箭头表示边界的方向，完整的箭头表示刀具位置为"对中"，半个箭头表示刀具位置为"相切"。

5）定制成员数据。

允许对所选择的边界进行公差、侧边余量、切削速度和后处理命令等参数的设置。

6）成链。

"成链"选择方式提供一种快速选取多条曲线的方法。单击"成链"按钮，先选择开始的曲线，再选择结束的曲线，系统就可以自动选择相连接的一组曲线。

(2) "点"定义边界

在"边界几何体"对话框中"模式"下拉式选项中选择"点"，系统弹出"创建边界"对话框。利用"点"选项，可以通过指定一系列关联或不关联的点来创建边界。

"点"模式下可以通过"点构造器"来定义点，系统在点与点之间以直线相连，形成一个开放或是封闭的外形边界。"点"模式定义外形边界时，除没有"成链"选项外，其他选项与"曲线/边"模式相同。

(3) "面"定义边界

"面"模式是系统默认的模式选项，可以通过一个片体或实体的单个平面来创建边界。通过"面"模式选择边界时，生成的边界一定是封闭的。使用"面"模式时，需要先定义以下选项。

1）"忽略孔"：该选项会使系统忽略选择用来定义边界的面上的孔。如果将此选项切换为"关"，则系统会在所选面上围绕每个孔创建边界，如图 7-9 所示。

2）"忽略岛"：该选项会使系统忽略选择用来定义边界的面上的岛。如果将此选项切换为"关"，则系统会在所选面上每个岛的周围创建边界，如图 7-10 所示。

3）"忽略倒斜角"：该选项可以指定在通过所选面创建边界时是否识别相邻的倒斜角、圆角和圆。将"忽略倒斜角"切换为"关"时，就会在所选面的边上创建边界；当切换为"开"时，创建的边界将包括与选定面相邻的倒斜角、圆角和圆，如图 7-11 所示。

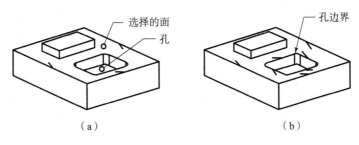

图 7-9 "忽略孔"

(a) 忽略孔开；(b) 忽略孔关

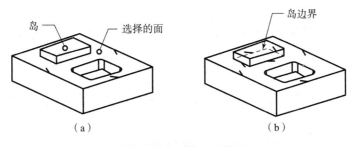

图 7-10 "忽略岛"

(a) 忽略岛开；(b) 忽略岛关

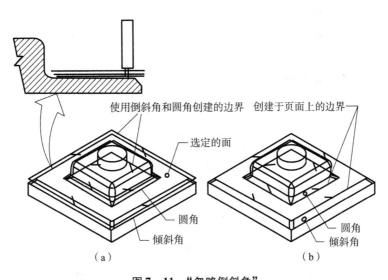

图 7-11 "忽略倒斜角"

(a) 忽略倒斜角开；(b) 忽略倒斜角关

4)"凸边"：该选项可以为沿着选定面的凸边出现的边界成员控制刀具位置。此选项包括"对中"和"相切"两项。"对中"可以为沿凸边创建的所有边界成员指定"对中"刀具位置，"对中"是默认设置；"相切"可以为沿凸边创建的所有边界成员指定"相切"刀具位置。

5)"凹边"：该选项可以为沿所选面的凹边出现的边界成员控制刀具位置。此选项包括"对中"和"相切"两项。"对中"可以为沿凹边创建的所有边界成员指定"对中"刀具位置;"相切"可以为沿凹边创建的所有边界成员指定"相切"的刀具位置,"相切"是默认设置。

(4)"边界"定义边界

"边界"模式可以选择现有永久边界作为平面加工的外形边界。当选择一个永久边界时,系统会以临时边界的形式创建一个副本。然后,就可以像编辑任何其他临时边界一样编辑此副本。该临时边界与永久边界由创建的曲线和边相关联,而不与永久边界本身相关联。这意味着即使永久边界被删除,临时边界仍将存在。

选择边界时,可以在绘图区直接点选边界,也可以通过输入边界名称来选择边界。单击"显示"按钮可以显示当前文件中已经创建的相应边界。

3. 边界的编辑

平面铣操作使用边界几何体计算刀轨,不同的边界几何体组合使用可以方便地产生所需要的刀轨。如果产生的导轨不符合要求或是想改变刀轨,可以编辑已定义好的边界几何体来改变切削区域。

对于已经创建的边界几何体,单击"选择或编辑边界"按钮,系统弹出如图 7-12 所示的"编辑边界"对话框。

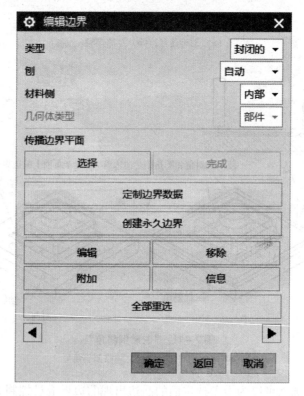

图 7-12 "编辑边界"对话框

(1)编辑边界成员

在"编辑边界"对话框中,单击"编辑"按钮,系统弹出如图 7-13 所示的"编辑成员"对话框。通过弹出的"编辑成员"对话框可以进一步对边界元素进行编辑。

在编辑边界中,将可以对组成边界的每一条曲线或边缘进行刀具位置的设置,也可以对

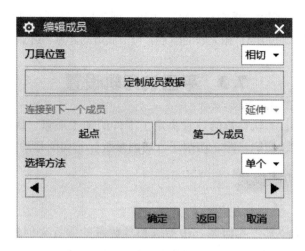

图 7-13 "编辑成员"对话框

组成成员的公差、余量等参数进行单独设置。"刀具位置"选项用于更改刀具在到达指定成员时的位置状态;"定制成员数据"用于对元素进行公差、余量等参数的设置;"起点"按钮用于定义切削开始点,单击"起点"按钮,系统弹出如图 7-14 所示的"修改边界起点"对话框。它有"百分比"和"距离"两个指定选项,可以对边界起点位置进行修改。

图 7-14 "修改边界起点"对话框

在"选择方式"下拉列表中选择"成链"时,可以像选择曲线一样用链式选取方法选择连续的多个成员作为被编辑的当前成员。

(2) 删除边界

在"编辑边界"对话框中,单击"移除"按钮,将所选择的边界从当前操作中删除,另一个边界自动接替成为新的当前边界。

(3) 附加边界

在"编辑边界"对话框中,单击"附加"按钮,可在当前操作中新增一个边界,进行新边界的选择。

(4) 信息

在"编辑边界"对话框中,单击"信息"按钮,列表显示当前所选的边界信息,列表中将包括边界类型、边界的尺寸范围、相关联的图素、每一成员的起点、终点、刀具位置等信息。

7.3 平面铣刀轨设置

在数控铣削加工中,刀轨参数的设置决定了零件的加工质量。UG NX 中铣削刀轨参数设置主要包括切削模式、切削步距、切削层、切削参数、非切削移动、进给率和速度等。

7.3.1 平面铣切削模式

1. 跟随部件

通过从整个指定的"部件几何体"中形成相等数量的偏置来创建切削模式。刀轨的形状是通过偏移切削区的外轮廓和岛屿轮廓获得的。在复杂的模型中,常常会有开放式与封闭式的形状模型,对于不同形状的模型加工,跟随部件切削方式也将会不一样。跟随部件模式如图 7-15 所示。

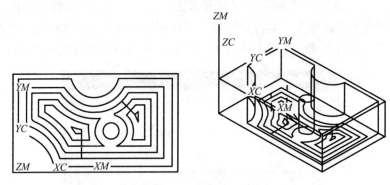

图 7-15 跟随部件模式

2. 跟随周边

"跟随周边"创建的切削模式可生成一系列沿切削区域轮廓的同心刀路;通过偏置该区域的边缘环可以生成这种切削模式。刀轨的形状是通过偏移切削区的外轮廓获得的,当内部偏置的形状产生重叠时,它们将合并为一条轨迹,然后再重新进行偏置,产生下一条刀轨。跟随周边模式如图 7-16 所示。

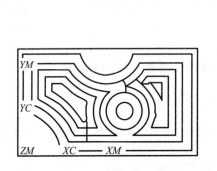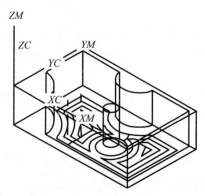

图 7-16 跟随周边模式

"跟随周边"切削可以指定由外朝内或由内朝外的切削方向。"跟随周边"切削的切削方向如图7-17所示。如果是由内朝外加工内腔,由接近切削区的边沿的刀轨决定顺铣或逆铣;如果由外朝内加工内腔,由接近切削区中心的刀轨决定顺铣或逆铣。但是,由此知道,如果选择顺铣,靠近外周的壁面的刀轨产生逆铣。为了避免这种情况的发生,可以附加绕外周壁的刀轨来解决。因此,若选择跟随周边切削方式,在平面铣"切削参数"对话框中有一个"壁清理"选项,用于决定是否附加绕外周壁面的刀轨。

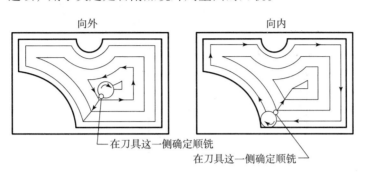

图7-17 "跟随周边"切削的切削方向

使用"跟随周边"切削模式时,可能无法切削到一些较窄的区域,从而会将一些多余的材料留给下一切削层。鉴于此,应在切削参数中添加精加工刀路。这可保证刀具能够切削到每个部件和岛壁,从而不会留下多余的材料。但当步距非常大(步距大于刀具直径的50%但小于刀具直径的100%)时,在连续的刀路之间可能有些区域切削不到。对于这些区域,处理器会生成其他的清理移动,以移除材料。

3. 轮廓铣

轮廓铣创建一条或指定数量的切削刀路来对部件壁面进行精加工。轮廓铣可以加工开放区域,也可以加工封闭区域。轮廓铣不允许刀轨自我相交,以防止过切零件。对于具有封闭形状的可加工区域,轮廓刀路的构建和移动与"跟随部件"切削模式的相同。轮廓铣模式如图7-18所示。

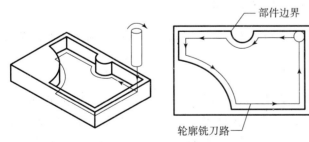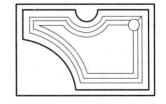

图7-18 轮廓铣模式

可以通过在"附加刀路"文本框中指定一个值来创建附加刀路,以允许刀具向"部件几何体"切削移动,并以连续的同心切削方式移除壁面上的材料。

轮廓铣通常用于零件侧壁或者外形轮廓的半精加工或精加工,具体应用有内壁和外形的加工、拐角的补加工、陡壁的分层加工等。

4. 标准驱动

标准驱动（仅限平面铣）是一种轮廓切削方法，它允许刀具准确地沿指定边界运动，从而不需要再应用"轮廓铣"中使用的自动边界修剪功能。通过使用自相交选项，可以使用"标准驱动"来确定是否允许刀轨自相交。"标准驱动"不检查过切，因此可能导致刀轨重叠。使用"标准驱动"切削方法时，系统将忽略所有"检查"和"修剪"边界。标准驱动如图 7-19 所示。

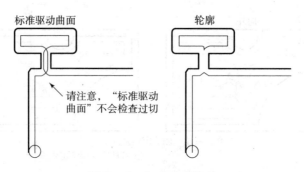

图 7-19 标准驱动模式

标准驱动方法适用于雕花、刻字等轨迹重叠或相交的加工操作，也可以用于一些对外形要求较高的零件加工。

5. 摆线

摆线加工的目的在于通过产生一个小的回转圆圈，避免在切削时发生全刀切入而导致切削的材料过大，使刀具断裂。摆线模式如图 7-20 所示。

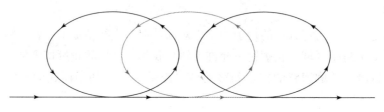

图 7-20 摆线模式

摆线加工适合岛屿、内部锐角和狭窄区域的加工。摆线加工还可用于高速加工，以较低并且较为均匀的切削负荷进行粗加工。

6. 单向

单向切削生成的刀路是一系列的平行直线。"单向"切削时，刀具在切削轨迹的起点进刀，切削到终点后，刀具退回到安全平面高度，转移到下一行的削轨迹，直至完成切削为止。采用单向走刀模式，可以让刀具沿最有利的走刀方向加工（顺铣或逆铣），可获得较好的表面加工质量，但需反复抬刀，空行程较多，切削效率低，通常用于岛屿表面的精加工和不适宜"往复"切削的场合。单向模式如图 7-21 所示。

7. 往复

往复切削产生的刀轨为一系列的平行直线，刀具轨迹直观明了，没有抬刀，允许刀具在步距运动期间保持连续的进给运动，数控加工的程序段数较少，每个程序段的平均长度较长，能最大限度地对材料进行切除，是较经济和省时间的切削运动。"往复"切削产生的

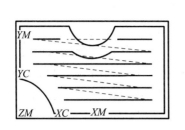 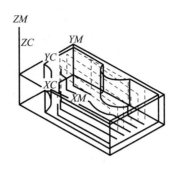

图 7-21 单向模式

相邻刀具轨迹的切削方向彼此相反,其结果是交替出现一系列的"顺铣"和"逆铣"切削。指定"顺铣"和"逆铣"切削方向不会影响此类型的切削行为,但会影响其中用到的"清壁"操作的方向。往复切削方法因顺铣和逆铣的交替产生,引起切削方向的不断变化,给机床和工件带来冲击振动,影响工作表面的加工质量,因此通常用于内腔的粗加工,往往要求内腔的形状要规则一些,以使产生的刀轨连续,余量尽可能均匀。它也可以用于岛屿顶面的精加工,但要注意使往复切削切出表面区域,从而避免步距的移动在岛屿面进行及在边界处产生残余。往复模式如图 7-22 所示。

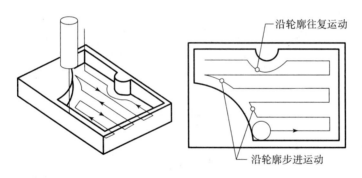

图 7-22 往复模式

在使用"往复"切削模式时,为了确保系统不会将多余材料都留在部件的壁上,应打开"清壁"功能。

8. 单向轮廓

单向轮廓与"单向"切削相似,但是在进行横向进给时,刀具沿切削区域的轮廓进行切削,该方式可以使刀具始终保持"顺铣"或"逆铣"切削。单向轮廓模式如图 7-23 所示。"单向轮廓"切削通常用于粗加工后要求余量均匀的零件加工,如要求精度较高的零件或者薄壁零件。

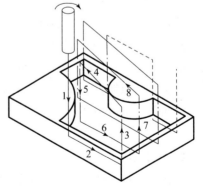

图 7-23 单向轮廓模式

7.3.2 切削步距

步距是指相邻两次走刀之间的距离。在平行切削方式下,步距指两行之间的间距;在环绕切削方式下，步距指两环的间距。它是一个关系到刀具切削负荷、加工效率和零件表面质量的重要参数。步距越大，走刀数量就越少，加工时间越短，但是切削负荷增大。因此，粗加工采用较大的步距值，精加工取小值。

在 UG NX 中可以直接通过输入一个常数值或刀具直径的百分比来指定该距离，也可以间接地通过输入残余高度并使系统计算切削刀路间的距离来指定该距离，还可以设置一个允许的范围来定义可变的横向距离，再由系统来确定横向距离的大小。

"步距"下拉列表框中包括"恒定""残余高度""刀具直径""变量平均值"和"多个"选项，以下分别进行说明。

1. 恒定

"恒定"指定连续的切削刀路间距离为常量。选择该选项后，在其下方的"距离"文本框中输入距离值或是相应的刀具直径百分比即可。如果刀路之间的指定距离没有均匀分割区域，系统会减小刀路之间的距离，以便保持恒定步距。如图 7-24 所示，指定的步距是 0.750，但 3.50 不能被 0.750 整除，系统将其减小为 0.583，以在宽度为 3.50 的切削区域中保持恒定步距。

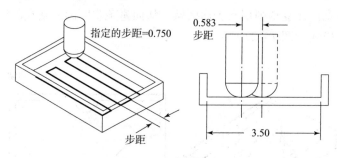

图 7-24　恒定步距

2. 残余高度

通过指定两个刀路间加工后剩余材料的高度，从而在连续切削刀路间确定固定距离。选择该选项后，在其下方的"高度"文本框中输入值即可。系统将计算所需的步距，从而使刀路间的残余高度为指定的高度，如图 7-25 所示。由于边界形状不同，所计算出的每次切削的步距也不同。为保护切削材料时负载不至于过重，最大步距被限制在刀具直径长度的 2/3 以内。

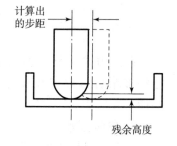

图 7-25　残余高度

残余高度与加工表面粗糙度有着密切关系，当用球头铣刀加工平面时，残留高度 H 与行距 L 之间的关系可以表示为：

$$L = 2\sqrt{2RH - H^2}$$

3. 刀具直径

以有效刀具直径与百分比参数积作为切削步距值，从而在连续切削刀路之间建立起固定距离。选择该选项后，在其下方的"刀具直径百分比"文本框中输入值即可。与"恒定"选项相同，如果刀路间距没有均匀分割切削区域，系统将减小这一刀路间距，以保持恒定步距。

有效刀具直径指实际接触型腔底面的刀具直径，对于球头铣刀，系统将其整个直径用做有效刀具直径。对于其他刀，有效刀具直径按 $D-2CR$ 计算，如图 7-26 所示。

4. 变量平均值

"变量平均值"选项可以为"往复""单向"和"单向轮廓"创建步距，并且系统能够调整其步距值，保证刀具始终与平行于单向和回转切削的边界相切。允许建立一个范围值（最大值和最小值），系统将使用该值来决定步进大小和刀路数量，保证刀具沿着壁面进行切削而不会留下多余的材料。

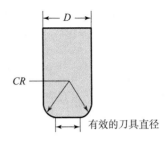

图 7-26 有效的刀具直径

5. 多个

对于"跟随周边""跟随部件""轮廓"和"标准驱动"模式，"多个"可指定多个步进大小及每个步进大小所对应的刀路数量。

7.3.3 切削层

切削层决定深度操作的过程，切削层也叫切削深度。在定义刀轨切削参数时，极有必要定义切削层参数，即定义切削层深度定义方式，以及侧面余量增量参数。只有在刀具轴与底面垂直或者部件边界与底面平行的情况下，才会应用切削层参数。

切削深度受工件材料切削量、机床的主轴功率、刀具和机床刚性等参数的限制。通常切削材料为钢的工件的切削深度不应超过刀具直径的一半；切削软性金属时，切削深度可以更大些。

1. 用户定义

"用户定义"选项是通过输入数值来指定切削深度的，其中包括"每刀深度""切削层顶部""上一个切削层""刀柄间隙"和"临界深度"。"用户定义"共有 5 个数值需要设定，可根据实际情况来设置。

①公共：指最大切削深度。

②最小值：指最小切削深度。

③离顶面的距离：指第一刀的切削深度。

④离地面的距离：指最后一刀的切削深度。

⑤增量侧面余量：可给多层粗加工刀具路径中的每个后续层设置侧面余量增量值。设定侧面余量增量可维持刀具和侧壁之间的间隙，并且当刀具切削更深的切削层时，可减轻刀具的压力，适合深腔模具。

⑥临界深度顶面切削：勾选该复选框，系统将会在铣削第二层后返回主岛屿顶面进行切削，适合粗加工操作。

2. 仅底面

"仅底面"在底平面上生成一个底面切削层，加工深度由底面位置决定。

3. 底面及临界深度

只在底平面和岛顶面上创建一个切削层，岛顶面的切削层不会超出定义岛的边界，该对话框中的选项都为不可用状态，适合精加工。

4. 临界深度

只在每个岛顶面创建一个平面的切削层，接着在底平面生成单个切削层。与不会切削岛边界外侧的清理刀轨不同的是，切削层生成的刀轨可完全移除每个平面层内的所有毛坯材料。该对话框中"切削层顶部""上一个切削层""刀柄安全距离"的值可根据实际情况设置。

5. 恒定

"恒定"指的是每次的切削深度恒定，但除最后一层可能小于自己定义的切削深度外，对于其他层，则都是相等的。

7.3.4 切削参数

"切削参数"是每种操作共有的选项，但对其中某些选项，会随着操作类型的不同和切削方法不同而有所区别。单击"平面铣"操作对话框中的切削参数按钮，系统弹出"切削参数"对话框，使用此对话框可以修改操作的切削参数。"切削参数"对话框包括"策略""余量""拐角""连接""空间范围"和"更多"6个选项，每个选项下面又有具体的参数需要设置，下面对其中比较常用的参数做具体介绍。

1. 策略

"策略"是"切削参数"对话框的默认选项，用于定义最常用的或主要的参数，可设置的参数有"切削方向""切削顺序""精加工刀路"和"毛坯距离"等。"策略"对话框如图7-27所示。

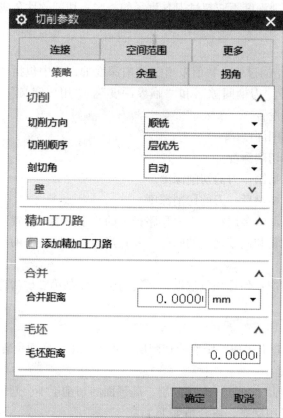

图7-27 "策略"对话框

(1) 切削方向

"切削方向"用于定义平面铣加工中的刀具在切削区域内的进给方向,有"顺铣""逆铣""跟随边界"和"边界反向"4个选项。"顺铣"沿刀轴方向向下看,刀轴的旋转方向与相对进给运动的方向一致;"逆铣"与"顺铣"方向相反;"跟随边界"是刀具按照选择边界的方向进行切削;"边界反向"是刀具按照选择边界的反方向进行切削。

(2) 切削顺序

"切削顺序"用于指定切削区域加工时的加工顺序,它包括"深度优先"和"层优先"两个选项。

① "层优先":每次切削完工件上所有区的同一高度的切削层之后再进入下一层的切削。刀具在各个切削区域间不断转移,该方式较适合薄壁件的加工。

② "深度优先":每次将一个切削区的所有层切削完毕后再进入下一区的切削。也就是说,刀具在到达底部后才会离开腔体。这种方式抬刀次数较少。

(3) 精加工刀路

"精加工刀路"是指刀具完成主要切削刀路后所做的最后切削的刀路。选择"添加精加工刀路"复选框,并输入精加工步距值,系统将在边界和所有岛的周围创建单个或多个刀路。

(4) 合并

通过设置"合并距离"的值使刀具在切削不同切削区域但切削深度相同时,来确定切削运动中是否需要抬刀跨越不同的切削区域。当不同切削区域之间的距离大于设定的合并距离值时,刀具将进行抬刀动作;反之,系统不进行抬刀动作。

(5) 毛坯距离

"毛坯距离"应用于零件边界的偏置距离,用于产生"毛坯几何体"。即定义了要去除的材料的总厚度,设置了毛坯距离,则只生成毛坯距离范围内的刀轨,而不是整个轮廓设定的区域。

2. 余量

"余量"选项用于确定当前操作后材料的保留量。在"切削参数"对话框中,单击"余量"选项卡,在该对话框中可以设置"部件余量""最终底面余量""毛坯余量""检查余量""修剪余量"和"内/外公差"等。"余量"对话框如图7-28所示。

(1) 部件余量

部件余量是指部件几何体周壁加工后剩余的材料厚度。通常粗加工和半精加工要为精加工留有一定的余量。

(2) 最终底面余量

最终底面余量是指切削完成后腔体底部面和岛的顶部留下未切的材料量。

(3) 毛坯余量

毛坯余量是指切削时刀具偏离已定义的毛坯几何体的距离。"毛坯余量"用于具有相切条件的毛坯边界或毛坯几何体。

(4) 检查余量

检查余量是指刀具位置与已定义检查边界的距离。

(5) 修剪余量

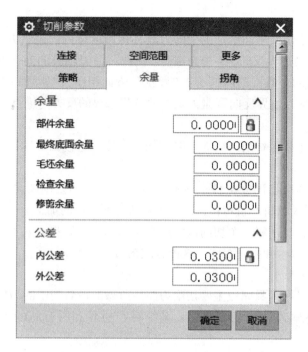

图 7-28 "余量"对话框

修剪余量是指指定刀具位置与已定义修剪边界的距离。

（6）内/外公差

内/外公差是指刀具可以偏离实际部件表面的允许范围。"内公差"指定刀具可以向工件方向偏离预定刀轨（触碰表面）的最大距离；"外公差"指定刀具可以远离工件方向偏离预定刀轨的最大距离。公差值越小，切削越准确，产生的轮廓越光顺，但生成的刀具路径越长。"内公差"与"外公差"值不可以同时为零。

3. 拐角

"拐角"选项用于防止刀具在切削凹角或凸角时过切部件或是因切削负荷太大而折断。利用拐角控制可以达到如下目的：在凸拐角处实现绕拐角的圆弧刀轨、延伸并修剪刀轨和延伸相交的尖锐刀轨；在凹拐角处实现进给减速，达到消除负荷增加、消除因扎刀引起的过切、消除表面不光滑等问题的目的；在凹拐角处添加比刀具半径稍大的圆弧刀轨，与进给减速配合获得光滑的圆角表面质量。

在"切削参数"对话框中，单击"拐角"选项卡，对话框主要包括"拐角处的刀轨形状""圆弧上进给调整"和"拐角处进给减速"三个选项。"拐角"对话框如图 7-29 所示。

（1）拐角处的刀轨形状

对加工中的凸角和凹角处的刀轨进行设置，包括"凸角"和"光顺"两个选项。

"凸角"下拉式列表中可以选择"圆弧刀轨""延伸并修剪的刀轨"和"延伸相交的尖锐刀轨"三种凸角刀轨形状之一。"拐角"选项示意图如图 7-30 所示。

如果选择"圆弧"，系统将通过在刀轨中插入等于刀具半径的圆弧，保持刀具与材料余量相接触，拐角变成了圆弧的中心。如果选择"延伸"，系统将通过延伸拐角处的切线来形

图7-29 "拐角"对话框

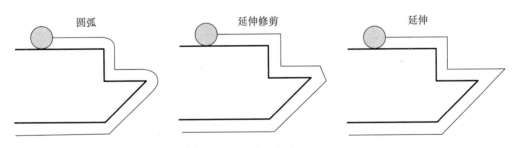

图7-30 "拐角"选项示意图

成拐角,从而导致在腔体加工操作中刀具在拐角处离开边界。选择"延伸修剪",系统将在尖角处对刀路进行修剪。"延伸"仅可应用于沿着壁的刀路。

"光顺"选项用于控制是否在拐角处添加圆角,下拉列表中包括"无"和"所有刀路"两个选项。选择"无"时,表示刀具在切削过程中遇到拐角时不添加圆角;选择"所有刀路"时,表示在切削过程中遇到拐角时,所有刀具路径均添加圆角,在"半径"和"步距限制"文本框中输入数值即可。

(2) 圆弧上进给调整

圆弧上进给调整是指刀具在铣削拐角时,保证刀具外侧切削速度不变。激活该选项,在拐角处采用圆周进给率补偿,这样在铣削时,可使铣削更加均匀,也减少了刀具切入或偏离拐角材料的机会。可分别在"最大补偿因子"与"最小补偿因子"文本框中输入补偿系数。"调整进给率"有"无"和"在所有圆弧上"两个选项。

(3) 拐角处进给减速

为了减小零件在拐角处切削时的"啃刀"现象,可以通过指定"拐角处进给减速"选项,在零件拐角处设置进给减速,它只用于凹角切削。

4. 连接

连接参数定义了切削运动间的运动方式,包括"切削顺序""优化"和"开放刀路"三个选项。"连接"对话框如图7-31所示。

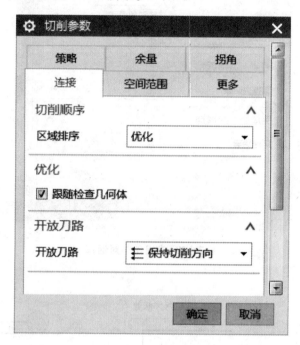

图7-31 "连接"对话框

(1) 区域排序

区域排序提供了多种自动或手工指定切削区域加工顺序的方法。

①标准:按照切削区边界的创建顺序决定切削区的切削顺序。

②优化:按照刀具移动长度最短的原则进行切削区域的加工,效率高。优化是系统的默认值。

③跟随起点:根据切削区指定的起始点顺序来决定切削顺序。

④跟随预钻点:根据切削区指定的预钻进刀点顺序来切削加工区域。

(2) 跟随检查几何体

由于存在岛屿、周边轮廓不规则或其他障碍物的原因,刀轨被分成若干个子切削区域,使加工不连续。"跟随检查几何体"选项通过从一个区域的退刀到另一个区域的再进刀把子切削区域连接起来。系统将在轨迹之间优化步距运动,以使刀轨不重复切削,并且不使刀具抬起。

(3) 开放刀路

使用跟随部件方式进行切削时,在某些区域可能会产生开放刀路。开放刀路提供了"保持切削方向"和"变换切削方向"两个选项。选择"保持切削方向"时,刀具将在切削到开放轮廓端点处抬刀,移动到下一行的切削起点进行切削;选择"变换切削方向"时,则在端点处直接下刀，反向进行下一行切削。

5. 空间范围

空间范围是指刀具未到达的区域，这些未切削区域的边界是封闭的，且刀具位置以相切状态进行输出。通过"空间范围"对话框的参数设置可以将这些未切削区域清除。"空间范围"对话框如图7-32所示。

图7-32 "空间范围"对话框

（1）处理中的工件

"处理中的工件"用于设置操作完成后保留的材料，其中有"无""使用2D IPW"和"使用参考刀具"3个选项。"无"是指使用现有的毛坯几何体；"使用2D IPW"是通过上一操作的刀具轨迹和部件边界来判断剩余毛坯；"使用参考刀具"是指清除上一操作中剩余在凹角中的材料，其刀具路径等同于拐角粗加工。

（2）参考刀具

当在"处理中的工件"选项中选择"使用参考刀具"时，系统要求选择输入的参考刀具。选择的参考刀具直径必须大于当前使用的刀具直径。

（3）重叠距离

重叠距离是指切削工件侧面的进刀和退刀之间发生重复切削的区间长度，可通过设置该参数来提高切入部件的表面质量。

6. 更多

在"切削参数"对话框中，单击"更多"选项卡，对话框中包括"安全距离""原有""底切"和"下限平面"4个选项。"更多"对话框如图7-33所示。

（1）安全距离

"安全距离"用于设置刀具夹持器、刀柄、刀颈的安全偏置距离。

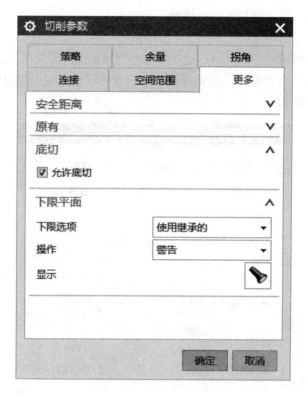

图 7-33 "更多"对话框

（2）原有

"原有"包括"区域连接"和"边界逼近"两个参数设置。若勾选"区域连接"选项，则在切削深度相同的不同切削区域之间不用抬刀移动。"边界逼近"选项用来设置刀具轨迹是否逼近切削区域轮廓。当区域的边界或岛屿包含二次曲线或 B 样条曲线时，运用边界近似的方法可以减少加工时间和缩短刀轨长度。

（3）底切

"底切"用于设置是否允许刀具底切几何体。若勾选"允许底切"，系统允许刀杆摩擦零件表面；若不勾选"允许底切"，系统根据底切几何体调整刀具轨迹，防止刀杆摩擦零件表面。

（4）下限平面

"下限平面"用于指定下限平面位置。选择"使用继承"选项，系统将使用已经存在的下限平面作为当前操作的下限平面。选择"无"选项，系统将不指定下限平面。选择"刨"选项，系统通过定义一个平面来指定下限平面。

7.3.5 非切削移动

非切削移动控制如何将多个刀轨段连接为一个操作中相连的完整刀轨。非切削移动在切削运动之前、之后和之间定位刀具。非切削移动可以简单到单个的进刀和退刀，或复杂到一系列设置的进刀、退刀和移刀（分离、移刀、逼近）运动，这些运动的设计目的是协调各刀路之间的多个部件曲面、检查曲面和提升操作。

1. 进刀

刀具切入工件的方式，不仅影响加工质量，同时也直接关系到加工的安全。合理地安排刀具的进刀方式可以避免刀具受到碰撞，引起刀具断裂、破损，缩短刀具寿命。为了使切削载荷平稳变化，在刀具切入和切出工件时，应尽量保证刀具的渐入和渐出。在选择进刀方式时，应考虑到方便排屑、切削的安全性和刀具的散热，同时还要有利于观察切削状况。

"进刀"选项卡中包括"封闭区域""开放区域""初始封闭区域"和"初始开放区域"4个选项组。

（1）封闭区域

用于定义封闭区域的进刀方式。共有5种进刀类型可供选择，分别是"螺旋"（默认设置）、"与开放区域相同"、"沿形状斜进刀"、"插削"和"无"。选择不同的进刀类型，需要设置的参数将有所不同。

1）"螺旋"：这种进刀方式从工件上面开始，螺旋向下切入。由于采用连续加工的方式，可以比较容易地保证加工精度。同时，由于没有速度突变，可以用较高的速度进行加工。"螺旋"进刀方式能使刀具与被切削材料保持相对恒定的接触状态，比较容易保证精度。"螺旋"式进刀如图7-34所示。

2）"沿形状斜进刀"：这种进刀方式会创建一个倾斜进刀移动，该进刀会沿第一个切削运动的形状移动。"沿形状斜进刀"允许沿所有被跟踪的切削刀路倾斜，而不考虑形状。当与跟随部件、跟随周边或轮廓铣结合使用时，进刀将根据步进向内还是向外来跟踪向内或向外的切削刀路。当与往复切削、单向或单向轮廓结合使用时，与"线性"进刀方法相同。"沿形状斜进刀"如图7-35所示。

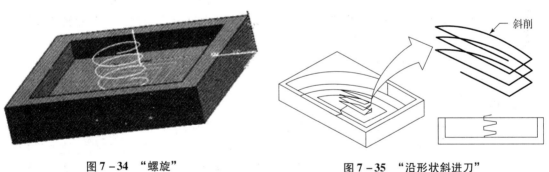

图7-34 "螺旋" 　　　　　图7-35 "沿形状斜进刀"

3）"与开放区域相同"：应用与开放区域相同的进刀方法。

4）"插削"：刀具从指定高度直接切入工件。

5）"无"：不指定任何进刀运动，删除在刀轨开始处的逼近运动和刀轨结束处的离开运动。

6）"斜坡角"：刀具斜进刀进入部件表面的角度，即刀具切入材料前的最后一段进刀轨迹与部件表面的角度。

7）"高度"：刀具沿形状斜进刀或螺旋进刀时的进刀点与切削点的垂直距离，即进刀点与部件表面的垂直距离。

8)"高度起点":定义前面"高度"选项的计算参照。

9)"最大宽度":斜进刀时相邻两拐角间的最大宽度。

10)"最小安全距离":沿形状斜进刀或螺旋进刀时,工件内非切削区域与刀具之间的最小安全距离。

11)"最小斜面长度":沿形状斜进刀或螺旋进刀时,最小倾斜斜面的水平长度。

(2)开放区域

开放区域的进刀类型包括"与封闭区域相同""线性""圆弧""点""线性–沿矢量""角度–角度–平面""矢量平面"和"无",它们的适用范围有所不同。

1)"与封闭区域相同":应用与封闭区域相同的进刀方法,包括螺旋、沿形状斜进刀、插削等。

2)"线性":创建一个线性进刀移动,其方向可以与第一个切削运动相同,也可以与第一个切削运动成一定角度。当切削方式为往复切削、单向或单向轮廓结合使用时,"线性"进刀与"沿外形"进刀方法产生的进刀轨迹相同。线性进刀需要设置的参数有"长度""旋转角度""倾斜角度""高度""最小安全距离"等,其中,"旋转角度"控制刀具切入材料内的斜度,该角度是在部件表面中测量的,其他参数与"螺旋"进刀的相同。

3)"圆弧":创建一个与切削移动的起点相切的圆弧进刀移动。"圆弧"进刀需要设置的参数有"圆弧半径""圆弧角度""高度""最小安全距离"等。"圆弧角度"和"圆弧半径"将确定圆周移动的起点,其他参数与"螺旋"进刀的相同。

4)"点":通过点构造器为线性进刀指定起点,与切入点相连形成进刀路线,这种进刀运动是直线运动。

5)"线性–沿矢量":使用矢量构造器可定义进刀方向。单击"矢量构造器"按钮来定义进刀方向,在"长度"文本框中输入进刀长度即可,这种进刀运动也是直线运动。

6)"角度–角度–平面":根据两个角度和一个平面指定进刀路线。"旋转角度"和"倾斜角度"定义进刀方向,"平面"将定义进刀长度。

7)"矢量平面":使用矢量构造器来定义进刀方向。使用平面构造器来定义起始平面,设置进刀长度。

2. 退刀

单击"非切削移动"对话框中的"退刀"按钮,"非切削移动"对话框将转换到"退刀"选项。退刀设置用来指定平面铣的退刀点及退刀运动。从切削层的切削刀轨的最后一点到退刀点之间的运动就是退刀运动,它以进给速度退刀。退刀类型包括"与进刀相同""线性""圆弧""点""线性–沿矢量""角度–角度–平面""矢量平面"和"无"等,其设置可以参考进刀。

3. 起点/钻点

单击"非切削移动"对话框中的"起点/钻点"按钮,"非切削移动"对话框将转换到"起点/钻点"选项卡,主要包括"重叠距离""区域起点"和"预钻孔点"等选项。

(1)重叠距离

重叠距离指定切削结束点和起点的重合深度。"重叠距离"将确保在进刀和退刀移动处进行完全清理。所指定的值表示总重叠距离。刀轨在切削刀轨原始起点的两侧同等地重叠(下面的距离A)。无论何时使用"自动"进刀和退刀移动,都会实施重叠。重叠距离如

图 7-36 所示。

(2) 区域起点

"区域起点"指定加工的开始位置。定制起点不必定义精确的进刀位置,它只需定义刀具进刀的大致区域。系统根据起点位置、指定的切削模式和切削区域的形状来确定每个切削区域的精确位置。对于多区域切削,可以为每个区域指定切削起点,如果指定了多个起点,则每个切削区域使用与此切削区域最近的点。切削区域起点有"默认区域起点""选择点""有效距离"等选项。

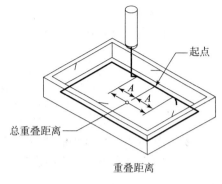

图 7-36 重叠距离

(3) 预钻孔点

在进行平面铣粗加工时,为了改善刀具下刀时的受力状态,可以先在切削区域钻一个大于刀具直径的孔,再在这个孔中心下刀。预钻点代表预先钻好的孔,刀具将在没有任何特殊进刀的情况下下降到该孔并开始加工。预钻孔点的参数设置与区域起点相似。

4. 转移/快速

"转移/快速"指定刀具如何从一个切削刀路移动到另一个切削刀路。"转移/快速"选项卡主要包括"安全设置""区域之间""区域内"和"初始的和最终的"4个选项。

(1) 安全设置

"安全设置"用于设置安全平面及切削区域间的移刀方式等。安全设置如图 7-37 所示。

1) "使用继承的":使用在加工几何父节点组 MCS 指定的安全平面。

2) "无":不指定安全设置,容易产生撞刀,尽量不要使用。

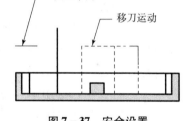

图 7-37 安全设置

3) "自动平面":使用工件的高度及设置一个安全距离来创建一个安全平面。

4) "平面":刀具在跨越过程中回退的高度设置,不仅可以控制刀具的非切削运动,还可以使刀具在工件上移动时与工件避免干涉。可以选择现有平面或通过平面构造器来创建一个安全平面。

(2) 区域之间

"区域之间"用于定义区域之间的抬刀、避让方式。

1) "最小安全值 Z":通过在 Z 方向指定一个安全距离值,让刀具每加工完一条刀具路径,就移动到该指定位置。

2) "毛坯平面":通过安全设置来设定区域间抬刀时的安全平面。

3) "前一平面":刀具每加工完一条刀具路径后,移动到与上一层加工平面有一定距离的平面,此平面就是提刀的安全平面。

4) "直接":刀具加工完一个刀具路径后,直接抬刀到安全平面。

除了以上四项经常使用的设置参数外,还有"安全距离-刀轴""安全距离-最短距离""安全距离-切割平面"等。

(3) 区域内

"区域内"用于定义区域内的抬刀、避让方式。它包括"进刀/退刀""抬刀和插削"和"无"3个选项。

1)"进刀/退刀":刀具沿进刀切削路径直接退刀,此时可选择"转移方式"定义进刀/退刀方式。

2)"抬刀和插削":在竖直方向上进行移刀运动。先沿竖直方向抬刀,移动到下一进刀起始处插铣进刀。该选项需要设置"抬刀/插削高度"和"传递类型"。

3)"无":该选项不添加进退刀运动。"传递类型"的设置可以参考上述"区域之间"进行设置。

(4) "初始的和最终的"

该选项用于设置初始进刀和最终退刀的安全距离,有"间隙""相对平面"和"无"3个选项,可参考上述"区域之间"进行设置。

5. 避让

"避让"是控制刀具做非切削运动的点或平面。一个操作的刀具运动可分为两种:一种是刀具切入工件之前或离开工件后的运动,即非切削运动;另一种是刀具切削工件材料的运动,即切削运动。刀具在做切削运动时,由零件几何体的形状决定刀具路径;而在做非切削运动时,刀具路径则由"避让"中指定的点或平面来控制。"避让"选项卡主要包括"出发点""起点""返回点"和"回零点"4个选项。

(1) 出发点

出发点用于指定刀具在开始运动前的初始位置。指定刀具的出发点不会使刀具运动,但在刀具位置源文件中会增加一条出发点坐标的命令,其他命令都位于这条命令之后。由于出发点是刀具运动之前的位置,因此它是所有后续刀具运动的参考点。如果没有指定出发点,则系统会把第一个运动的起刀点作为刀具的出发点。

在"出发点"面板中,"点选项"是通过点构造器或自动判断点进行设置的,而刀轴是通过矢量构造器或自动判断矢量来指定刀轴出发点的。

(2) 起点

这里的起点实际是起刀点,是刀具运动的第一点。定义了起刀点后,在产生刀具位置源文件中会产生一条相应的 GOTO 指令。其中,点选项仍然是通过点构造器或自动判断点来设置起点的。如果定义了出发点和起点,则刀具以直线运动的方式由出发点快速移动到起点;如果还定义了安全平面,则从起点沿刀轴方向上,在安全平面上取一点,刀具以直线运动方式由出发点快速运动到该点,然后再从该点快速移动到起点。

(3) 返回点

返回点是刀具切削完工件离开零件时的运动目标点。完成切削后,刀具以直线运动方式从最后切削点或退刀点快速运动到返回点。返回点的定义方法与上述起点和出发点的定义方法相同。

如果定义了安全平面,则由最后切削点或退刀点沿刀轴方向向上,在安全平面上取一点,刀具以快速点定位方式从最后切削点或退刀点快速移动到该点,然后由此点以快速点定位方式移动到返回点。

(4) 回零点

回零点是刀具加工完工件最后停留的位置。刀具从返回点以快速点定位的方式移动到回零点。

展开"回零点"面板，首先在"点选项"下拉列表框中选择点定义方式。其中，选择"与起点相同"选项，可定义与起点相同的点作为回零点；选择"回零－没有点"选项，回零点将为任意点；选择"指定"选项，将使用点构造器或自动判断点来指定回零点；选择"无"选项，则不定义回零点。此外，选择刀轴是通过矢量构造器或自动判断点来设置的。

6. 更多

在"更多"面板中可定义是否进行"碰撞检查"和"刀具补偿"设置。通过对这两类参数的设置，可在刀具模拟运行时及时发现撞刀并做出必要的设置，同时，通过刀具补偿确保铣削加工的准确性和加工质量。

（1）碰撞检查

造成撞刀的原因主要是安全高度设置不合理或根本没有设置安全高度等。通过碰撞检查可快速查看刀具加工过程中是否撞刀，如果撞刀，则立即显示提示信息。

（2）刀具补偿

由于刀具在加工过程中磨损或重磨刀具，会引起刀具尺寸的改变。为了保证部件的加工精度，需要对刀具尺寸进行补偿。刀具补偿是大多数机床控制系统都具有的功能，用于刀具的实际尺寸和指定尺寸之间的差值。

1）"无"：选择该选项，在生成刀具路径时不采用刀具补偿。

2）"所有精加工刀路"：采用刀具补偿的所有精加工刀路通过下方的最小移动和最小角度来定义线性运动。

3）"最终精加工刀路"：采用刀具补偿的精加工刀路作为最后的刀路，通过下方的最小移动和最小角度来定义线性运动。

在定义所有精加工刀路和最终精加工刀路补偿时，最小移动指沿最小角度方向远离圆弧进刀点的一段距离，而最小角度是指圆弧的延长线绕进刀点旋转的角度。此外，"输出平面"复选框，用来控制是否输出平面数据，勾选该复选框会在刀具补偿命令中包含平面；"输出接触/跟踪数据"复选框，用来改变接触和跟踪数据显示效果。

当刀具斜向切入下一个切削层时，不能使用刀具补偿。

7.3.6 进给率和速度

"进给率和速度"用于设置各种刀具运动类型的移动速度和主轴转速。

1. 自动设置

在"自动设置"面板中输入表面速度与每齿进给量，系统将自动计算得到主轴转速与切削进给率，也可在其下两个面板内分别直接输入主轴速度和切削进给率。

①设置加工数据：能够从加工数据库中调用匹配用户选择的部件材料的加工数据。

②表面速度（V_c）：该选项用来指定刀具的切削速度（线速度）。在该选项右侧的文本框内输入数值即可指定刀具的切削速度。

③每齿进给量（F_z）：多齿刀具每旋转一个齿间角时，铣刀相对工件在进给方向上的位移。每齿进给量与进给速度之间的关系为：

$$V_f = F_z \times Z \times n = f \times n$$

式中，V_f 为进给速度，单位为 mm/min；F_z 为每齿进给量，单位为 mm/齿；Z 为刀具的齿数，单位为齿/r；n 为每分钟的转数，单位为 r/min；f 为每转进给量，单位为 mm/r。

④从表格中重置：部件材料、刀具材料、切削方法和切削深度参数指定完毕后，选择"从表格中重置"，系统就会从预定义表格中选取"表面速度"和"每齿进给"的参数推荐值。

2. 主轴速度

"主轴速度"决定刀具转动的速度，其默认单位是"RPM"（每分钟转速）。除 RPM 外，还有"SFM"（每分钟曲面英尺）、"SMM"（每分钟曲面）和"无"3 个选项。在旋转方向上，有"顺时针"和"逆时针"两个选项。主轴速度可以通过"自动设置"由系统计算得到，也可以直接在文本框中输入数据。

$$n = \frac{1\,000 v_c}{\pi D_c}$$

式中，n 为刀具转动的速度，单位为 r/min；v_c 为切削速度，单位为 m/min；D_c 为刀具直径，单位为 mm。

3. 进给率

"进给率"选项用于设置刀具在各种运动情况下的速度，是加工中的重要参数，其值将直接影响到零件的加工质量和加工效率。同一刀具的其他参数相同时，进给率越大，加工效率越高，所得到的加工表面质量也会越差。

①切削：刀具在切削工件过程中的进给率。默认单位是 mm/min。为了保证底面加工质量，进给速度不能过大，一般在 1 500 mm/min 以下。

②快速：刀具从起点到下一个前进点的移动速度。"输出"选项设置为"G0－快速模式"时，在刀具位置源文件中自动插入快速命令，后置处理时产生 G00 快进代码。

③逼近：用于设置刀具从"起刀点"移动到"进刀点"的进给速度。在多层切削加工中，"逼近"选项还控制刀具从一个切削层到下一个切削层的移动速度。在表面轮廓加工中，该速度是做进刀运动的进给速度。当此项设置为零时，如果已经设置了进刀方式，逼近时则按进刀速度移动。在钻孔和车削中，当最小间隙和逼近速度都为零时，则按切削文本框中的设置正常进给。

④速度逼近：当最小间隙不为零，"逼近"设置为零时，则按快速文本框中设置的快速运动速度逼近。

⑤进刀：刀具切入零件时的进给速度。

⑥第一刀切削：第一刀切削的进给率。当毛坯表面层较硬时，要适当减小进给率。

⑦步进：刀具进行下一次平行切削时的横向进给量，即通常所说的切削宽度，只适用于往复式（Zig-Zag）切削模式。

⑧移刀：刀具从一个加工区域向另一个加工区域做水平非切削运动时的刀具移动速度。

⑨退刀：刀具切出零件时的进给速度，是刀具从最终切削位置到退刀点间的刀具移动速度。

⑩离开：刀具回到返回点的移动速度。

⑪单位：设置进给时进给速度的单位。需分别设置切削运动和非切削运动时的进给速度

单位,单位为"英寸/分钟""英寸/转"或"无"。

⑫在生成时优化进给率:在生成刀轨时,生成优化的进给率参数。

7.3.7 机床控制

机床控制主要用来定义和编辑后处理命令等相关选项,为机床提供特殊指令,主要控制机床的动作,如主轴开停、换刀、冷却液开关等。NX 在机床控制中插入后处理命令,这些命令在生成的 CLSF 文件和后处理文件中将产生相应的命令和加工代码,用于控制机床动作。机床控制包括"开始刀轨事件""结束刀轨事件"和"运动输出"3 个选项。

1. 开始刀轨事件

"开始刀轨事件"用于通过先前定义的参数组或指定新的参数组来指定操作的启动后处理命令。单击"平面铣"操作对话框中"机床控制"选项组"开始刀轨事件"之后的"复制自..."按钮,系统弹出"后处理命令重新初始化"对话框。该对话框主要用来从系统现有的模板中调用默认的开始刀轨事件,"从"下拉式列表中有"从模板"和"从操作"两个选项,可以根据具体的加工类型和子类型,结合数控机床对开始刀轨的要求进行选择。

单击"平面铣"操作对话框中"机床控制"选项组"开始刀轨事件"之后的"编辑"按钮,系统弹出"用户定义事件"对话框。该对话框主要用来编辑用户定义事件,包括删除、剪切、粘贴和列表显示等。

2. 结束刀轨事件

"结束刀轨事件"通过使用先前定义的参数集成或指定新的参数集,为操作指定刀轨结束后处理命令,其相关设置可参考上述"开始刀轨事件"设置。

3. 运动输出

"运动输出"用于控制刀具路径的生成方法。现有许多机床控制器允许沿着实际的圆形刀轨或有理 B 样条曲线(NURBS)移动刀具。当使用该选项时,系统自动将一系列线性移动转换为一个圆形移动或将线性/圆形移到转换为有理 B 样条曲线。"运动输出"下拉式列表中包括"直线""圆弧 - 垂直于刀轴""圆弧 - 垂直/平行于刀轴""Nurbs"和"Sinumerik"5 个选项。

7.4 面 铣 削

7.4.1 面铣削概述

面铣削(Face Milling)是通过选择面区域来指定加工范围的一种操作,主要用于加工区域为面且表面余量一致的零件。面铣削是平面铣削模板里的一种操作类型。它不需要指定底面,加工深度由设置的余量决定。因为设置深度余量是沿刀轴方向计算的,所以加工面必须和刀轴垂直,否则无法生成刀路。

面铣削操作是从模板中创建的,需要定义几何体、刀具和参数来生成刀轨。为了生成刀轨,需要将面几何体作为输入信息。对于每个所选面,系统会跟踪几何体,确定要加工的区域,并在不过切部件的情况下切削这些区域。

面铣削是平面铣削操作的一种特例,专门用于加工表面。面铣削最适合切削实体上的平面。

与"平面铣"相比,"面铣"具有以下优点。

①交互非常简单,用户只需要定义要加工的面并指定要从各个面的顶部去除的余量。

②当区域相互靠近且高度相同时,它们就可以一起进行加工,这样就因消除了某些进刀和退刀运动而节省了时间。合并区域还能生成最有效的刀轨,原因是刀具在切削区域之间移动不太大。

③"面铣"提供了一种从所选面的顶部去除余量的快速简单方法。余量是自面向顶而非自顶向下的方式进行计算的。

④使用"面铣"可以轻松地加工实体上的平面,例如在铸铁件上的凸垫。

⑤创建区域时,系统将面所在的实体识别为部件几何体。如果将实体选为部件,则可以使用干涉检查来避免干涉此部件。

⑥对于要加工的各个面,可以使用不同的切削模式。

⑦刀具将完全切过固定凸垫,并在抬刀前完全清除部件。

"mill_plannar"提供了4种用于创建面铣削操作的模板,它们是"底壁加工""带IPW的底面加工""使用边界面铣削"和"手工面铣削"。面铣削参数的设置基本上相同,下面将以"底壁加工"为例来介绍面铣削加工参数设置的操作。另外,面铣削有些参数的设置与平面铣削的类似,这里不再赘述。

7.4.2 底壁加工的几何体设置

底壁加工(FLOOR_WALL)用来切削零件的底面和侧壁,通过选择加工平面来指定加工区域。一般选用端铣刀。底壁加工可以进行粗加工,也可以进行精加工。

底壁加工的几何体设置包括"几何体""指定部件""指定检查体""指定切削区底面""指定壁几何体"和"指定修剪边界"等内容。底壁加工几何体的参数如图7-38所示。

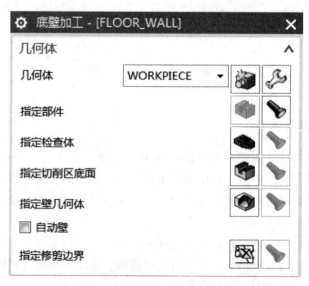

图7-38 "底壁加工"几何体

1. 指定切削区底面

指定切削区底面是指定将要进行铣削的底面范围,且该底面与刀具垂直。单击"选择或编辑切削区域几何体"按钮,系统会弹出"切削区域"对话框,选取切削区域后,单击"确定"按钮完成切削区域的创建。"切削区域"对话框如图7-39所示。

图7-39 "切削区域"对话框

2. 指定壁几何体

壁几何体是指到切削区底面终止的侧壁。侧壁可以与切削区底面垂直,也可以不垂直。单击"选择或编辑壁几何体"按钮后,系统会弹出"壁几何体"对话框,如图7-40所示。

图7-40 "壁几何体"对话框

根据加工需要选择壁几何体,选择完成后,单击"确定"按钮完成壁几何体的指定。

"自动壁"系统自动选择所有到切削区底面终止的侧壁。

指定壁几何体后,通过设置壁余量来替换部件余量,表示除了加工面以外的全局工作余量。

7.4.3 底壁加工的刀轨设置

底壁加工的"刀轨设置"参数如图7-41所示。

图7-41 刀轨设置

1. 切削区域空间范围

切削区域空间范围是对要进行铣削的空间进行设置,包括"底面"和"壁"两个选项。"底面"是指刀具只在底面边界的垂直范围内进行切削,此时侧壁上余料将被忽略。"壁"是指刀具只在底面和侧壁围成的空间范围内进行切削。

2. 底面毛坯厚度

底面毛坯厚度是指切削区底面到待加工毛坯表面的垂直距离。

3. 每刀切削深度

每刀切削深度就是背吃刀量,即已加工表面和待加工表面之间的垂直距离。

4. 切削参数

"切削参数"对话框如图7-42所示。

(1) 策略

1) 剖切角。"剖切角"用来控制刀路的方向,包括"自动""指定""最长的边""矢量"和"双向矢量"。"指定"通过控制刀路与XC轴的角度来控制刀路方向;"最长的边"使刀路方向与切削底面中最长的边方向相同;"矢量"和"双向矢量"通过设置矢量方向来控制刀路方向。

2) 允许底切。此功能多用于倒扣加工和忽略圆鼻刀的圆角进行切削加工。使用此功能

图 7-42 "切削参数"对话框

后,容易引起刀柄与工件或检查几何体碰撞。

(2) 余量

1) 壁余量。用于创建零件侧壁面上剩余的材料。该余量是在每个切削层上沿垂直于刀轴的方向测量,应用于所有能够进行水平测量的部件的表面上。

2) 毛坯余量。指刀具定位点与所创建的毛坯几何体之间的距离。

(3) 拐角

"拐角"用于设置刀具在零件拐角处的切削运动方式。拐角处的刀轨形状包括"凸角"和"光顺"两个选项。

"凸角"有"绕对象滚动""延伸并修剪"和"延伸"三个选项。

"光顺"用于添加并设置拐角处的圆弧刀路,有"所有刀路"和"无"两个选项。添加圆弧拐角刀路可以减少刀具突然转向对机床的冲击,一般实际加工中都将此参数设置为"所有刀路"。

(4) 连接

1) 区域排序。①"标准":根据切削区域的创建顺序来确定各切削区域的加工顺序;②"优化":根据抬刀后横越运动最短的原则决定切削区域的加工顺序,效率比"标准"顺序高,系统默认为此选项;③"跟随起点":根据创建"切削区域起点"时的顺序来确定切削区域的加工顺序;④"跟随预钻点":根据创建"预钻进刀点"时的顺序来确定切削区域的加工顺序。

2) 运动类型。"运动类型"用于创建"跟随周边"切削模式中跨空区域的刀路类型。"跟随"刀具跟随跨空区域形状移动;"切削"在跨空区域做切削运动;"移刀"在跨空区域中移刀。

(5) 空间范围

1) 毛坯。"厚度"选项被选择后，会激活"底面毛坯厚度"和"壁毛坯厚度"文本框，可以输入相应的数值，以分别确定底面和侧壁的毛坯厚度值；选择"毛坯几何体"选项，将会按照工件几何体或铣削几何体中已提前定义的毛坯几何体来进行计算和预览；选择"3D IPW"选项后，将会按照前面工序加工后的 IPW 进行计算和预览。

2) 切削区域。

① "将底面延伸至"：用于设置刀路轨迹是否根据部件的整体外部轮廓来生成。选中"部件轮廓"选项，刀路轨迹则延伸到部件的最大外部轮廓；选中"无"选项，刀路轨迹只在所选切削区域内生成；选中"毛坯轮廓"选项，刀路轨迹则延伸到毛坯的最大外部轮廓。

② "合并距离"：用于设置加工多个等高的平面区域时，相邻刀路轨迹之间的合并距离值。如果两条刀路轨迹之间的最小距离小于合并距离值，那么这两条刀路轨迹将合并成为一条连续的刀路轨迹，合并距离值越大，合并的范围也越大。

③ "简化形伏"：用于设置刀具的走刀路线相对于加工区域轮廓的简化形状。系统提供了"轮廓""凸包"和"最小包围盒"三种走刀路线。

④ "精确定位"：用于设置在计算刀具路径时是否忽略刀具的尖角半径值。选中该选项，将会精确计算刀具的位置；否则，将忽略刀具的尖角半径值，此时在倾斜的侧壁上将会留下较多的余料。

⑤ "刀具延展量"：用于设置刀具延展到毛坯边界处的距离，该距离可以是一个固定值，也可以是刀具直径的百分比值。

7.5 平面文本铣削

平面铣削中提供了刻字走刀方式，因此，平面刻字的原理就是采用平面铣中提供的刻字走刀方式来实现平面刻字加工。"平面文本"对话框如图 7-43 所示。

1. 几何体

因平面文本操作是在工件表面上进行的，与有无毛坯没有关系，所以几何体选"MCS_MILL"和"WORKPIECE"均可。

2. 指定制图文本

制图文本为注释文本。单击主菜单中的"插入"→"注释"，启动"注释"对话框。只能在 WCS 坐标系的 XY 平面上插入注释，可以根据需要进行 WCS 坐标系的移动。注释文本创建完成后，用"指定制图文本"选择要加工的文字。

3. 指定底面

该选项用来选择文本加工的平面。

4. 工具

在进行平面文本加工时，刀具的选择非常重要。可以用专用的刻字刀具，也可以用自磨尖刀。

在刀具使用过程中，应尽量避免下扎现象，保证一定的主轴转速，尽量减小刀具伸出长度。

5. 文本深度

"文本深度"是文字凹下平面的深度。

图 7-43 "平面文本"对话框

复习思考题

1. 简述平面铣削加工的特点。
2. 说明平面几何体中,部件边界、毛坯边界、检查边界、修剪边界、底面的含义。
3. 简述平面铣的切削模式,并画出每个切削模式的示意图。
4. 简述面铣与平面铣的区别。
5. 结合图 6-27,说明进给率中切削、快速、逼近、进刀、移刀、退刀、离开的含义。
6. 说明平面铣中,部件余量、最终底面余量、毛坯余量、检查余量、修剪余量的含义。

第8章 轮廓铣加工技术

8.1 概 述

轮廓铣加工技术在数控加工应用上最为广泛，用于大部分的粗加工，以及直壁或者斜度不大的侧壁精加工。轮廓铣加工的特点是刀具路径在同一高度内完成一层切削，遇到曲面时将其绕过，下降一个高度进行下一层的切削。系统按照零件在不同深度的截面形状，计算各层的刀路轨迹。轮廓铣在每一个切削层上，根据切削平面与毛坯和零件几何体的交线来定义切削范围，通过限定高度值，只做一层切削。轮廓铣可用于平面的精加工及清角加工等。

在 UG NX 中，系统提供了轮廓铣加工模板 "Mill_contour"，在这个模板中主要有"型腔铣"和"固定轴曲面铣"两种技术。型腔铣主要用于粗加工，可以切除大部分毛坯材料，几乎适用于加工任意形状的几何体。型腔铣加工子类型模板及其含义见表8-1。固定轴曲面轮廓铣削，是一种用于精加工由轮廓曲面所形成区域的加工方式，它通过精确控制刀具轴和投影矢量，使刀具沿着非常复杂曲面的复杂轮廓运动。固定轴曲面轮廓铣削通过定义不同的驱动几何体来产生驱动点阵列，并沿着指定的投影方向投影到部件几何体上，然后将刀具定位到部件几何体，以生成刀轨。固定轴曲面铣加工子类型模板及其含义见表8-2。

表8-1 型腔铣加工子类型模板及其含义

图标	子类型	子类型说明
	型腔铣	通过移除垂直于固定刀轴的平面切削层中的材料对轮廓形状进行加工。建议用于移除零件型腔与型芯、凹模、铸造件和锻造件上的大量材料
	插铣	通过沿连续插铣运动中的刀轴切削来精加工轮廓形状。建议用于对需要较长刀具和增强刚度的深层区域中的大量材料进行有效的粗加工
	拐角粗加工	对之前刀具处理不到的拐角中的遗留材料进行粗加工。建议用于粗加工中由于刀具直径和拐角半径的原因而处理不到的材料
	剩余铣	移除之前工序所遗留下的材料。建议用于粗加工中由于部件余量、刀具大小或切削层而导致被之前工序遗留的材料
	深度轮廓加工	使用垂直刀轴平面切削对指定层的壁进行轮廓加工。还可以清理各层之间缝隙中遗留的材料。建议用于半精加工和精加工轮廓形状
	深度拐角加工	使用轮廓切削模式精加工指定层中前一个刀具无法触及的拐角。建议用于移除前一个刀具由于其直径和拐角半径的原因而无法触及的材料

表 8-2　固定轴曲面铣加工子类型模板及其含义

图标	子类型	子类型说明
	固定轴曲面铣	用于以各种驱动方法、空间范围和切削模式对部件或切削区域进行轮廓铣。刀轴是 ZM 轴。建议用于精加工轮廓形状
	区域轮廓铣	使用区域铣削驱动方法来加工切削区域中面的固定轴曲面轮廓铣工序。建议用于精加工轮廓形状
	曲面区域轮廓铣	使用曲面区域驱动方法对选定面定义的驱动几何体进行精加工的固定轴曲面轮廓铣工序。建议用于精加工包含光顺整齐的驱动曲面矩形的单个区域
	流线	使用流线和交叉曲线来引导切削模式并遵照驱动几何体形状的固定轴曲面轮廓铣工序。建议用于精加工复杂形状,尤其是要控制光顺切削模式的流和方向
	非陡峭区域轮廓铣	使用区域铣削驱动方法来切削陡峭度大于指定陡峭角的区域的固定轴曲面轮廓铣工序。与"深度轮廓加工"一起使用,以精加工具有不同策略的陡峭和非陡峭区域。切削区域将基于陡角在两个工序划分
	陡峭区域轮廓铣	使用区域铣削方法来切削陡峭度大于指定陡峭角的区域的固定轴曲面轮廓铣工序。在"区域轮廓铣"后使用,以通过将陡峭区域中往复切削进行十字交叉来减少残余高度
	单路径清根	通过清根驱动方法使用单刀路精加工或修整拐角和凹部的固定轴曲面轮廓铣。建议用于移除精加工前拐角处的余料
	多路径清根	通过清根驱动方法使用多刀路精加工或修整拐角和凹部的固定轴曲面轮廓铣。建议用于移除精加工前拐角处的余料
	清根参考刀具	使用清根驱动方法来指定参考刀具确定的切削区域中创建多刀路。建议用于移除由于之前刀具直径和拐角半径的原因而处理不到的拐角中的材料
	实体轮廓 3D	使用部件边界描绘 3D 边或曲线的轮廓。建议用于线框模型
	轮廓 3D	使用部件描绘 3D 边或曲线的轮廓。建议用于线框模型
	轮廓文本	轮廓曲面上的机床文字。建议用于加工简单文本

8.2　型　腔　铣

　　型腔铣操作可用于大部分零件非直壁、岛屿和槽腔底面为平面或曲面的零件的粗加工,以及直壁或斜度不大的侧壁加工,也可用于平面的精加工及清角加工,是数控加工中应用最为广泛的操作。

8.2.1 型腔铣特点

型腔铣操作可移除平面层中的大量材料,最常用于在精加工操作之前对材料进行粗铣。其操作具有以下特点。

①型腔铣根据型腔或型芯的形状,将要加工的区域在深度方向上划分成多个切削层进行切削,每个切削层可以指定不同的深度,生成的刀位轨迹可以不同。

②型腔铣可以采用边界、面、曲线或实体定义"部件几何体"和"毛坯几何体"。

③型腔铣切削效率较高,但加工后会留有层状余量,因此常用于零件的粗加工。

④型腔铣刀轴固定,可用于切削具有带锥度的壁及轮廓底面的部件。平面铣可以加工的零件,型腔铣也可以加工。

⑤型腔铣刀轨创建容易,只要指定"部件几何体"和"毛坯几何体",即可生成刀具路径。

8.2.2 型腔铣与平面铣的比较

平面铣和型腔铣操作作为 UG NX 中最为常用的两种铣削操作,既有相同点,又有不同点。

1. 相同点

①二者都可以切削掉垂直于刀轴的切削层中的材料。

②刀具路径的大部分切削模式相同,可以定义多种切削模式。

③切削参数、非切削参数的定义方式基本相同。

2. 不同点

①"平面铣"使用边界来定义部件材料;"型腔铣"使用边界、面、曲线和体来定义部件材料。

②"平面铣"用于切削具有竖直壁面和平面凸台的部件;"型腔铣"用于切削带有锥形壁面和轮廓底面的部件。

平面铣和型腔铣所存在的上述不同点,决定了它们用途上的不同。"平面铣"用于直壁的、岛屿的顶面和槽腔的底面为平面的零件的加工,而"型腔铣"适用于非直壁的、岛屿和槽腔底面为平面或曲面的零件加工。

8.2.3 型腔铣几何体

型腔铣操作的几何体有多种类型,包括"部件几何体""毛坯几何体""检查几何体""切削区域几何体"和"修剪边界"。型腔铣几何体参数如图 8-1 所示。

1. 部件几何体

"部件几何体"是指最终部件的几何体,即加工完成后的零件。"部件几何体"用于控制刀具切削的深度和范围,可以选择特征、几何体(实体、曲面、曲线)和小面模型来定义"部件几何体"。

2. 毛坯几何体

"毛坯几何体"是指要加工的原材料。"毛坯几何体"可以通过特征、几何体(实体、曲面、曲线)来定义。在型腔铣中,"部件几何体"和"毛坯几何体"共同决定了加工刀具

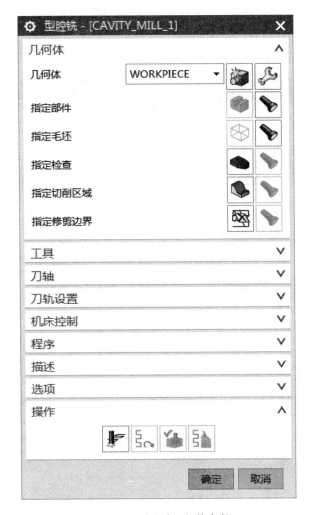

图 8-1 型腔铣几何体参数

路径的范围。在创建等高轮廓铣时，没有"毛坯几何体"选项。

3. 检查几何体

"检查几何体"是指刀具在切削过程中需要避让的几何体，如夹具和其他工装设备等，可以用实体几何对象定义任何形状的"检查几何体"。

4. 切削区域几何体

"切削区域几何体"用来创建局部的型腔铣操作，指定"部件几何体"被加工的区域。切削区域可以是"部件几何体"的一部分，也可以是整个"部件几何体"。在操作过程中选择单个面或多个面作为切削区域。如果不选择切削区域，系统就把已定义的整个"部件几何体"作为切削区域。

5. 修剪边界

"修剪边界"用于进一步控制刀具的运动范围，对生成的刀具路径进行修剪。

8.2.4 型腔铣刀轨设置

在"型腔铣"对话框的"刀轨设置区域"中，有些选项与"平面铣"中的相应对话框基本相同，如"切削模式""步距""非切削移动""进给率和速度""机床控制""编辑显示"和"操作"选项等；而有些选项则有较大差别，如"切削层""切削参数"等，本书只对有较大差别的选项进行介绍。型腔铣"刀轨设置"参数如图 8-2 所示。

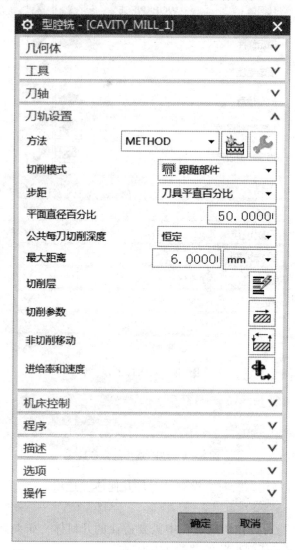

图 8-2 型腔铣"刀轨设置"参数

1. 切削层

"型腔铣"是水平切削操作，包含多个切削层，系统在一个恒定的深度完成切削后才会移至下一深度。对于"型腔铣"，可以指定切削平面，这些切削平面决定了刀具在切除材料时的切削深度。

"切削层"由切削深度范围和每层深度来定义。一个范围包含了两个垂直于刀轴的平面，通过两个切削平面定义切削的材料量。

型腔铣操作中，为了使加工后的余量均匀，可以定义多个切削区域，每个切削区域切削深度可以不同。一般陡峭的切削面可以指定较大的切削层深度，平缓的切削面指定切削层深度应该小一些，以保证加工后残余材料高度一致。

系统会根据所指定的"部件几何体"和"毛坯几何体",基于最高点和最低点自动确定一个切削范围,但系统所确定的切削范围只是一个近似的结果,有时并不满足切削要求,用户可以根据需要进行手动调整。

系统在图形区以不同大小和颜色的平面符号标识切削层。大三角形是范围顶部、范围底部和临界深度;小三角形是切削深度;选定的范围以可视化"选择"颜色显示;其他范围以"加工部件"颜色显示;顶面切削深度以加工"顶面切削层"颜色显示;白色三角形位于顶层或顶层之上;洋红色三角形位于顶层之下;实线三角形具有关联性;虚线三角形不具有关联性。

在"切削层"对话框中可以进行切削层的指定、编辑与删除等操作。"切削层"对话框如图8-3所示。

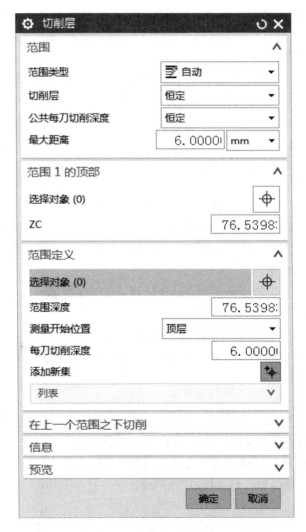

图8-3 "切削层"对话框

(1)范围类型

1)"自动":系统将自动寻找部件中垂直于刀轴矢量的平面。在两个平面之间定义一个切削范围,并且在两个平面上生成一种较大的三角形平面和一种较小的三角形平面,每两个较大的三角形平面之间表示一个切削层，每两个小三角形平面之间表示范围内的切削深度。

2)"用户定义"：允许用户通过定义每个新范围的底面来创建范围。通过选择面定义的范围将保持与部件的关联性，但不会检测新的水平表面。

3)"单个"：根据部件和毛坯几何体设置一个切削范围。"临近深度顶面切削"只在"单个"范围类型中可用。使用此选项时，在完成水平表面下的第一次切削后，直接来切削（最后加工）每个关键深度。切削层在图形窗口中显示为一个大三角形平面。

（2）切削层

"切削层"有"恒定"和"仅在范围底部"选项。

①当选择"恒定"时，系统将切削深度保持为一个恒定值，激活"公共每刀切削深度"的参数设置。

②当选择"仅在范围底部"选项时，系统只会在零件上垂直于刀轴矢量的平面上创建切削层，切削深度设置变为不可用状态，并且只显示较大的三角形平面来显示切削层。

（3）公共每刀切削深度

"公共每刀切削深度"用于定义在一个切削范围内的最大切削深度。系统根据设置值自动计算实际切削层深度。实际切削层深度将尽可能接近公共每刀切削深度值，并且不会超过它。

（4）测量开始位置

"测量开始位置"用来确定如何测量范围参数。当选择点或面来添加或修改范围时，该选项不影响范围的定义。

①"顶层"：从第一个切削范围的顶部开始测量范围深度值。

②"当前范围顶部"：从当前突出显示的范围的顶部开始测量范围深度值。

③"从当前范围底部"：从当前突出显示的范围的底部开始测量范围深度值，也可使用滑尺来修改范围底部的位置。

④"WCS原点"：从工作坐标系原点处开始测量范围深度值。

2. 切削参数设置

型腔铣"切削参数"对话框与平面铣"切削参数"对话框相似，都包括"策略""余量""拐角""连接""空间范围"和"更多"6个选项卡，各选项卡的内容基本相同，下面就不同选项进行说明。

（1）策略

"策略"是"切削参数"对话框默认选项，用于定义最常用的或主要的参数。

"延伸刀轨"是指刀路加工时，为了避开刀轨而直接切入工件，在此指定一段距离值，使刀轨在到达切入点时进行减速切入，有利于提高机床的寿命。

"毛坯距离"是指部件边界到毛坯边界的距离。

（2）余量

"余量"选项卡用于确定完成当前操作后部件上剩余的材料量和加工的容差参数。"使底面余量与侧面余量一致"表示底面的余量和侧面的余量保持一致。若选择此项，对话框中不会出现"部件底面余量"选项；若不选择此项，表示底面余量和侧面余量可以自定义输入。

（3）更多

"容错加工"参数设置是特定于型腔铣的一种切削参数。它是一种可靠的算法,能够找到正确的可加工区域而不过切部件。对于大多数铣削操作,都应将"容错加工"方法打开。它直接影响"修剪毛坯"参数的效果。

"下限选项"选择"使用继承的";"操作"选项选择"警告",可防止底切,当刀路超过下限平面时,会有警告提示。

(4) 空间范围

"空间范围"选项卡如图8-4所示。

图8-4 "空间范围"选项卡

1) 修剪方式。

在型腔铣中,毛坯不是必须定义的,可以在父节点组中创建毛坯,也可以不创建。当在"更多"选项卡中选择"容错加工"时,修剪方式有"无"和"轮廓线"两个选项;当不选择"容错加工"时,修剪方式有"无"和"外部边"两个选项。①"无":如果加工中没有指定毛坯几何体,此选项不能生成刀具路径。②"轮廓线":如果加工中没有指定毛坯几何体,将根据所选部件几何体的外边缘(轮廓线)创建毛坯几何体。方法是沿部件几何体的轮廓定位刀具,并将刀具向外偏置,偏置值为刀具的半径。可以认为是用部件沿刀轴矢量的投影来定义毛坯的。③"外部边":如果加工中没有指定毛坯几何体,将用面、片体或曲面区域的外部边在每个切削层中生成刀轨,方法是沿边缘定位刀具,并将刀具向外偏置,偏置值为刀具的半径。而这些定义部件几何体的面、片体或曲面区域与定义部件几何体的其他边缘不相邻。

2）处理中的工件。

处理中的工件（In Process Workpiece，IPW）是指每一道加工工序完成后生成的残留毛坯，也称处理中的工件或过程毛坯，是型腔铣中非常重要的一个选项。使用处理中的工件的好处如下：①将处理中的工件用做毛坯几何体，允许处理器仅根据实际工件的当前状态对区域进行加工。这就避免在已经切削过的区域中进行空切。②在连续操作中可打开此选项，以便仅切削仍具有材料的区域，半径较小的刀具将仅加工先前使用较大刀具的操作时未切削到的区域。③使用形状相似但增加了长度的一系列刀具，可使用最短的刀具切削最多数量的材料。借助更长的刀具进行后续操作，仅需要加工其他操作无法触及的材料。④在型腔铣内可同时显示操作的输入 IPW 和输出 IPW。在操作导航器中可显示操作的输出 IPW。

处理中的工件有"无""使用 3D"和"使用基于层的"3 个选项。①"无"：该选项是指在操作中不使用处理中的工件。也就是直接使用几何父节点组中指定的毛坯几何体作为毛坯进行切削。②"使用 3D"：该选项是使用小平面几何体来表示剩余材料，系统将激活"最小除料量"选项。在选择"使用 3D"选项时，必须在选择的父节点中指定毛坯几何体。在进行二次开粗时，需要设置此选项。③"使用基于层的"：该选项是使用 2D 切削区域来确定加工剩余材料，能够高效地切削先前操作中留下的弯角和阶梯面。

3）最小除料量。

"最小除料量"用来确定在使用处理中的工件、刀具夹持器或参考刀具时要移除的最小材料量。使用处理中的工件作为毛坯时，尤其是在较大的部件上，系统可能生成刀轨，以移除小切削区域中的材料。在最小材料厚度打开的情况下，刀轨上移除量小于指定量的任何段均受到抑制。仅在较大的切削区域中生成刀轨。

4）检查刀具和夹持器。

"使用刀具夹持器"是"面铣削""等高轮廓铣""固定轴曲面轮廓铣"和"型腔铣"都使用的切削参数。

"使用刀具夹持器"选项有助于避免刀柄与工件的碰撞，并在操作中选择尽可能短的刀具。系统将首先检查刀柄是否会与处理中的工件（IPW）、毛坯几何体、部件几何体或检查几何体发生碰撞。

夹持器在"刀具定义"对话框中被定义为一组圆柱或带锥度的圆柱。系统使用刀具夹持器形状加最小间隙值来保证与几何体的安全距离。任何将导致碰撞的区域都将从切削区域中排除，因此，刀具在刀轨上切削材料时，不会发生刀具碰撞的情况。需排除的材料在每完成一个切削层后都将被更新，以最大限度地增加可切削区域，同时，由于上层材料已切除，使得刀柄在工件底层的活动空间越来越大。必须在后续操作中使用更长的刀具来切削排除的（碰撞）区域。

①"检查刀具和夹持器"：该选项判断是否进行刀具和夹持器的碰撞检查。选择此选项后，系统会在下方增加"IPW 碰撞检查"复选框。

②"小于最小值时抑制刀轨"：勾选此复选框后，定义了刀柄的型腔铣操作将计算在加工该操作中的所有材料时（毛坯或 IPW），为了不发生刀柄的碰撞，需使用的最短刀具的长度，该结果将显示在此切换按钮下。但如果没有生成或更新刀轨，则结果将显示为未知。该选项独立于使用刀柄参数设置，并且不会更改操作当前的参数或所生成的刀轨。计算该值的

处理时间较长，因此，如果没有必要，则不需要在操作中设置该值。只有在更换成满足加工条件的最小长度刀具时，才勾选此项。

③ "最小体积百分比"：定义一步操作必须要将剩余材料的多大体积切下以输出刀轨。此选项可避免在操作中使用只能切掉少量材料的刀具。如果操作没有达到这一百分比，则它的刀轨将被抑制，无法输出，也无法影响 IPW。

5）参考刀具

加工中刀具半径决定了侧壁之间的材料残余，刀具底角半径决定侧壁与底面之间的材料残余，可使用参考刀具加工上一个刀具未加工到的拐角中剩余的材料。该操作的刀轨与其他型腔铣或深度加工操作相似，但是仅限制在拐角区域。该功能大多使用在二次开粗操作中。

可以通过下拉菜单选择现有的刀具或单击"新建"按钮创建新的刀具作为参考刀具。所选择或创建的刀具直径必须大于当前操作所用刀具的直径。

8.3 深度轮廓加工

8.3.1 概述

"深度轮廓加工"也称"等高轮廓铣（ZLEVEL_PROFILE）"，是一个固定轴铣削操作，是刀具逐层切削材料的一种加工类型。

深度轮廓加工的一个关键特征是通过陡峭角把切削区域分成陡峭区域和非陡峭区域。使用深度轮廓加工操作可以先加工陡峭区域，而非陡峭区域可使用后面章节将要学习的固定轴曲面轮廓铣来完成。使用深度轮廓加工，除了部件几何体外，还可以将切削区域几何体指定为部件几何体的子集，以限制要切削的区域。如果没有定义任何切削区域几何体，则系统将整个部件几何体当作切削区域，在生成刀轨的过程中，系统将跟踪该几何体。

在某些情况下，使用型腔铣可以生成类似的刀轨。由于深度轮廓加工操作一般用于半精或精加工落差较大的区域，因此深度轮廓加工具有以下优点：

①深度轮廓加工不需要毛坯几何体。

②深度轮廓加工具有陡峭空间范围，可以对陡峭壁进行精加工，可以保持陡峭壁上的残余波峰高度。

③深度轮廓加工可以在一个操作中切削多个层，可以在一个操作中切削多个特征（区域），在各个层中可以广泛使用线形、圆形和螺旋形进刀方式。

④当首先进行深度切削时，"深度轮廓加工"按形状进行排序，而"型腔铣"按区域进行排序。

⑤在封闭形状上，深度轮廓加工可以通过直接斜削刀部件在层之间移动，从而创建螺旋线形刀轨。

⑥在开放形状上，深度轮廓加工可以交替方向进行切削，从而沿着壁向下创建往复运动。

⑦深度轮廓加工对高速加工尤其有效。

8.3.2 深度轮廓加工参数设置

"深度轮廓加工"对话框如图 8-5 所示。深度轮廓加工的参数与型腔铣的基本相同，本节只对深度轮廓加工特有的选项进行说明。

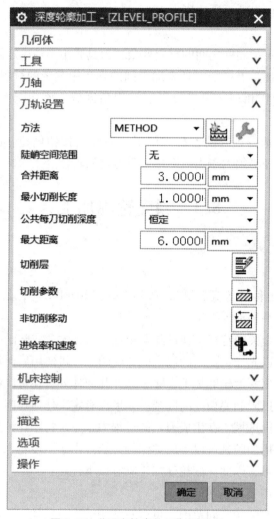

图 8-5 "深度轮廓加工"对话框

1. 陡峭空间范围

陡峭角度是刀具轴线与工件表面加工点处法向矢量所形成的夹角。大于陡峭角度的区域是陡峭区域，反之为非陡峭区域。

"陡峭空间范围"主要用于设置陡峭角度，包括"无"和"仅陡峭的"两个选项。①当选择"无"时，系统将对由"部件几何体"或"指定切削区域"来定义的部件或区域进行切削。②当选择"仅陡峭的"选项时，在指定的区域内，只有陡峭角度大于指定角度的区域才被切削。

2. 合并距离

"合并距离"用于指定连接不连贯的切削运动来消除刀具路径中小的不连续性或不希望

出现的缝隙。这些不连续性发生在刀具从工件表面退刀的位置，有时是由表面间的缝隙引起的，或者当工件表面的陡峭度与指定的陡峭角度非常接近时，由工件表面陡峭度的微小变化引起的。输入的"合并距离"值决定了连接切削移动的端点时刀具要跨过的距离。

3. 最小切削长度

"最小切削长度"用于消除小于指定值的刀轨段。当切削运动的距离比指定的最小切削长度值小时，系统不会在该处创建刀具路径。指定合适的最小切削长度，可消除工件中孤岛区域内的较小段刀具路径。

4. 切削参数

（1）策略

"在边上延伸"用于避免刀具切削外部边缘时停留在边缘处。常使用该选项来加工部件周围多余的铸件材料。通过它在刀轨刀路的起点和终点添加切削移动，以确保刀具平滑地进入和退出部件。使用"在边上延伸"可省去在部件周围生成带状曲面。

"在边缘滚动刀具"用于控制是否发生边缘滚动。边缘滚动通常是一种不希望出现的情况，发生在驱动轨迹的延伸超出部件表面的边缘时，刀具仍在与部件表面接触的同时试图达到边界，刀具沿着部件表面的边缘滚动很可能会过切部件。

（2）连接

1）层到层。

"层到层"是深度轮廓加工的专有切削参数。使用"层到层"主要用于确定刀具从一层到下一层的移动方式。"层到层"有"使用转移方法""直接对部件进刀""沿部件斜进刀"和"沿部件交叉斜进刀"4个选项。①"使用转移方法"：将使用在"进刀/退刀"对话框中所指定的任何信息。刀具在完成每个刀路后，都抬刀至安全平面。②"直接对部件进刀"：在进行层间运动时，刀具在完成一切削层后，直接在零件表面运动至下一切削层，刀路间没有抬刀运动，大大减少了刀具空运动的时间。"直接对部件进刀"与"使用转移方法"并不相同，直接转移是一种快速的直线移动，不执行过切或碰撞检查。③"沿部件斜进刀"：跟随部件从一个切削层到下一个切削层。切削角度为"进刀/退刀"参数中指定的斜角。这种切削具有更恒定的切削深度和残余波峰，并且能在部件顶部和底部生成完整刀路，减少了很多不必要的退刀，特别适合高速加工。④"沿部件交叉斜进刀"：刀具从一个切削层进入下一个切削层的运动是一个斜式运动，与沿部件斜进刀相似，且所有斜式运动首尾相接，同样减少了很多不必要的抬刀，特别适合高速加工。

2）在层之间切削。

使用该选项等于同时使用深度轮廓加工和平面铣来加工部件。在平面区域使用平面铣，在陡峭区域使用深度轮廓加工。选择"在层之间切削"后，系统会出现"步距"和"短距离移动上的进给"两个子选项。①"步距"选择"使用切削深度"选项时，平面区域的步进距离将使用深度轮廓加工操作的切削深度值。②"短距离移动上的进给"通过"最大移刀距离"中的数值来确定从平面区域到陡峭区域的最大距离。

（3）空间范围

"使用2D工件"是"深度轮廓加工"和"固定轴曲面轮廓铣"都使用的切削参数。该选项可以与"使用刀具夹持器"选项结合使用，也可以单独使用。

选中此项后，系统将在同一"几何体组"的先前操作中搜索具有在刀具夹持器碰撞检测中保存的"2D工件"的操作。如果找到该操作,则来自其他操作的"2D工件"将用做当前操作中的修剪几何体,以包含刀具的切削运动。如果选择"使用刀具夹持器"选项,则系统会执行进一步的碰撞检测,所有碰撞区域都会在当前操作中保存为"2D工件"几何体,以便用于后续操作中。

8.4 插 铣

8.4.1 概述

1. 插铣介绍

插铣法(Plunge Milling),又称 Z 轴铣削法,是实现高切除率金属切削最有效的加工方法之一。它是一种固定轴操作类型,通过刀具轴向运动高效地进行大切削量的去除材料。与常规加工方法相比,插铣法加工效率高,加工时间短,且可应用于各种加工环境,既适用于单件小批量的一次性原型零件加工,也适合大批量零件制造,因此是一种极具发展前途的加工技术。无论对于大金属量切削加工,还是对具有复杂几何形状的航空零件的加工,插铣法都应该是优先考虑的加工手段。此外,插铣加工还具有以下优点。

① 可减小工件变形。

② 可降低作用于铣床的径向切削力,这意味着轴系已磨损的主轴仍可用于插铣加工而不会影响工件加工质量。

③ 刀具悬伸长度较大,非常适合对难以到达的较深的壁进行加工。

④ 能实现对高温合金材料的切槽加工。

使用插铣粗加工的轮廓外形通常会留下较大的刀痕和台阶,一般在后续操作中使用处理中的工件,以便获得更一致的剩余余量。

2. 插铣刀具

专用插铣刀主要用于粗加工或半精加工,它可切入工件凹部或沿着工件边缘切削,也可铣削复杂的几何形状,包括进行清角加工。插铣刀刀体和刀片的设计使其可以最佳角度切入工件,通常插铣刀的切刃角度为87°或90°,进给率范围为 0.08 ~ 0.25 mm/齿。每把插铣刀上装夹的刀片数量取决于铣刀直径。插铣刀如图 8-6 所示。

图 8-6 插铣刀

3. 插铣选择

某种工件的加工是否适合采用插铣方式,主要应考虑加工任务的要求,以及所使用加工机床的特点。如果加工任务要求很高的金属切除率,则采用插铣法可大幅度缩短加工时间。

另一种适合采用插铣法的场合是当加工任务要求刀具轴向长度较大时(如铣削大凹腔或深槽),由于采用插铣法可有效减小径向切削力,因此,与侧铣法相比,具有更高的加工稳定性。此外,当工件上需要切削的部位采用常规铣削方法难以到达时,也可考虑采用插铣法。

从机床的适用性考虑,如果所用加工机床的功率有限,则可考虑采用插铣法,这是因为插铣加工所需功率小于其他螺旋铣刀铣削,从而有可能利用老式机床或功率不足的机床获得较高的加工效率。另外,由于插铣加工时径向切削力较低,因此,非常适合应用主轴轴承已磨损的老式机床。插铣法主要用于粗加工或半精加工,因机床轴系磨损引起的少量偏差不会对加工质量产生较大影响。

8.4.2 插铣刀轨参数设置

插铣"刀轨设置"参数如图8-7所示。

图8-7 "刀轨设置"参数

1. 步距、向前步长和向上步距

① "步距":又称"横越步长",用于控制连续切削刀路之间的距离。

② "向前步长":指定从一次插入到下一次插入向前移动的步长。系统可能会减小应用的向前步长,以使其在最大切削宽度值内,如图8-8所示。对于非对中切削工况,"横越步长距离"或"向前步长距离"必须小于指定的最大切削宽度值。

③ "向上步距":指切削层之间的最小距离,用来控制插削层的数目。

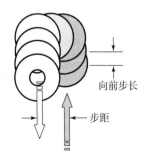

图8-8 步距和向前步长

2. 最大切削宽度

"最大切削宽度"是刀具切削时的最大加工宽度。此参数主要取决于插铣操作的刀具类型,它通常由刀具制造商根据刀片的尺寸来提供。"最大切削宽度"可以限制"步进距离"

和"向前步长"的距离值,以便防止刀具的非切削部分插入实体材料中。

3. 点

"点"选项用于控制插铣操作的"预钻进刀点"和"切削区域起点"。"预钻进刀点"允许刀具沿着刀轴下降到一个空腔中,刀具可以从此处开始进行腔体切削。"切削区域起点"决定了进刀的近似位置和步进方向。在"插铣"对话框中,单击"点"按钮,系统弹出"控制几何体"对话框,如图 8-9 所示。

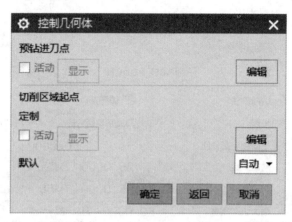

图 8-9 "控制几何体"对话框

在"控制几何体"对话框中,"活动"表示刀具将使用指定的控制点进入材料。"显示"将高亮显示所有的控制点及它们相关的点编号,作为临时屏幕显示,以供视觉参考。

(1) 预钻进刀点

"预钻进刀点"允许指定"毛坯"材料中先前钻好的孔内或其他空腔内的点作为进刀位置。所定义的点沿着刀轴投影到用来定位刀具的"安全平面"上,然后刀具沿刀轴向下移动至空腔中,并直接移动到每个切削层上由系统确定的起点。在"预钻进刀点"区域中单击"编辑"按钮,系统弹出如图 8-10 所示的"预钻进刀点"对话框。

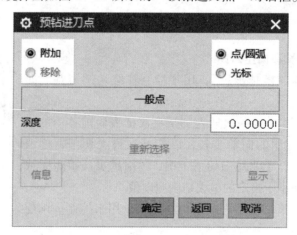

图 8-10 "预钻进刀点"对话框

"预钻进刀点"对话框中的参数含义如下:①"附加":允许在开始时指定点,也允许以后再添加点。②"移除":可删除点。③"点/圆弧":允许在现有的点处或现有圆弧的中点处指定"预钻进刀点"。④"光标":可使用光标在 WCS 的 XC-YC 平面上表示点的位置。⑤"一般点":可用点构造器子功能来定义相关的或非相关的点。⑥"深度":该值决定将使用"预钻进刀点"的切削层的范围。对于在指定"深度"处或指定"深度"以内的切削层,系统使用"预钻进刀点"。对于低于指定"深度"的层,系统不考虑"预钻进刀点"。通过输入一个足够大的"深度"值或将"深度"值保留为默认的零值,以将"预钻进刀点"应用到所有的切削层。"深度"示意图如图 8-11 所示。

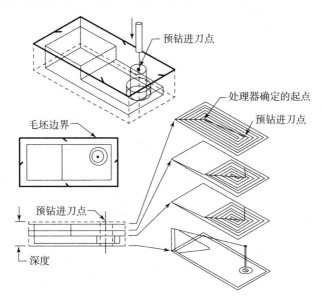

图 8-11 "深度"示意图

如果在插铣操作中指定了多个"预钻进刀点",则使用此区域中距离系统确定的起点最近的点。只有在指定深度内向下移动到切削层时,刀具才使用"预钻进刀点",一旦切削层超出了指定的深度,则系统将不考虑"预钻进刀点",并使用系统决定的起点。

(2)切削区域起点

可通过指定定制起点或默认区域起点来定义刀具进刀位置和步进方向。定制起点不必定义精确的进刀位置,它只需定义刀具进刀的大致区域,系统根据起点位置、指定的切削模式和切削区域的形状来确定每个切削区域的精确位置。如果指定了多个起点,则每个切削区域使用与此切削区域最近的点。

"编辑"用来定制起点,控制刀具逼近每个切削区域壁的近似位置。单击"编辑"按钮,系统弹出"切削区域起点"对话框,如图 8-12 所示。

"切削区域起点"对话框中的参数含义如下:①"上部的深度":指定使用当前"定制切削区域起点"的深度范围的上限。深度沿着刀轴从最高层平面起测量,不管该平面是由"毛坯"边界定义还是由"部件"边界定义。"定制切削区域起点"不会用于"上部的深度"之上的"切削层"。②"下方深度":指定使用当前"定制切削区域起点"的深度范围的下限。深度沿着刀轴从最高层平面起测量,不管该平面是由"毛坯"边界定义还是由"部件"边界定义。"定制切削区域起点"不会用于"下方深度"之下的"切削层"。

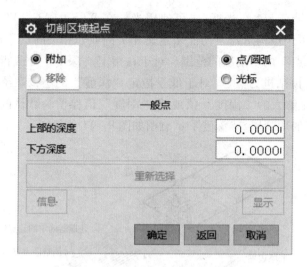

图 8-12 "切削区域起点"对话框

"上部的深度"和"下方深度"可定义要使用"定制切削区域起点"的切削层的范围。只有在这两个深度上或介于这两个深度之间的切削层可以使用"定制切削区域起点"。如果"上部的深度"和"下方深度"值都设置为零（默认情况），则"切削区域起点"应用至所有的层。位于"上部的深度"和"下方深度"范围之外的切削层使用"默认切削区域起点"。确保在指定点之前设置深度值，否则不能将深度值赋予"切削区域起点"。

（3）默认

"默认"为系统指定了"标准"和"自动"两种方法决定切削区域起点。只有在没有定义任何"定制切削区域起点"时，系统才会使用"默认"中选定的方法。①"标准"：可建立与区域边界的起点尽可能接近的"切削区域起点"。边界的形状、切削模式和岛与腔体的位置可能会影响系统定位的"切削区域起点"与"边界起点"之间的接近程度。移动"边界起点"会影响"切削区域起点"的位置。②"自动"：将在最不可能引起刀具没入材料的位置设置为切削区域起点。

4. 插削层

"插削层"用来设置插削深度，默认是到工件底部。每一个插削操作中的切削层只有顶部层和底部层。

5. 转移方法

"转移方法"：每次进刀完毕后，刀具退刀至设置的平面上，然后进行下一次的进刀。"转移方法"有"安全平面"和"自动"两个选项。

①"安全平面"：指每次都退刀至设置的安全平面高度。

②"自动"：指自动退刀至最低安全高度，即在刀具不过切且不碰撞时，ZC 轴轴向高度和设置的安全距离之和。

6. 退刀距离和退刀角

"退刀距离"用来设置退刀时的退刀距离。"退刀角"设置刀具切出材料时刀具移动方向与 ZC 轴的倾角。

8.5 固定轴曲面铣

8.5.1 概述

固定轴曲面铣（Fixed Contour）又称为固定轴轮廓铣，简称曲面铣，是用于精加工由轮廓曲面所形成的区域的加工方法，通过精确控制刀轴和投影矢量，使刀轨沿着非常复杂的曲面的复杂轮廓移动。固定轴曲面铣是 UG NX 中用于曲面精加工和半精加工的主要方式，通过选择不同的驱动方式和走刀方式，可以产生用于曲面加工的不同刀具路径。

固定轴曲面铣首先由驱动几何体产生驱动点，并按投影方向投影到部件几何体上得到投影点。刀具在投影点处与部件几何体接触。其次，程序根据接触点位置的部件表面曲率半径、刀具半径等因素，计算出刀具定位点。最后，刀具从一个定位点移动到下一个定位点，如此重复形成刀轨。图 8-13 所示为固定轴曲面铣的铣削原理图。

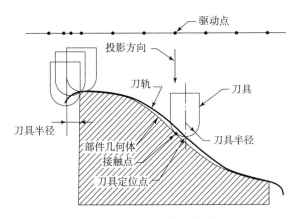

图 8-13 固定轴曲面铣的铣削原理图

在进行固定轴曲面铣削的操作中，要定义被加工的几何体，找到合适的驱动方法、投影矢量与刀轴，再设置必要的加工参数，最后生成刀具路径进行模拟加工。"固定轮廓铣"对话框如图 8-14 所示。

8.5.2 驱动方法

固定轴曲面铣削中最重要的一项就是驱动方法。UG NX 提供了多种类型的驱动方法。驱动方法是决定曲面加工质量好坏和机床运行效率高低的重要设置。如果驱动方法设置不当，则零件的加工质量就会有影响，严重情况下会造成过切。

驱动方法定义创建刀具路径所需的驱动点。驱动点一旦定义，就可用于创建刀具路径。选择合适的驱动方法应该由要加工的表面的形状和复杂性，以及刀具轴和投影矢量要求决定。所选的驱动方法决定了可以选择驱动几何体的类型，以及可用的投影矢量、刀具轴和切削模式。每次更改驱动方法时，都必须重新指定驱动几何体、投影矢量和驱动参数。在多种驱动方法中，区域铣削驱动、清根驱动和文本驱动仅适用于 2.5 或 3 轴的数控机床加工，其

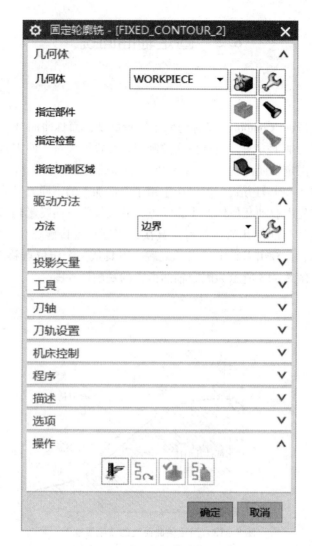

图 8-14 "固定轮廓铣"对话框

余的驱动方法则可以在任何铣床上加工。

"指定切削区域"几何体适用于"区域铣削"方式和"清根"方式，并且可以在驱动方法设置中继续进行定义。其他驱动方式能够在驱动方法设置中设置切削区域。

1. 曲线/点

"曲线/点"驱动方法是通过指定点和选择曲线或面边缘来定义驱动几何体，驱动几何体投影到工件几何体上，然后在此生成刀轨。曲线可以是开放的或封闭的、连续的或非连续的，以及平面的或非平面的。此驱动方法一般用于筋槽的加工和字体的雕刻。

①当由"点"定义驱动几何体时，刀具沿着刀轨按照指定的顺序从一个点运动至下一个点，如图 8-15 所示。同一个点可以使用多次，只要它在顺序中没有被定义为连续的即可。

②当由曲线定义驱动几何体时，刀具沿着刀轨按照所选的顺序从一条曲线运动至下一条曲线，如图 8-16 所示。

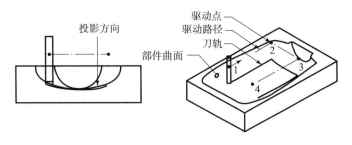

图 8-15 点驱动方式

曲线/点驱动方法有时会使用一个负余量值,它允许刀具只切削所选"部件表面"下面的区域,同时创建一个槽,如图 8-17 所示。

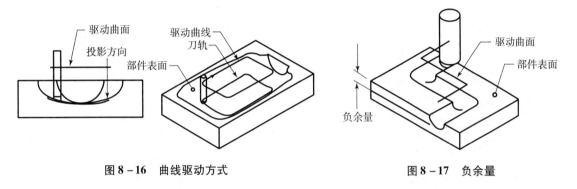

图 8-16 曲线驱动方式　　　　　　　　图 8-17 负余量

2. 螺旋式

螺旋式驱动方法定义从指定的中心点向外螺旋的驱动点。驱动点在垂直于投影矢量并包含中心点的平面上创建,沿着投影矢量投影到所选择的部件表面上,如图 8-18 所示。

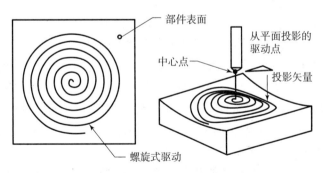

图 8-18 螺旋式驱动

螺旋驱动方法中通过中心点、螺旋方向、步距和最大螺旋半径来控制刀轨。"中心点"定义螺旋的中心,它是刀具开始切削的位置。如果不指定中心点,则程序将使用绝对坐标系的原点。如果中心点不在部件表面上,则它将沿着已定义的投影矢量移动到部件表面上。螺旋的方向由"顺铣"或"逆铣"方向控制。

螺旋式驱动方法步进时不需要突然改变方向,因此可以产生光顺、稳定的向外过渡刀轨。此种驱动方法一般用于加工圆形工件和高速加工切削。

3. 边界

(1) 边界驱动方法

边界驱动方法通过指定边界和环定义切削区域。系统将已定义的切削区域的驱动点按照指定的投影矢量的方向投影到部件表面,生成刀轨,如图 8 – 19 所示。

边界驱动方法在加工部件表面时最为常用,它需要最少的刀轴和投影矢量控制。边界驱动方法与平面铣的工作方式大致相同,但是与平面铣不同的是,边界驱动方法可用来创建允许刀具沿着复杂表面轮廓移动的精加工操作。

在边界驱动方法中,边界可以由一系列曲线、现有的永久边界、点或面创建。边界可以超出部件表面的大小范围,也可以在部件表面内限制一个更小的区域,还可以与部件表面的边重合,如图 8 – 20 所示。

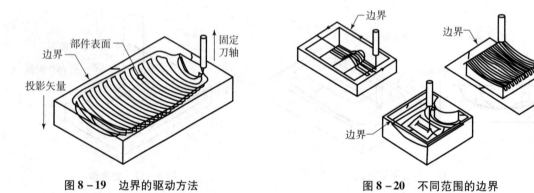

图 8 – 19 边界的驱动方法　　　　　　图 8 – 20 不同范围的边界

(2) 边界驱动方法设置

边界驱动方法的设置是在"边界驱动方法"对话框中完成的,如图 8 – 21 所示。
"边界驱动方法"对话框中的各参数的含义如下:

1)"指定驱动几体":定义和编辑驱动几何体的边界。

2)"边界偏置":通过指定偏置来控制边界上遗留的材料量。

3)"部件空间范围":通过沿着所选部件表面和表面区域的外部边缘创建环来定义切削区域。包括"关""最大的环"和"所有环"选项。①"关":不使用零件边界的空间范围选项来定义切削区域。②"最大的环":使用零件中最大的封闭区域作为环来定义切削区域。选择该选项系统将自动捕捉最大环。③"所有环":零件上所有封闭环都可以作为环来定义切削区域。选择该选项,系统将自动捕捉所有环。

4)"切削模式":该选项用来定义刀轨的形状,选择不同的切削模式对应的后续参数选项不同,以下将针对固定轴曲面轮廓铣独有的切削模式作详细说明。

①"径向"切削也称放射状切削,由用户指定或系统计算的最优中心点向外延伸,包括"径向单向""径向往复""径向单向轮廓"和"径向单向步进" 4 种。在定义切削模式时,允许将加工腔体的方式指定为"向内"或"向外"方式,也允许指定一个对于此切削图样是唯一的角度步距。

②"同心"圆弧切削是以用户指定的或系统自动计算的最优中心点为圆心,同心圆弧半径逐渐增大或逐渐减小的圆形切削图样,包括"同心单向""同心往复""同心单向轮廓"和"同心单向步距" 4 种。在定义切削模式时,允许将加工腔体的方式指定为"向内"

图 8-21 "边界驱动方法"对话框

或"向外"方式，在完整的圆图样无法延伸到的区域，系统将在刀具移动到下一个拐角之前生成同心圆弧，且这些圆弧由指定的切削类型进行连接。

③ "单向"：单向是一个单方向的切削类型，它通过退刀从一个切削刀路转换到下一个切削刀路，转向下一个刀路的起始点，然后以同一方向连续切削。

④ "往复"：往复可在刀具以一个方向系统弹出部件时创建相反方向的刀路。这种切削类型可以通过允许刀具在步进间保持连续的进刀来最大化切削移动。在相反方向，切削的结果是生成一系列的交替顺铣和逆铣。

⑤ "单向轮廓"：单向轮廓是一个单向切削类型，切削过程中，刀具沿着步进的边界轮廓移动。

⑥ "单向步进"：单向步进创建带有切削步距的单向图样，显示了单向步进的切削和非切削运动。

4. 区域铣削

区域铣削驱动方法类似于边界驱动方法，通过指定切削区域来定义一个固定轴曲面轮廓铣操作，但是它不需要驱动几何体，并且使用一种稳固的自动免碰撞空间范围计算方法。切削区域可以通过选择曲面区域、片体或面来定义。在指定切削区域时，可在需要的情况下增加"陡峭空间范围"和"修剪边界"约束。

（1）陡峭空间范围

"陡峭空间范围"用于控制残余高度和避免刀具切入陡峭曲面上的材料。"无"是指不在刀轨上施加陡峭度限制，而是加工整个切削区域。"非陡峭"是指只在部件表面角度小于陡峭角度值的切削区域内加工。"定向陡峭"是指只在部件表面角度大于陡峭角度值的切削区域内加工。

（2）步距已应用

在"步距已应用"选项中可以通过切换"在平面上"和"在部件上"来应用步距计算方式。

"在平面上"：系统生成用于操作的刀轨时，步距是在垂直于刀轴的平面上测量的。如果将此刀轨应用于具有陡峭壁的部件，那么此部件上实际的步距不相等。"在平面上"最适用于非陡峭区域加工。

"在部件上"：可用于使用往复切削类型的"跟随周边"和"平行"切削模式。系统生成用于操作的刀轨时，沿着部件测量步距。通过该选项可以对"部件几何体"较陡峭的部分维持更紧密的步距，以实现对残余高度的附加控制。

（3）陡峭切削模式

陡峭切削模式有"深度加工单向""深度加工往复"和"深度加工往复上升"3种方式。其中"深度加工往复上升"走刀方式与"深度加工往复"走刀基本相同，只是根据设置的内部进刀、退刀和跨越运动，在路径间抬起刀具，但没有分离与逼近运动。

（4）区域连接

"区域连接"选项是指将发生在一个部件的不同切削区域之间的进刀、退刀和移刀次数最小化。

5. 曲面

"曲面"驱动方法将创建一个位于"驱动曲面"栅格内的"驱动点"阵列。将"驱动曲面"上的点按指定的"投影矢量"方向投影，即可在"部件表面"上创建"刀轨"。如果未定义"部件表面"，则可以直接在"驱动曲面"上创建"刀轨"。"曲面"驱动方法不仅适用于固定轴机床，也适用于可变轴机床。

驱动曲面不要求一定是平面，但是其栅格必须按一定的栅格行序或列序进行排列。相邻的曲面必须共享一条公共边，且不能包含超出在"首选项"中定义的"链公差"的缝隙，如图8-22所示。

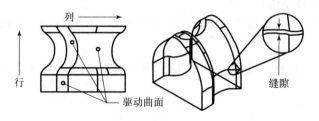

图8-22 非均匀的行列驱动面

1）"切削步长"

控制沿切削方向驱动点之间的距离，如图8-23所示。

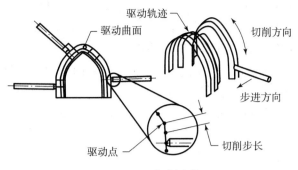

图 8-23 切削步长

2) 过切时

指定在切削运动过程中,当刀具过切驱动曲面时软件的响应方式,包括"无""警告""跳过"和"退刀"等方式。

① "无":表示不更改刀轨,不考虑过切;不将警告消息发送到刀轨或 CLSF(刀具位置源文件)。"无"生成刀轨示意图如图 8-24 所示。

② "警告":表示不更改刀轨,不考虑过切,但将警告消息发送到刀轨和 CLSF。

③ "跳过":表示通过仅移除引起过切的刀具位置来更改刀轨,结果将是从过切前的最后位置到不再过切时的第一个位置的直线刀具运动。当从驱动曲面直接生成刀轨时,刀具不会触碰凸角处的驱动曲面,并且不会过切凹区域。"跳过"生成刀轨示意图如图 8-25 所示。

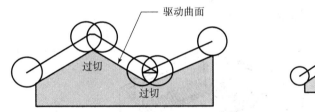

图 8-24 "无"生成刀轨示意图

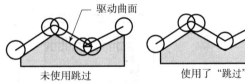

图 8-25 "跳过"生成刀轨示意图

④ "退刀":表示使用"非切削移动"对话框中定义的进刀和退刀参数,避免过切。

6. 流线

流线驱动方法根据选中的几何体来构建隐式驱动曲面。此驱动方法可以灵活地创建刀轨,规则面栅格无须进行整齐排列。

流线驱动方式的驱动路径由流曲线和交叉曲线产生。使用"流线"时,可以先在几何体中设置部件切削区域,然后手工选择流曲线和交叉曲线。当指定交叉曲线时,系统将创建线段来连接流曲线的末端。如果流曲线比较复杂,可添加中间交叉曲线,以生成较好的驱动曲面。

在"驱动曲线选择方法"中有"自动"和"指定"两种方式。"自动"是系统自动在指定的切削区域几何体上生成驱动曲面。"指定"是手工选择流曲线和交叉曲线。

7. 刀轨

刀轨驱动方法沿着"刀具位置源文件"中的刀轨来定义"驱动点",以在当前操作中创建一个类似的"曲面轮廓铣刀轨"。"驱动点"沿着现有的"刀轨"生成,然后投影到所选的部件表面上,来创建新的刀轨。新的刀轨是沿着曲面轮廓形成的。"驱动点"投影到"部件表面"上时所遵循的方向由"投影矢量"确定。

如图8-26所示,首先使用"平面铣"切削类型来创建"刀轨",将刀具位置源文件(CLSF)导出。再使用固定轴曲面铣"刀轨驱动方法"创建刀具路径时,导入先生成的CLSF,然后将平面生成的刀轨按照"投影矢量"的方向投影到"部件表面"上,创建"曲面轮廓铣刀轨"。

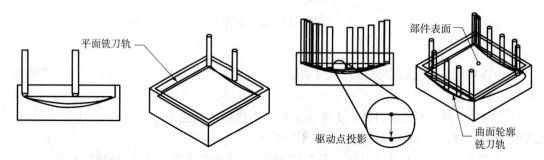

图8-26 "刀轨驱动方法"的固定轴曲面轮廓铣

8. 径向切削

径向切削驱动方式使用指定的步进距离、带宽和切削模式,来创建沿着给定边界,并垂直于给定边界的"驱动路径",此驱动方式特别适用于清根操作,如图8-27所示。

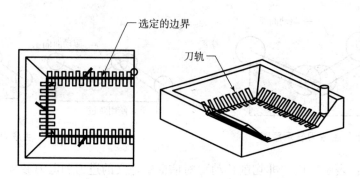

图8-27 径向切削驱动方法

"材料侧的条带"用来定义材料一侧的边界平面上的加工区域带宽。"另一侧的条带"用来定义材料另一侧的带宽。"刀轨方向"用来确定刀具沿着边界移动的方向,包括"跟随边界"和"边界反向"两个子选项。

9. 清根

"清根驱动方法"能够沿着"部件表面"形成的凹角和凹谷生成刀轨。生成的刀轨可以进行优化,方法是使刀具与部件尽可能保持接触并最小化非切削移动。"自动清根"只能用于"固定轴轮廓铣"操作。使用清根的优点:①可以用来在使用"往复"切削模式加工之前减缓角度。②可以移除之前较大的球面刀遗留下来的未切削的材料。③"清根"路径沿着凹谷和角而不是固定的切削角或UV方向。使用"清根"后,当将刀具从一侧移动到另一侧时,刀具不会嵌入。系统可以最小化非切削移动的总距离,可以通过使用"非切削移动"

模块中可用的选项在每一端获得一个光顺的或标准的转弯。④可以通过允许刀具在步距间保持连续的进刀来最大化切削运动。⑤每次加工一个层的某些几何体类型，并提供用来切削"多个"或 RTO（参考刀具偏置）清根两侧的选项，在每一端交替地进行圆角或标准转弯，并在每一侧提供从陡峭侧到非陡峭侧的选项。此操作的结果是利用更固定的切削载荷和更短的非切削移动距离来切削部件。"清根驱动方法"对话框如图 8-28 所示。

图 8-28 "清根驱动方法"对话框

（1）驱动几何体

1）最大凹度。使用"最大凹度"可以切削小于指定值的凹角、凹谷及沟槽。"最大凹度"右侧的文本框中输入的凹角值必须大于 0，并且小于或等于 179。

2）最小切削长度。"最小切削长度"能够除去可能发生在部件的隔离区内的短刀轨分段，不会生成比此值更小的切削运动。在除去可能发生在圆角相交处的非常短的切削运动时，此选项尤其有用。

（2）驱动设置

驱动设置"清根类型"有以下选项：①"单刀路"：将沿着凹角和凹谷产生一个切削刀路。②"多刀路"：通过指定步距和每侧步距数，在清根中心的两侧产生多个切削刀路。此选项可激活"步距""每侧步距数"和"顺序"选项。③"参考刀具偏置"：通过指定一个参考刀具直径来定义加工区域的总宽度,并且指定加工区中的步距,在以凹槽为中心的任意两边产生多条切削轨迹。此选项激活"重叠距离"选项。

(3) 陡峭空间范围

"陡峭空间范围"根据输入的"陡峭角度"控制操作的切削区域,分为陡峭部分和非陡峭部分以限制切削区域,避免刀具在零件表面产生过切。

(4) 非陡峭切削/陡峭切削

非陡峭/陡峭切削模式可定义刀具从一个切削刀路移动到下一个切削刀路的方式。

①切削模式。切削模式类型包括往复、单向、往复上升。

②步距。"步距"可指定连续的单向或往复切削刀路之间的距离。

③每侧步距数。"每侧步距数"能够指定要在清根中心每一侧生成的刀路数目。只有在指定了"多刀路"的情况下,该选项才是可用的。

④顺序。"顺序"可确定执行"往复"和"往复上升"切削刀路的顺序。只有在指定了"多刀路"或"参考刀具偏置"的情况下,"顺序"才是可用的。各个"顺序"选项参数及其含义见表8-3。

表8-3 "顺序"选项参数及其含义

选项	含 义
由内向外	从清根刀轨中心开始,沿凹槽切第一刀,从一侧向外走刀;刀具运动回清根中心,再从另一侧向外走刀,然后刀具在两侧间交替向外切削
由外向内	从清根刀轨中心的一个外侧开始,向内走刀到清根中心;然后刀具运动到另一侧的外侧,再向内走刀到清根中心
后陡	单向切削,从非陡峭侧向陡峭侧走刀,刀具穿过中心
先陡	单向切削,从陡峭侧向非陡峭侧走刀,刀具穿过中心
由内向外交替	从清根刀轨的中心开始,沿凹槽切第一刀,交替地从内向外走刀,每次在一侧走刀一次后即转到另一侧走刀一次,总是保持从内向外走刀
由外向内交替	从最外一侧开始,交替地从外向内走刀,走刀到另一侧的最外侧,再到另一侧的外侧,一直走刀到清根刀轨的中心

(5) 参考刀具

系统根据指定的参考刀具直径计算双切点,然后用这些点来定义精加工操作的切削区域,输入的参考刀具直径必须大于当前操作所使用的刀具直径。只有在指定清根类型为"参考刀具偏置"的情况下,该选项才是可用的。双切点示意图如图8-29所示。

"重叠距离"用于指定通过参考刀具偏置定义的沿着相切表面向外延伸的宽度。

10. 文本

文本驱动方法可直接在轮廓表面雕刻制图文本。"指定切削区域"用来定义文本加工的轮廓曲面。"指定制图文本"用来定义要进行雕刻的制图文本。如果制图文本不在轮廓表面上,会沿投影矢量投影到指定的轮廓表面。

11. 用户定义

"用户定义"通过临时退出 NX 并执行一个内部用户函数程序来生成驱动轨迹。此功能

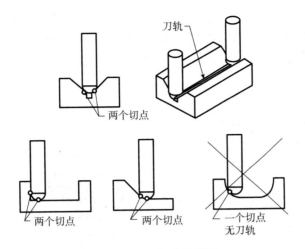

图 8-29 双切点示意图

通过在 NX 外部创建驱动轨迹,然后调用到当前操作中作为刀轨驱动路径,从而提供更多的系统灵活性。

8.5.3 投影矢量和刀轴

固定轴曲面轮廓铣中的投影矢量和刀轴选择在很大程度上决定了所生成的刀具路径和加工效率。

1. 投影矢量

固定轴曲面轮廓铣中的投影矢量定义如何将驱动点投影到部件表面,包括指定矢量、刀轴、远离点、朝向点、垂直驱动体等多种方法。

(1)指定矢量

该选项通过指定某一矢量来作为投影矢量。

(2)刀轴

该选项将刀轴作为投影矢量,这是系统默认的方法。当驱动点向"部件几何体"投影时,其投影方向与刀轴矢量方向相反,如图 8-30 所示。

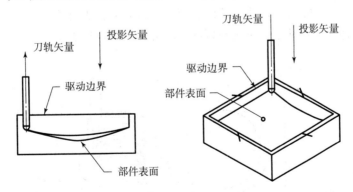

图 8-30 驱动轨迹以投影矢量的方向投影

(3)远离点

"远离点"选项创建从指定的焦点向部件表面延伸的投影矢量。此选项可用于加工焦点在球面中心处的内侧球形(或类似球形)曲面。驱动点沿着偏离焦点的直线从驱动曲面投影到部件表面上生成刀具轨迹,焦点与"部件表面"之间的最小距离必须大于刀具半径。远离点如图8-31所示。

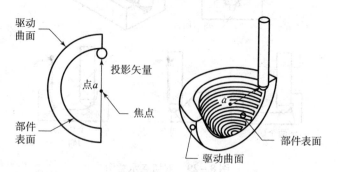

图8-31 远离点

(4) 朝向点

"朝向点"选项创建从部件表面延伸至指定焦点的投影矢量。投影矢量的方向从"部件几何体"表面指向焦点。此选项可用于加工焦点在球中心处的外侧球形(或类似球形)曲面,如图8-32所示。

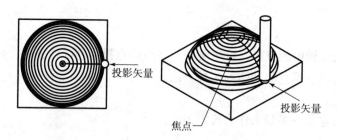

图8-32 朝向点

(5) 远离直线

该选项创建从指定的直线延伸至部件表面的投影矢量,如图8-33所示。当选择"远离直线"时,系统将弹出对话框,供用户选择一种方法来指定聚焦线。

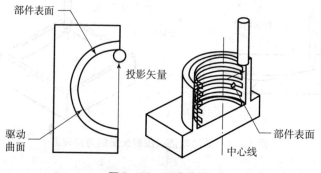

图8-33 远离直线

(6) 朝向直线

"朝向直线"将创建从部件表面延伸至指定直线的投影矢量,如图8-34所示。

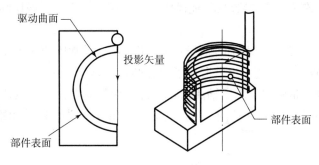

图8-34 朝向直线

(7) 垂直于驱动体

"垂直于驱动体"选项相对于驱动曲面法线定义投影矢量。投影矢量按驱动曲面材料侧法向矢量的反向矢量进行计算。使用此选项可以使驱动点均匀分布到凸起程度较大的部件表面上,如图8-35所示。

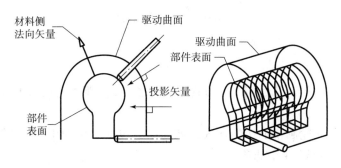

图8-35 垂直于驱动体

(8) 朝向驱动体

"朝向驱动体"的工作方法与"垂直于驱动体"投影方式的类似,但该选项指定在与材料侧面距离为刀具直径的点处开始投影,以避免铣削到计划外的几何体。

(9) 侧刃划线

"侧刃划线"定义平行于驱动曲面的侧刃划线的投影矢量,如图8-36所示。使用带锥度的刀具时,"侧刃划线投影矢量"可以防止过切驱动曲面。

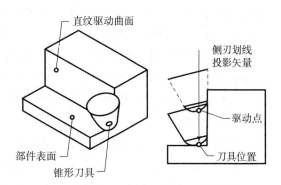

图8-36 侧刃划线

2. 刀轴

刀轴为一个矢量,其方向是从刀尖指向刀柄。刀具轴的定义包括"指定矢量""动态"和"+ZM 轴"3种。在加工时,固定轴轮廓铣的刀轴始终平行于定义的矢量。如果没有指定刀具轴,则"+ZM"为默认的刀具轴方向。

8.5.4 切削参数

固定轴曲面轮廓铣的切削参数与其他操作一样，用于指定刀具做切削运动时的参数。

1. 策略

"策略"是"切削参数"对话框默认选项，用于定义最常用的或主要的参数。与型腔铣相比，此处的"延伸刀轨"选项组中增加了"在凸角上延伸"选项。

"在凸角上延伸"是专用于固定轴曲面轮廓铣的切削参数，选择该选项可以在切削运动通过内凸边时提供对刀轨的附加控制，以防止刀具驻留在这些边上，如图 8-37 所示。

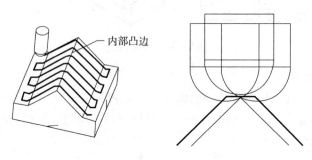

图 8-37 在凸角上延伸

2. 更多

（1）切削步长

"最大步长"用于控制几何体上的刀具位置点之间沿切削方向的最大线性距离。

（2）倾斜

"倾斜"是专用于轮廓铣的切削参数，该选项组包括"斜向上角""斜向下角""优化刀轨"和"延伸至边界"4 个选项。

"斜向上角/斜向下角"：该参数允许指定刀具的向上和向下角度运动限制。角度是从垂直于刀具轴的平面测量的。斜向角度必须在 0°～90°，如果该值为 90°，将不使用这个选项。此时刀具运动不受任何限制。

"优化刀轨"：使系统在将斜向上和斜向下角度与单向或往复结合使用时优化刀轨。优化意味着在保持刀具与部件尽可能接触的情况下计算刀轨，并最小化刀路之间的非切削运动。

"延伸至边界"：可在创建仅向上或仅向下切削时将切削刀路的末端延伸至部件边界。

（3）清理

"清理几何体"可创建点、边界或曲线等，以便加工后能够标识剩余的未切削材料，后续的精加工操作可使用"清理几何体"来清理剩余的材料。"清理几何体"可以创建临时显示元素或永久实体。清理几何体如图 8-38 所示。

需要注意的是，在后续操作中使用"清理几何体"时，应该始终使用与创建"清理几何体"时所用的相同的投影矢量。只有这样，边界才可以沿相同矢量重新投影到部件曲面，并可正确标识未切削区域。

未切削材料可以产生在多种情况下，包括双接触点、斜向上角、斜向下角及陡峭曲面等。在刀具无法进入的切削区域，会出现双接触点，从而在刀具下方产生未切削材料残留。当指定斜向上角和斜向下角时，在角和小的腔体内也可能会有未切削材料残留，如图 8-39 所示。

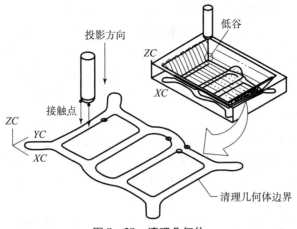

图 8-38 清理几何体

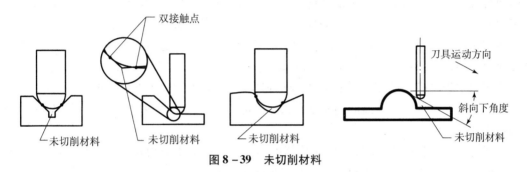

图 8-39 未切削材料

在"切削参数"对话框的"更多"选项卡中,单击"清理几何体"按钮,系统将弹出"清理几何体"对话框,如图 8-40 所示。

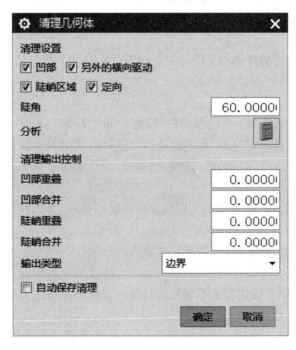

图 8-40 "清理几何体"对话框

① "凹部"：由双接触点或指定的斜向上角和斜向下角导致的未切削材料所残留的区域称为凹部。凹部可创建表示未切削区域的接触条件封闭边界，它允许系统识别由双接触点导致的残余未切削材料，以及斜向上角度和斜向下角度阻碍刀具去除材料的位置所残留的未切削材料。当使用往复切削模式时，系统有时因切削方向和步距大小无法识别角和低谷，在这些情况下，另外的横向驱动可用于识别所有低谷和斜角。方法是通过创建与往复运动成90°的另外的横向驱动。

② "另外的横向驱动"：在边界驱动方法中使用往复切削模式。它可以为低谷生成另外的清理实体。由于步距方向而致使系统无法生成双接触点时，这个选项很有用。此选项可通过创建与切削方向成90°的另外的横向驱动来使系统生成另外的双接触点。另外的横向驱动不保存为刀轨仅用于计算双接触点。

③ "陡峭区域"：陡峭区域允许系统识别超出指定陡角的部件曲面上的未切削材料。不论曲面角度在何处超出用户指定的陡峭角度，它都可创建表示未切削区域的"接触"条件封闭边界。选择该选项，系统仅将平行于切削方向的部件曲面识别为可能的陡峭区域。

④ "定向"：当确定用于创建清理几何体的陡峭区域时，定向允许指定系统是识别所有部件曲面，还是仅识别平行于切削方向的部件曲面。当选择定向时，系统仅将平行于切削方向的曲面识别为可能的陡峭区域；当不选择定向时，系统将所有曲面识别为可能的陡峭区域，然后系统会比较所识别曲面的角度与指定的陡角，并在生成刀轨时为超出陡角的所有曲面创建清理几何体。

⑤ "分析"：此选项仅对陡峭区域检测可用，并可排除生成刀轨的必要性，以评估清理几何体输出。单击该按钮将创建边界，并根据陡峭区域、方向和陡角设置进行评估。

⑥ "清理输出控制"：该选项组中的参数项根据"清理设置"选项组中的参数设置设定，只有在同时勾选"凹部"和"陡峭区域"复选框时，才会显示并设置参数。

8.5.5 非切削移动

固定轴曲面铣的非切削移动与平面铣的非切削移动有许多相似之处，本节只对不同之处进行介绍。

1. 进刀

进刀选项包括"开放区域""根据部件/检查"和"初始"3个选项组。"根据部件/检查"用于在检查几何体处指定进刀/退刀运动。当进刀点或退刀点延伸相切，可能会出现过切或碰撞时，则应用此选项。"初始"选项为切削运动之前的第一个进刀运动指定参数。

2. 转移/快速

"转移/快速"指定刀具如何从一个切削刀路移动到另一个切削刀路。

（1）区域距离

"区域距离"用于确定是区域之间还是区域内的设置。

（2）公共安全设置

"公共安全设置"用于确定安全平面及其具体位置。刀具在进刀前和退刀后会移动到该平面上。

1）"点"：该选项通过使用"点构造器"子功能将关联或非关联的点指定为"安全几何体"。"点"安全几何体如图8-41所示。

2) "圆柱":通过"点构造器"指定中心,使用"矢量构造器"指定轴,并输入半径值,从而将圆柱指定为"安全几何体",圆柱的长度是无限的。"圆柱"安全几何体如图 8-42 所示。

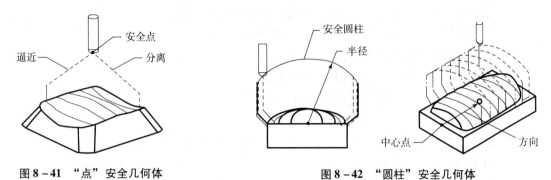

图 8-41 "点"安全几何体　　　　图 8-42 "圆柱"安全几何体

3) 球:"球"通过使用"点构造器"功能指定球心,并输入半径值来将球指定为"安全几何体"。"球"安全几何体如图 8-43 所示。

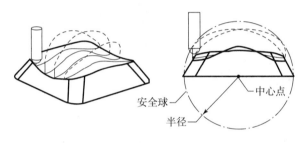

图 8-43 "球"安全几何体

4) 边框:"边框"通过指定与"部件几何体"的间隙来生成矩形框作为"安全几何体"。

(3) 区域之间/区域内

"区域之间/区域内"用于控制刀具在不同切削区域之间/切削区域内部的逼近、分离和移刀等运动形式。

(4) 初始的和最终的

该选项用于设置初始进刀和最终退刀的逼近、分离运动形式。

3. 光顺

"光顺"可以产生一系列的接近圆弧的跨越运动,并相切于进刀和退刀路径。"光顺"为"开"和"关"时的进退刀如图 8-44 所示。

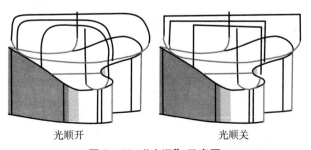

图 8-44 "光顺"示意图

复习思考题

1. 型腔铣的特点是什么？型腔铣与平面铣有什么不同之处？
2. 型腔铣的切削层是如何定义的？具体参数设置有哪些？
3. 简述型腔铣进行二次开粗的过程。
4. IPW 的含义是什么？使用 IPW 有什么好处？
5. 深度轮廓铣中，陡峭角度是如何确定的？
6. 简述插铣的工作原理及其优点。
7. 简述插铣的步距、向前步长、向上步距、最大切削宽度的含义。
8. 简述固定轴轮廓铣的工作原理。
9. 简述固定轴曲面铣的驱动方法。
10. 简述固定轴曲面铣的投影矢量的设置方法。

第9章 数控铣削多轴加工

9.1 概　　述

现代制造业所面对的经常是具有复杂型腔的高精度模具制造和复杂型面产品的外形加工，其共同特点是以复杂三维型面为结构体，整体结构紧凑，制造精度要求高，加工成型难度极大。

随着机床基础制造技术的发展，多轴机床在生产制造过程中的使用越来越广泛。尤其是针对某些复杂曲面或者精度非常高的机械产品，加工中心的大面积覆盖将多轴加工推广得越来越普遍，从而使多轴铣削的使用日渐广泛。

9.1.1 多轴数控铣床

多轴数控铣床在加工过程中除提供 X、Y、Z 方向的线性移动外，还提供绕 X 轴、Y 轴和 Z 轴转动的 A 轴、B 轴和 C 轴，通常将具有4轴铣加工和5轴铣加工的数控机床统称为多轴铣加工机床。多轴数控铣加工技术是数控技术中难度最大、通常应用在尖端领域中的加工技术。多轴数控铣加工技术集计算机控制、高性能伺服驱动和精密加工技术于一体，应用于复杂零件的高效、精密、自动化加工。而其中的五轴联动数控铣床是发电、船舶、航空航天、汽车、模具、高精密仪器等军用和民用部门必不可少的关键加工设备。

多轴数控铣床按照旋转轴个数分类，通常可以分为四轴数控铣床和五轴数控铣床。如果按照旋转轴的结构和形式分类，通常可分为主轴旋转多轴数控铣床和工作台旋转多轴数控铣床。四轴数控铣床结构一般比较简单，该类机床通常属于工作台旋转的多轴数控铣床，其通常是"3+1"的结构形式，即在工作台上安装一个绕 X 轴旋转的转盘，从而形成 X 轴、Y 轴、Z 轴和 A 轴4个联动轴。五轴数控铣床结构变化较复杂，其具体分类也有多种方式。按照主轴头的安装方式，可以分为立式（主轴方向沿机床的 Z 轴方向）和卧式（主轴方向沿机床的 Y 轴方向）；按照旋转轴与线性轴的关系，可以分为双旋转工作台机床、双旋转主轴台机床、一个旋转工作台与一个旋转主轴头机床。

双旋转工作台机床是一个工作台做回转运动，另一个工作台做偏摆运动，回转工作台附加在偏摆工作台上，随偏摆工作台的运动而运动。其中偏摆工作台通常称为机床的第四轴，而回转工作台通常称为机床的第五轴。双旋转工作台机床适用于质量小的零件加工。因为零件放置在旋转工作台上，所以降低了机床的刚性。在装夹工件时，应考虑机床沿线性轴（X、Y、Z）的运动极限。

双旋转主轴头机床是通过主轴头在两个方向上的旋转来实现五轴联动加工，适用于大尺寸和重型零件加工，便于工件装夹。双旋转主轴头机床适用于高速铣削加工，广泛应用于汽车、航空产品的制造。

一个旋转工作台与一个旋转主轴头机床通过一个旋转工作台和一个旋转主轴头来实现五轴联动加工，这种形式通常用于中、小型机床，适合加工回转体式的工件。

利用多轴铣床进行多轴加工，实际上在大多数情况下可考虑为平面加工或固定轴曲面加工。在这种情况下，机床的旋转轴首先进行旋转，将加工工件（针对具有旋转工作台的机床）或刀具主轴（针对具有旋转主轴头的机床）旋转到一定方位，然后对工件进行类同于三轴数控的加工，在对工件的实际连续切削过程中，加工工件或刀具主轴方位并不随着切削的进给而改变，这种加工方式即是多轴铣定位加工。

9.1.2　多轴数控铣床的优点

采用多轴数控加工，具有如下几个优点：

（1）减少基准转换，提高加工精度

多轴数控加工的工序集成化不仅提高了工艺的有效性，而且由于零件在整个加工过程中只需一次装夹，加工精度更容易得到保证。

（2）缩短生产过程链，简化生产管理

多轴数控机床的完整加工大大缩短了生产过程链。由于只把加工任务交给一个工作岗位，不仅使生产管理和计划调度简化，而且透明度明显提高。工件越复杂，它相对传统工序分散的生产方法的优势就越明显。由于生产过程链的缩短，在制品数量必然减少，可以简化生产管理，从而降低了生产运作和管理的成本。

（3）减少工装夹具数量和占地面积

由于过程链的缩短和设备数量的减少，工装夹具数量、车间占地面积和设备维护费用也就会减少。

（4）缩短新产品研发周期

对于航空航天、汽车等领域的企业，有的新产品零件及成型模具形状很复杂，精度要求也很高，而具备高柔性、高精度、高集成性和完整加工能力的多轴数控加工中心可以很好地解决新产品研发过程中复杂零件加工的精度和周期问题，大大缩短研发周期和提高新产品的成功率。

9.1.3　多轴数控铣削加工子类型

多轴数控铣削编程相当复杂，基本上不可能采用人工来进行数控编程，而应借助于数控编程软件。在 UG NX 中，系统提供了多个多轴数控铣削模板来满足多轴数控铣削的需要。多轴铣削加工子类型模板的含义见表 9-1。

表 9-1　多轴铣削加工子类型模板的含义

图标	子类型	子类型说明
	可变轮廓铣	用于对具有各种驱动方法、空间范围、切削模式和刀轴的部件或切削区域进行轮廓铣的基础可变轮廓铣。建议用于轮廓曲面的可变轴精加工

续表

图标	子类型	子类型说明
	可变流线铣	使用流曲线和交叉曲线来引导切削模式并遵照驱动几何体形状的可变轮廓铣工序。建议用于精加工复杂形状，尤其是要控制光顺切削模式的流和方向
	外形轮廓铣	使用外形轮廓铣驱动方法以刀刃侧面对斜壁进行轮廓加工的可变轮廓铣工序。建议用于精加工，诸如机身部件中找到的那些斜壁
	固定轮廓铣	用于对具有各种驱动方法、空间范围和切削模式的部件或切削区域进行轮廓铣的基础轴曲面轮廓铣工序。建议用于精加工轮廓形状
	深度加工五轴铣	深度铣工序，将侧倾刀轴用于远离部件几何体，避免在使用短球头铣刀时与刀柄/夹持器碰撞。建议用于精加工轮廓形状，如无底切的注塑模、凹模、铸造和锻造
	顺序铣	使用三、四或五轴刀具移动连续加工一系列曲面或曲线。建议用于在需要对刀具和刀路高度控制时的精加工

在多轴铣削加工子类型模板中，可变轮廓铣和顺序铣是基本类型，也是最常用的两种多轴曲面铣操作。

9.2 刀轴控制

可变刀轴是指刀具随着刀位轨迹的变化持续改变刀具轴线的方向来控制刀具加工工件。在 UG NX 中，刀具轴线的定义为从刀具中心指向刀柄中心的矢量方向。

1. 远离点、朝向点

（1）"远离点"

控制刀轴的方法是通过指定一个聚焦点来定义可变刀轴矢量，以指定的聚焦点设置为起点并指向刀柄所形成的矢量作为可变刀轴矢量。聚焦点必须位于刀具与部件几何体接触表面的另一侧。"远离点"定义的刀轴位置如图 9-1 所示。

（2）"朝向点"

控制刀轴的方法是通过指定一个聚焦点来定义可变刀轴矢量，以刀尖与工件表面的接触点为起点并指向指定的聚焦点所形成的矢量作为可变刀轴矢量。要求聚焦点必须与部件几何体在同一侧。"朝向点"定义的刀轴位置如图 9-2 所示。

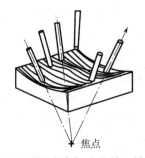

图 9-1 "远离点"定义的刀轴位置

图 9-2 "朝向点"定义的刀轴位置

2. 远离直线、朝向直线、相对于矢量

（1）"远离直线"

控制刀轴的方法是通过指定一条直线作为"焦点线"来定义可变刀轴矢量，控制刀轴矢量沿着该直线的全长并垂直于直线，刀轴矢量从该"焦点线"指向刀尖。要求"焦点线"必须位于刀具与部件几何体接触表面的另一侧。"远离直线"定义的刀轴位置如图9-3所示。

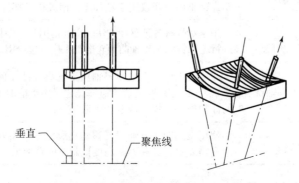

图9-3 "远离直线"定义的刀轴位置

（2）"朝向直线"

控制刀轴的方法是通过指定一条直线作为"焦点线"来定义可变刀轴矢量，控制刀轴矢量沿着该直线的全长并垂直于直线，刀轴矢量从刀尖指向该"焦点线"。要求"焦点线"必须位于刀具与部件几何体接触表面的同一侧。"朝向直线"定义的刀轴位置如图9-4所示。

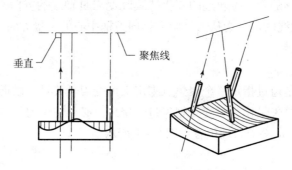

图9-4 "朝向直线"定义的刀轴位置

（3）"相对于矢量"

该方法通过指定刀轴矢量与某个矢量相关，并且设置相对于该矢量的转角度，通过"前倾角"和"侧倾角"来控制刀轴矢量进行偏转。在"相对于矢量"对话框中，有"指定矢量""前倾角"和"侧倾角"3个参数。①"指定矢量"指定与刀轴矢量相关的某个矢量。②"前倾角"定义刀具沿着刀具运动方向向前或向后倾斜的角度。前倾角度为正值时，刀具沿着刀具运动方向向前倾斜；前倾角度为负值时，刀具沿着刀具运动方向向后倾斜。前倾角受控于刀具运动方向。③"侧倾角"定义刀具相对于刀具路径向外倾斜的角度。沿着刀具路径看，侧倾角度为正值时，刀具向刀具路径右边倾斜；侧倾角度为负值时，刀具向刀具路径左边倾斜。与前倾角不同，侧倾角总是固定朝向一个方向，并不受控于刀具运动方向。"相对于矢量"定义的刀轴位置如图9-5所示。

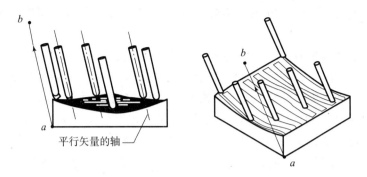

图 9-5 "相对于矢量"定义的刀轴位置

3. 垂直于部件、相对于部件

(1)"垂直于部件"

该方法能够控制可变刀轴矢量在每一个接触点处垂直于零件几何体表面。该法要求工件表面曲率变化比较平缓,这样才能得到较好的加工质量。"垂直于部件"定义的刀轴位置如图 9-6 所示。

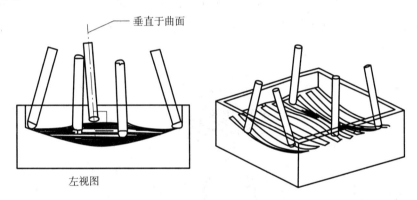

图 9-6 "垂直于部件"定义的刀轴位置

(2)"相对于部件"

该方法能够定义变化的刀轴,控制刀轴相对于部件表面的法向矢量向前或向后偏转一个角度(前倾角),沿着刀具路径向左或向右偏转一个角度(侧倾角)。该方法与"相对于矢量"方法相似,只是使用了部件几何体表面的法向矢量代替了一个矢量而已。"相对于部件"定义的刀轴位置如图 9-7 所示。

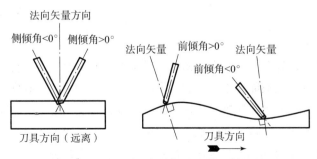

图 9-7 "相对于部件"定义的刀轴位置

4. "4轴，垂直于部件""4轴，相对于部件""双4轴，相对于部件"等

（1）"4轴，垂直于部件"

该方式可以用来创建第4轴的旋转角度，通过指定第4轴及其旋转角度来定义刀轴矢量。刀轴先从部件几何体表面的法向投影到旋转轴的法向平面，然后再基于刀具运动方向向前或向后倾斜一个旋转角度来最终确定刀轴矢量。在"4轴，垂直于部件"对话框中有"旋转轴"和"旋转角度"两个参数。"旋转轴"通过指定矢量来定义旋转轴（第4轴）。"旋转角度"用来指定刀轴基于刀具运动方向向前或向后倾斜的角度。旋转角度为正时，刀轴基于刀具路径方向向前倾斜；旋转轴角度为负时，刀轴基于刀具路径方向向后倾斜。与前倾角不同，它不取决于刀具的运动方向，而总是向部件几何体表面法线的同一侧倾斜。"4轴，垂直于部件"定义的刀轴位置如图9-8所示。

（2）"4轴，相对于部件"

其与"4轴，垂直于部件"方法非常相似，通过指定第4轴及其旋转角度、前倾角和侧倾角来定义刀轴矢量，即先将部件表面法向矢量基于刀具运动方向向前或向后旋转前倾角、向左或向右旋转侧倾角，然后再把旋转后的矢量投影到正确的第4轴运动平面，最后旋转一个旋转角度得到刀轴矢量。该方法通常应用于4轴数控铣床的编程中，尤其是第4轴为旋转工作台的数控设备，所以这种情况下侧倾角应设置为0°。"4轴，相对于部件"定义的刀轴位置如图9-9所示。

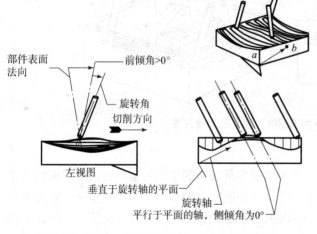
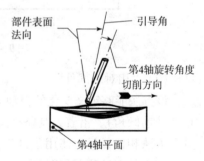

图9-8 "4轴，垂直于部件"定义的刀轴位置

图9-9 "4轴，相对于部件"定义的刀轴位置

（3）"双4轴，相对于部件"

该方法与"4轴，相对于部件"方法相同，通过设定第4轴及其旋转角度、前倾角、侧倾角来定义刀轴矢量。该方法只能用于往复式（Zig-Zag）切削方法，在Zig和Zag两个方向上建立4轴运动，通常用于五轴数控机床行切曲面，分别在行切方向和横向跨越方向建立四轴运动，可以得到比较好的表面质量。旋转轴通常为两个互相垂直的坐标轴，如带A和B旋转轴的设备中，旋转轴为XC和YC轴。"双4轴，相对于部件"定义的刀轴位置如图9-10所示。

（4）"4轴，垂直于驱动体"

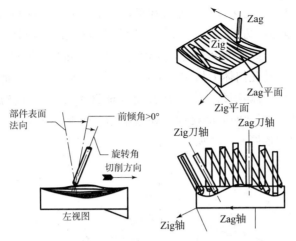

图 9-10 "双 4 轴，相对于部件"定义的刀轴位置

通过指定第 4 轴及其旋转角度来定义刀轴矢量，即刀轴先从驱动面法向旋转到旋转轴的法向平面，然后基于刀具运动方向向前或向后倾斜一个旋转角度。

(5) "4 轴，相对于驱动体"

通过指定第 4 轴及其旋转角度、前倾角和侧倾角来定义刀轴矢量，即先指定刀轴从驱动曲面法向、基于刀具运动方向向前或向后倾斜前倾角度和侧倾角度，然后投影到正确的第 4 轴运动平面，最后旋转一个旋转角度。

(6) "双 4 轴，相对于驱动体"

该方法与"双 4 轴，在部件上"的参数基本相同。

5. 优化后驱动、插补

(1) "优化后驱动"

系统提供一个优化函数而得到的刀轴控制方式。该方法使刀具前倾角与驱动几何体曲率匹配，在凸起部分，系统保持小的前倾角，以便移除更多材料；在下凹区域中，系统自动增加前倾角，以防止刀刃过切驱动几何体，并使前倾角足够小，以防止刀前端过切驱动几何体。"优化后驱动"如图 9-11 所示。

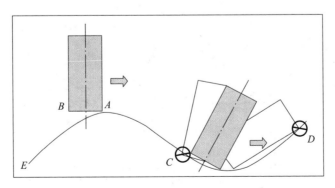

图 9-11 "优化后驱动"

(2) "插补"

允许用户通过自定义点和矢量来控制刀轴矢量。对于变化复杂的零件曲面，当驱动曲面

变化较大时,导致刀轴矢量变化过大。通过在指定点定义矢量来控制刀轴矢量,可以得到较光顺的加工曲面。"插补"方法分为"插补矢量""插补角度至部件"和"插补角度至驱动"3种。①"插补矢量":选择该方式需要指定一个插补的矢量方向。②"插补角度至部件":通过点构造器在驱动几何体上指定一个点,再在刀具与部件表面的接触点处指定相对于驱动曲面法向的前倾角与侧倾角。③"插补角度至驱动":通过点构造器在驱动几何体上指定一个点,再在刀具与驱动曲面的接触点处指定相对于驱动曲面法向的前倾角与侧倾角。"插补"定义的刀轴位置如图9-12所示。

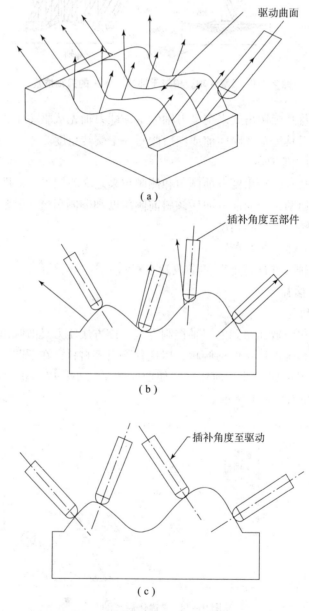

图9-12 "插补"定义的刀轴位置

(a)插补矢量;(b)插补角度至部件;(c)插补角度至驱动

6. 垂直于驱动体、相对于驱动体、侧刃驱动体

(1) "垂直于驱动体"

该方法在每一个接触点处创建垂直于驱动曲面的刀轴矢量。因为刀轴跟随驱动曲面，而不是部件几何体表面，所以可产生更光顺的往复切削运动。当工件曲面非常复杂时，可以用比较光顺的驱动曲面控制刀轴，从而得到较好的加工表面质量。垂直于驱动体的刀轴运动如图 9-13 所示。

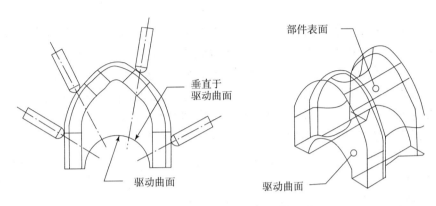

图 9-13　垂直于驱动体的刀轴运动

(2) "相对于驱动体"

该方法控制刀轴相对于驱动面的法向矢量运动方向向前或向后偏转一个"前倾角"的角度，沿着刀具路径向左或向右偏转一个"侧倾角"。"相对于驱动体"定义的刀轴位置如图 9-14 所示。

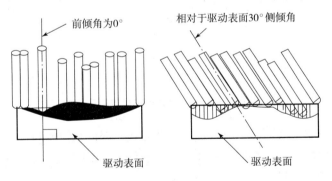

图 9-14　"相对于驱动体"定义的刀轴位置

(3) "侧刃驱动体"

该方法通过驱动曲面的线来定义刀轴矢量。该刀轴控制方法可以使刀具的侧刃加工驱动面、刀具底刃加工部件面。如果刀具是不带锥度的立铣刀，则刀具的轴线是平行于驱动面的直纹线；如果使用锥铣刀，则刀轴与驱动面的直纹线成一定的角度。当选择多个驱动面时，驱动面必须按照相邻面顺序选择，并且保证相邻面边缘相连。

9.3 可变轴曲面轮廓铣

9.3.1 概述

可变轴曲面轮廓铣又称为可变轮廓铣(VARIABLE_CONTOUR),是相对固定轴加工而言的。

可变轮廓铣是通过控制刀具轴、投影矢量和驱动方法来实现在加工过程中使刀具轴线方向改变而进行铣削的一种加工方法,也就是刀具轴线方向随着加工表面的法线方向不同而做相应改变,从而改善加工过程中刀具的受力情况,放宽对加工表面复杂性的限制。

可变轮廓铣的加工原理与固定轴曲面轮廓铣的加工原理基本相同。从驱动几何体上产生驱动点,再将驱动点沿着一个指定的投影矢量投影到部件几何体上,生成刀位轨迹点,同时检查该刀位轨迹点是否过切或欠切。如果该刀位轨迹点满足要求,则输出该点驱动刀具运动,刀具在接触点对部件面进行加工,生成刀轨的输出刀具位置为刀尖的中心位置。刀轴按设定参数进行变化。在没有指定部件几何体的情况下,驱动面上生成驱动点后直接变成刀具接触点生成刀轨。可变轮廓铣加工原理如图9-15所示。

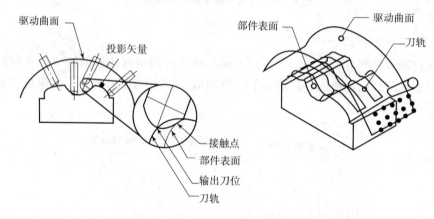

图9-15 可变轮廓铣加工原理

可变轮廓铣也有驱动几何体、驱动点、驱动方式、部件几何体和投影矢量等概念,且定义方式与固定轴曲面轮廓铣的相同。两者的对话框相似,不同之处在于可变轮廓铣提供了刀具轴的控制和对驱动刀轨投影方向的控制选项。

可变轮廓铣的驱动方法包括曲线/点驱动、螺旋线驱动、边界驱动、曲面区域驱动、流线驱动、刀具轨迹驱动、径向切削驱动和外形轮廓铣驱动。这些驱动方式的定义与固定轴曲面铣的一致。值得注意的是,可变轮廓铣没有区域驱动与清根驱动,在实际加工中使用曲面区域驱动和边界驱动比较多。

9.3.2 创建过程

1. 创建可变轮廓铣操作

单击"插入"工具栏上的"创建工序"按钮,弹出图9-16所示的"创建工序"对话框,选择"类型"下拉列表框中"mill_multi-axis"选项,选择"工序子类型"为"可变轮廓铣",单击"确定"按钮,将弹出图9-17所示的"可变轮廓铣"对话框。在该对话框中从上到下进行设置,可完成可变轮廓铣的数控加工编程。

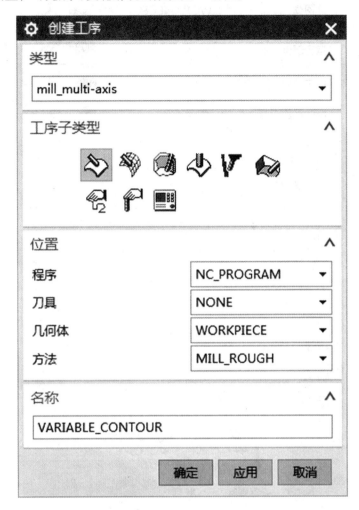

图9-16 "创建工序"对话框

2. 确定几何体

确定几何体可以指定几何体组参数,也可以直接指定部件几何体、检查几何体及切削区域几何体等。

3. 确定刀具

在"可变轮廓铣"对话框的"工具"面板中选择已有的刀具,也可以单击"新建"创建一把新的刀具作为当前操作使用的刀具,并且可以选择后面的"显示"选项来查看创建刀具的三维效果图。

4. 选择驱动方法并设置驱动参数

在可变轮廓铣操作中,选择驱动方法是主要的设置,并且根据不同的铣削方式设置其驱动参数。

驱动方法用于定义创建刀轨时的驱动点。有些驱动方法沿指定曲线定义一串驱动点,有

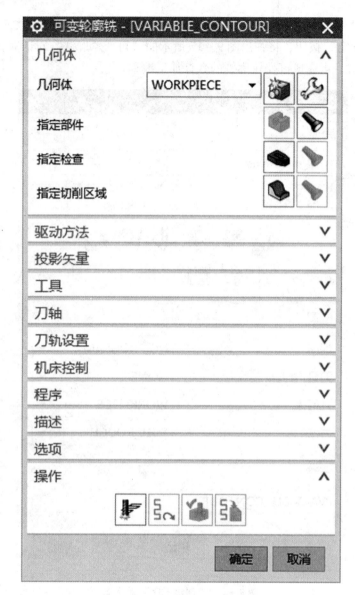

图 9-17 "可变轮廓铣"对话框

些驱动方法则在指定的边界内或指定的曲面上定义驱动点阵列。只要定义了驱动点，就可以创建刀轨。若未指定零件几何，则直接从驱动点创建刀轨；若指定了零件几何，则把驱动点沿投影方向投影到零件几何上创建刀轨。选择何种驱动方法，与要加工的零件表面的形状及其复杂程度有关。只要指定了驱动方法，可以选择的驱动几何的类型也就被确定了。

可变轴轮廓铣的驱动方法除了没有"区域铣削"驱动方法外，与固定轴曲面铣的驱动方法基本相同。本章以"边界驱动"和"曲面驱动"两种驱动方法为例介绍了各参数的含义及设置。

5. 投影矢量的设置

投影矢量用于确定驱动点投影到零件几何表面上的方向，以及刀具与零件几何表面的哪一侧接触。一般情况下，驱动点沿投影矢量方向投影到零件几何体表面上，有时当驱动点从驱动曲面向零件几何体表面投影时,可能沿投影矢量相反方向投影。刀具沿投影矢量与零件几何体表面的一侧接触。可用投影矢量的类型取决于所选择的驱动方法。

6. 刀轴的设置

刀轴设置的类型取决于所选择的驱动方法。边界驱动的刀轴设置和曲面驱动的刀轴设置通常采用"垂直于部件"选项。

7. 刀轨设置

根据需要,打开"刀轨设置"的下一级对话框并进行切削参数、非切削移动、进给率和速度等参数的设置。在选项参数中,大部分参数可以按照系统默认值进行运算,但对于切削参数中的"余量""进给率"和"主轴转速"参数,通常都需要进行设置。

8. 生成刀轨、检验刀轨

在操作对话框中指定了所有参数后,单击对话框底部"操作"面板中的"生成"按钮生成刀轨。

对于生成的刀轨,单击"操作"面板中的"重播"按钮或"确认"按钮检验刀轨的正确性。确认正确后,单击"确定"按钮关闭对话框,完成可变轮廓铣操作的创建。

9. 后处理

单击"加工操作"工具栏上的"输出 CLSF"按钮、"后处理"按钮、"车间文档"按钮,可以分别生成 CLSF 文件、NC 程序和车间文档。

9.3.3 边界驱动

边界驱动方法通过指定"边界"来定义切削区域。"边界"与零件表面的形状和尺寸无关。由边界定义产生的驱动点沿着投影矢量投影到零件表面,定义出刀具接触点,进而生成刀具路径。边界驱动方法多用于精加工操作。边界驱动方式和固定轴轮廓铣边界驱动加工的工作方式类似。

边界驱动方式比曲面驱动方式更快捷、更简便,可以快速地生成边界和刀轨,不像曲面驱动方式需要定义曲面,但是在曲面驱动方式中可以使用的许多刀轴控制选项在边界驱动方式中不能使用。

在"可变轮廓铣"对话框的"驱动方法"面板中选择"边界",系统弹出图 9-18 所示的"边界驱动方法"对话框,可在此对话框中进行设置,以创建边界。若"边界"选项已被选择,可以单击"编辑"按钮来创建边界驱动。

1. 驱动几何体

驱动几何体就是产生刀路的载体。根据所定义的切削方法在驱动几何体上产生驱动点,这些驱动点再根据投影矢量投影到部件上产生刀路。在"边界驱动方法"对话框中,单击"驱动几何体"下的"指定驱动几何体"按钮,弹出图 9-19 所示的"边界几何体"对话框。

边界驱动几何体可以是曲线、已存在的永久边界、点或表面构成的几何序列,用来定义切削区域,以及岛和腔的外形。默认的模式为"边界"模式。驱动模式共有 4 种选项,分别是"曲线/边""边界""面"和"点"。最常用的选择模式为"曲线/边"选项。选择"曲线/边"模式定义边界时,弹出图 9-20 所示的"创建边界"对话框。"曲线/边"的类型有"开放的"和"封闭的"两种,边界的选择方法与平面铣中边界的选择方法相同。

图 9-18 "边界驱动方法"对话框

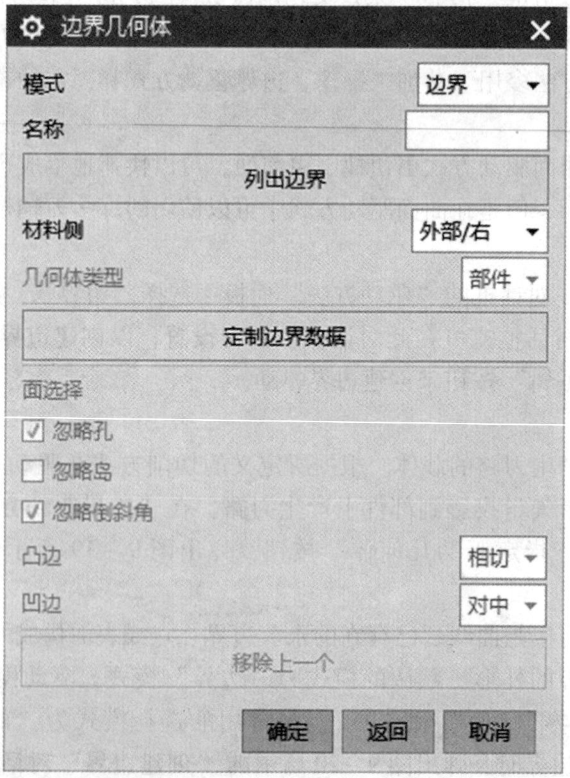

图 9-19 "边界几何体"对话框

图 9-20 "创建边界"对话框

边界可以超出"部件表面"的大小范围,也可以在"部件表面内"限制一个更小的区域,还可以与"部件表面"的边重合。当边界超出"部件表面"的大小范围且超出的距离大于刀具直径时,将会发生"边界跟踪"现象。当刀具在"部件表面"的边界上滚动时,会影响部件边界的加工质量。

(1) 刨

在边界驱动可变轴曲面轮廓铣中,"刨"指的是放置驱动几何体的平面,有"自动"和"用户定义"两种选项。驱动几何体的平面位置不影响刀具路径的生成。通常选择"用户定义"选项,把工件底平面向上偏置适当距离作为驱动几何体的承载平面,这样驱动几何体与部件几何体分开后,更加直观、清晰。

(2) 材料侧

在选择边界时,要注意材料侧的选择。

(3) 刀具位置

针对边界的每一成员,必须定义"刀具位置"选项,有"对中""相切"和"接触"3种选项。加工时,刀具的实际接触点随刀具位置的不同而变化,而刀轨则是刀尖的运动轨迹。

"接触"与"对中"和"相切"不同,"接触"点位置根据刀尖沿着轮廓表面移动时的位置改变。"接触"不能与"对中"或"相切"结合使用,如果要将"接触"用于任何一个成员,则整个边界都必须使用"接触",否则会提示错误信息。

2. 公差和偏置

①"公差":选择边界几何体后,即可设置"边界内公差"和"边界外公差",边界公差与切削参数中的部件公差应用的对象不同,所以并不一致。内外公差的含义如图 9-21 所示。

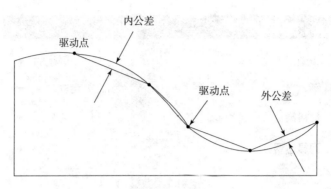

图 9-21　内外公差的含义

②"偏置"：在驱动几何体的承载平面上，驱动几何体的边界可以向内或向外进行偏置。

3. 更多

边界驱动方法的"更多"中的参数如图 9-22 所示。

图 9-22　"更多"参数对话框

1)"区域连接"：在多切削区域的加工中，尽量减少从一个切削区域转换到另一个切削区域的退刀、进刀和横越运动。

2)"边界逼近"：减少将切削路径转换成更长的直线段的时间，以缩短系统处理时间，提高加工效率。

3)"岛清根"：环岛清根，环绕岛的周围增加一次走刀，以清除岛周围残留的材料。只适用于"跟随周边"切削模式。

4)"壁清理"：清壁可以选择"无""在起点"或"在终点"选项。"无"：不设置壁清理选项。"在起点"：从起点开始，所有刀路都执行壁清理操作。"在终点"：仅在最后一个刀路执行壁清理操作。

5)"精加工刀路"：光刀，在每一个正常切削操作结束后，沿边界添加一条精加工刀路。

6)"切削区域":单击"切削区域"下的"选项"按钮,系统弹出图9-23所示的"切削区域选项"对话框,该对话框用于定义切削起始点和切削区域的图形显示方式。

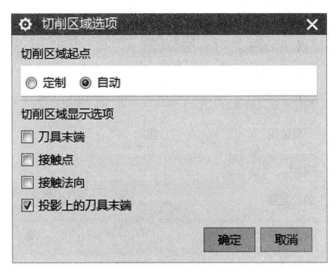

图9-23 "切削区域选项"对话框

①切削区域选项。

定义切削起始点时,可由用户定制一个或多个起始点,或系统自动确定单一起始点。起始点定义了刀具开始切削的近似位置。系统将根据切削类型及切削区域的形状确定起始点的精确位置。若指定了多个起始点,则将利用最靠近切削区域的那个起始点。

②"刀具末端":在部件表面上跟踪刀尖位置建立临时显示曲线,而不管刀具是否实际在部件表面上。

③"接触点":在部件表面上由刀具的一系列接触位置建立临时显示曲线。

④"接触法向":在部件表面上由刀具接触位置建立一系列临时显示的法向矢量。

⑤"投影上的刀具末端":将刀尖位置建立的临时显示曲线临时建立在边界平面上,或无边界平面时建立在垂直于投影方向并通过坐标系(WCS)原点的平面。

9.3.4 曲面驱动

曲面驱动方式能够创建各种固定轴轮廓铣和可变轮廓铣加工操作。曲面驱动方式提供了对非常复杂曲面的刀轴控制和投影矢量的控制方法。曲面驱动方式在驱动曲面网格上定义驱动点的阵列,通过控制刀轴和投影矢量,将驱动点投影到零件的加工表面,形成刀轨。相对于边界驱动,曲面驱动方式更适用于可变轮廓铣加工,它可以完成对非常复杂零件表面的切削。曲面驱动可变轴曲面轮廓铣原理如图9-24所示。

单击"插入"工具栏上的"创建工序"按钮,弹出"创建工序"对话框,选择"类型"下拉列表框中"mull_multi-

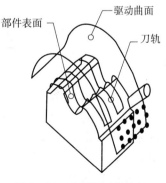

图9-24 曲面驱动可变轴曲面轮廓铣原理

axis"选项,选择"工序子类型"为"可变轮廓铣",单击"确定"按钮,将弹出"可变轮廓铣"对话框,驱动方式选择"曲面"选项,在操作对话框中从上到下进行设置。在该对话框的"驱动方法"面板中单击"编辑"按钮,将弹出图 9-25 所示的"曲面区域驱动方法"对话框。

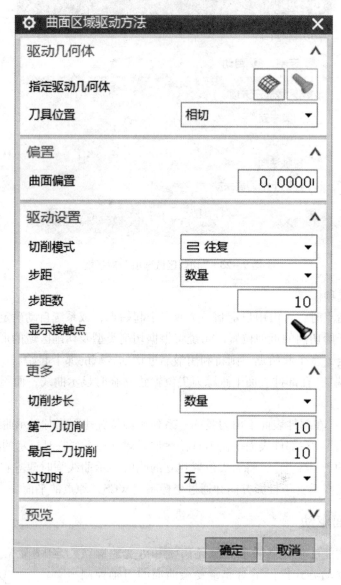

图 9-25 "曲面区域驱动方法"对话框

1. 驱动几何体

曲面驱动的驱动表面可以是平面或曲面,也就是选择驱动几何体时,只能选择实体表面或片体,并要求可以生成均匀的行向与列向驱动点,因此驱动曲面要求足够光顺,如图 9-26 所示。

曲面驱动方式提供了最强大的刀轴控制功能,可变刀轴选项可以定义刀轴相对于驱动曲面的变化。当加工复杂零件表面时,可以使用附加刀轴控制来防止额外的刀具波动。驱动曲

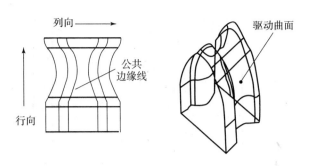

图 9-26 驱动曲面的要求

面可以是部件的被加工曲面,也可以是独立的曲面。

在设置从部件几何体上产生驱动点时,可以使用部件几何体作为驱动几何体,而不需要再单独选择部件几何体。它不需要指定驱动几何体,利用部件几何体自动计算出不冲突的容纳环,从而确定切削区域;在设置从其他几何体上产生驱动点时,需要选择部件几何体和驱动几何体,并在驱动几何体上产生驱动点,进而沿着投影矢量方向投影到部件几何体上产生刀轨。

(1) 指定驱动几何体

在"曲面区域驱动方法"对话框的"驱动几何体"面板中单击"选择或编辑驱动几何体"按钮,弹出图 9-27 所示的"驱动几何体"对话框,可在图形区直接进行选择。当存在多个驱动曲面时,相邻曲面间要有公共边缘线。如果在建模时没能建造连续的曲面,则在选择时会弹出警告对话框,提示要更改链接公差。

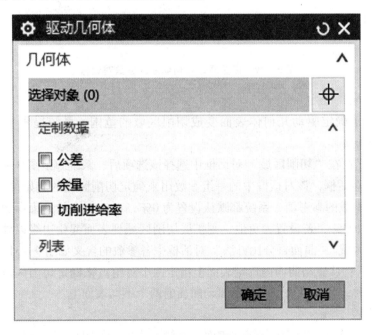

图 9-27 "驱动几何体"对话框

若选择多个曲面网格作为驱动曲面,在选择一行后,应单击"确定"按钮后再开始下一行曲面网格的选择,且要求以后各行的网格曲面数目与第一行的相同,如图 9-28 所示。

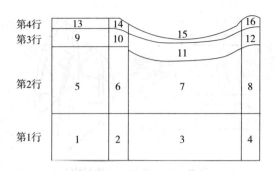

图9-28 驱动曲面各行的网格曲面数目要相同

在设置完成驱动几何体后,在"曲面区域驱动方法"对话框的"驱动几何体"区域内会增加"切削区域""切削方向"和"材料反向"3个参数。如图9-29所示。

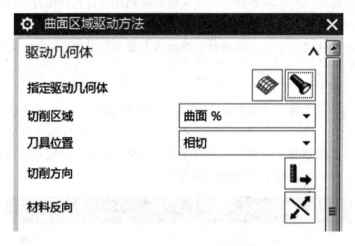

图9-29 设置驱动几何体后的参数对话框

(2)切削区域

切削区域用于确定驱动几何体表面变成切削区域的范围,系统提供了"曲面%"和"对角点"两个选项。

1)"曲面%":在"切削区域"对话框中选择该选项后,系统弹出图9-30所示的"曲面百分比方法"对话框,该对话框中的一组参数用来确定切削区域的起始位置和终止位置。对于所有的起始参数的参考值,系统都默认设置为0%;对于所有的结束参数的参考值,系统都默认设置为100%。若设置为负值,则扩展切削区域到表面起始边缘以外;若设置为正值,则缩小切削区域。"曲面百分比方法"对话框中各参数的含义如图9-31所示。

2)"对角点":从驱动曲面内选定表面上指定两个对角点来确定切削区域。当驱动曲面由多个表面组成时,两个对角点可位于驱动曲面的两个不同表面上。

(3)刀具位置

刀具位置参数用于定义刀尖与部件表面的接触点位置,如图9-32所示。刀尖沿着驱动点投影矢量方向从驱动点向部件表面行进。曲面驱动方式提供了"相切"和"对中"两种刀具位置关系。

"相切":刀具定位在与驱动表面相切,并沿着投影矢量方向投影到与部件表面相切的

第 9 章 数控铣削多轴加工

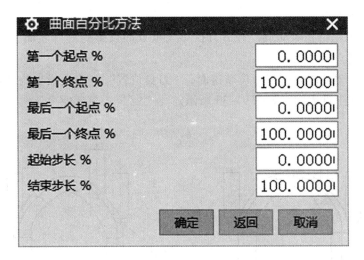

图 9-30 "曲面百分比方法"对话框

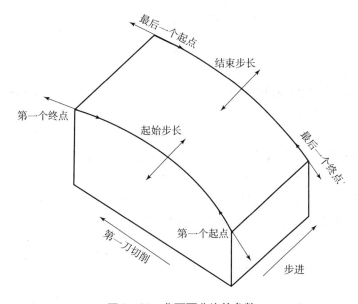

图 9-31 曲面百分比的参数

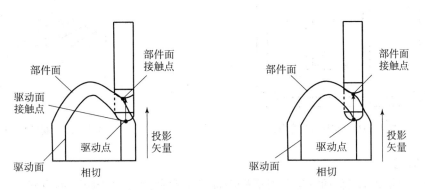

图 9-32 刀具位置

位置,进而建立接触点。

"对中":刀尖定位到驱动点,并沿着投影矢量方向投影到部件表面上,使刀尖与部件表面接触,进而建立接触点。

当直接依赖于驱动曲面创建刀位轨迹时,"刀具位置"一定要设置为"相切",避免由于产生干涉而切伤工件表面,如图 9-33 所示。

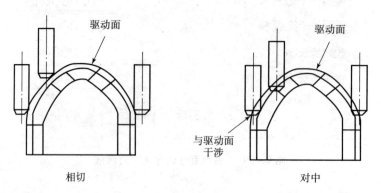

图 9-33 刀具位置与干涉

(4) 切削方向

在"曲面区域驱动方法"对话框中,切削方向用于指定切削的进给方向及第一刀开始的区域。从显示在零件表面四角的成对矢量箭头中选择一个来确定切削方向及刀具开始切削的位置,选择好后,在该矢量箭头上打上"O"记号,如图 9-34 所示。

(5) 材料反向

在"曲面区域驱动方法"对话框中,"材料反向"用于将表示材料侧的矢量方向反向。刀具直接在驱动表面上加工时,"材料反向"用来确定刀具与驱动曲面的哪一侧接触以加工该表面。"材料反向"一定是指向材料去除的方向。若在部件表面加工,则投影矢量就确定了材料侧的方向,不能再改变。材料侧的指定如图 9-35 所示。

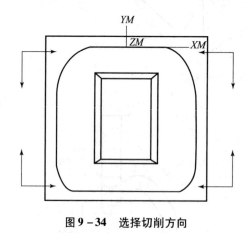

图 9-34 选择切削方向   图 9-35 材料侧的指定

2. 驱动设置

系统在"曲面区域驱动方法"对话框中提供了两种设置"步距"的方式,分别是"残余高度"和"数量"。

(1)"残余高度"

即表面粗糙度,用于指定残余高度值来限制切削步进的大小。系统利用大致小于刀具直径2/3的数字作为切削步进值,而不管实际指定的残余高度值的大小。当选择"步距"为"残余高度"时,一些与"残余高度"相关的参数被激活,包括"最大残余高度""竖直限制"和"水平限制"。①"最大残余高度"表示垂直于驱动表面方向测量的最大残余波峰高度值,加工后的残余量不超过这一高度值。②"竖直限制"表示平行于投影矢量方向测量的最大允许高度。③"水平限制"表示垂直于投影矢量方向测量的最大允许高度。"竖直限制"和"水平限制"主要用于加工陡峭表面时限制步距的垂直高度和水平高度,以免在部件表面上留下比较宽的残留材料。两者可以同时使用,也可以单独使用,甚至可以不使用。"残余高度"方式通常用于驱动表面,也可用于部件表面,可保证对加工表面粗糙度的有效控制。若表面上有刀具定位不到的区域,则不能采用此方式来定义切削步距。

(2)"数量"

用来指定切削步距的总数,也就是按输入的数值将加工范围等分。当选择"数量"选项后,系统会显示"步距数"输入的文本框。若"切削模式"为"跟随周边",则需要分别指定"第一方向"(切削方向)的步进数和"第二方向"(步进方向)的步进数。

3. 更多

(1)切削步长

"切削步长"选项用于控制刀具在移动方向上驱动点的间距,对于复杂的部件,驱动点的间距越小,刀轨越精确。"切削步长"有"公差"和"数量"两个选项。

1)"公差":选择该选项,系统将在对话框中显示"内公差"和"外公差"参数。通过指定内外公差值来确定切削步长,使加工精度满足指定的内公差和外公差值。公差越小,则驱动点越多,刀轨越密,刀轴跟随驱动曲面的精度也越高。

2)"数量":通过指定沿着每一条切削路径建立的驱动点数来确定切削步长。用这种方法确定切削步长时,要指定一个足够大的驱动点数,以使刀具能捕捉到驱动几何体的形状,否则可能出现不合理的切削。若"切削模式"为"螺旋""单向""往复"和"往复上升",则需要指定第一刀的驱动点数和最后一刀的驱动点数。若设置的两个数字不一样,则驱动点数在第一刀和最后一刀之间均匀变化。若"切削模式"为"跟随周边",则需要指定"第一方向"(切削方向)的驱动点数、"第二方向"(步进方向)的驱动点数和"第三方向"(切削方向反向)的驱动点数。

(2)过切时

"过切时"用于指定当刀具对部件表面产生过切时需要系统做出的响应,包括"无""警告""跳过"和"退刀"4个选项,其参数含义与固定轴轮廓铣的相同。

9.4 顺 序 铣

9.4.1 概述

1. 顺序铣简介

顺序铣是利用部件表面控制刀具底部、驱动面控制刀具侧刃、检查面控制刀具停止位置的一种精加工方法,其先前工序一般为平面铣或型腔铣等粗加工。它按照相交或相切面的连接顺序连续加工一系列相接表面,可保证部件相邻表面的精加工精度。

在应用顺序铣的加工中,主要通过设置进刀、连续加工、退刀和移刀等一系列刀具运动产生刀具路径,并对机床进行 3 轴、4 轴或 5 轴的联动控制,使刀具准确地沿着曲面轮廓运动,从而实现对零件表面轮廓的精加工。典型顺序铣加工案例如图 9-36 所示。

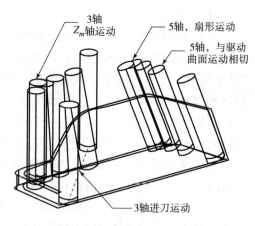

图 9-36 顺序铣加工典型案例

2. 顺序铣和可变轮廓铣的比较

在 UG NX 的数控多轴加工中,顺序铣和可变轴轮廓铣经常被使用,两种方法各有特点。顺序铣和可变轮廓铣的比较如下。

(1) 几何体比较

可变轴轮廓铣与顺序铣都要指定驱动面、部件表面和检查面。总体来说,驱动面引导刀具的侧刃,部件表面引导刀具的底部运动,检查面阻止刀具的运动。在可变轴轮廓铣与顺序铣中,指定部件和检查体非常类似。它们之间的对比见表 9-2。

表 9-2 顺序铣和可变轮廓铣的几何体比较

几何体	顺序铣	可变轴轮廓铣
部件几何体	必须指定部件几何体,默认选择是前一个部件几何体	不是必须指定部件几何体,如果不指定,则驱动几何体替代部件几何体
检查几何体	必须选择检查几何体,检查几何体是用来指定刀具下一步子操作的起始位置,并且也能阻止碰撞和过切	不是必须指定检查几何体。如果指定了检查几何体,则其一般用来阻止碰撞和过切

(2) 功能比较

顺序铣和可变轴轮廓铣都能生成较好的刀轨,选择哪种加工方式取决于部件模型和各自的加工特点。顺序铣和可变轮廓铣的功能比较见表 9-3。

表 9-3 顺序铣和可变轮廓铣的功能比较

顺序铣	可变轴轮廓铣
适用于线性铣削	适用于区域铣削
主要用刀具的侧刃铣削	主要用刀具的底刃铣削
单一的驱动方式	多种驱动方式
只有循环或者嵌套	多种切削模式
可以用临时平面几何体	可以用片体和曲面区域几何体
在操作中能重新指定刀具轴	在操作中不能重新指定刀具轴

续表

顺序铣	可变轴轮廓铣
只对部分刀轨进行编辑	可以对整个刀轨进行编辑
最适用于切削有角度的侧壁	最适用于切削有凸拐角的侧壁
一个操作中有很多步骤	创建工序比较简单

3. 顺序铣操作步骤

顺序铣操作的创建步骤与其他铣削方式差别较大，基本步骤如下。

①创建程序、刀具、几何体和加工方法4个父节点组。

②创建顺序铣操作，指定操作参数，这些参数在后续子操作中将一直有效。

③创建直线移刀运动，定义刀具的初始位置。

④创建进刀运动，定义刀具的初始切削位置。

⑤创建连续进刀运动及后续子操作。

⑥创建退刀运动。

⑦创建直线移刀运动，使刀具移动到下一切削区域。

⑧重复上述步骤，直到切削完所有区域。

⑨刀具路径检验。

9.4.2 顺序铣参数设置

顺序铣加工是一种用于一系列连续表面精加工的方法。在加工复杂零件几何体时，多个不同方向矢量表面的连续加工，往往会使刀具不断地变化，顺序铣为这类表面的精加工提供了很好的解决方案。

1. 设置顺序铣对话框中的参数

顺序铣对话框提供的选项可确定每个操作的刀轨动作、显示设置和公差，这些参数适用于每个子操作。"顺序铣"对话框如图9-37所示。

（1）默认公差

"默认公差"是为顺序铣操作指定"曲面内公差""曲面外公差""刀轴（度）"。在以后的子操作中可指定"定制曲面公差"（"连续刀轨参数"对话框中的选项）来替换"默认公差"值。

1）"曲面内公差"：曲面内公差可在进刀或连续刀轨子操作中指定驱动曲面、部件表面和检查曲面的内公差。此公差是刀具所能穿透曲面的最大距离，该值不能设置为负。

2）"曲面外公差"：曲面外公差可在进刀或连续刀轨操作中指定驱动曲面、部件表面和检查曲面的外公差。此公差是刀具所不能穿透曲面的最大距离，该值不能设置为负。

3）"刀轴（度）"：刀轴（度）可指定多轴运动中刀轴的角度公差（按度测量）。此公差是实际的刀轴在任何输出点与正确刀轴偏离的最大角度，此值必须设置为正。如图9-38所示，理论上的正确刀轴是虚线表示的矢量箭头。然而，当刀具方向如图中实箭头所示时，"刀轴公差"足以使系统停止搜索。默认的"刀轴公差"是0.1°。

（2）全局余量

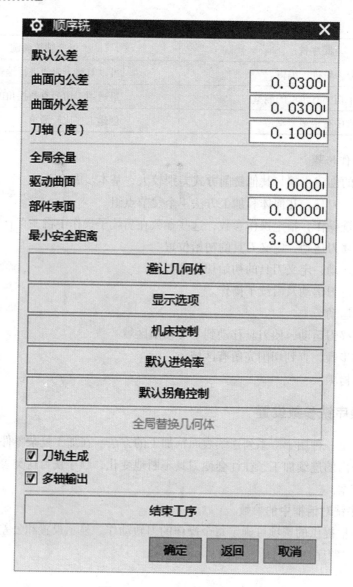

图 9-37 "顺序铣"对话框

全局余量为操作指定驱动曲面和部件表面上的多余材料量。全局余量可以指定正值、负值或零值。"驱动曲面"指刀具侧面加工后的部件侧壁余量。"部件表面"指刀具底部加工后的部件底面余量。

(3) 最小安全距离

当进刀和退刀子操作中的"安全移动"选项设置为"最小安全距离"时,最小安全距离值将用于这些子操作中。

(4) 避让几何体

"避让几何体"选项允许创建一些空间位置,在这些位置中,刀具可安全地切削材料。"出发点"或"起点"仅用在刀轨的起点。"返回点"或"回零点"仅用在刀轨的末端。任

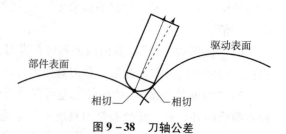

图 9-38 刀轴公差

何进刀或退刀子操作中都可以使用安全平面。

单击"避让几何体"按钮，弹出如图 9-39 所示的"避让控制"对话框。

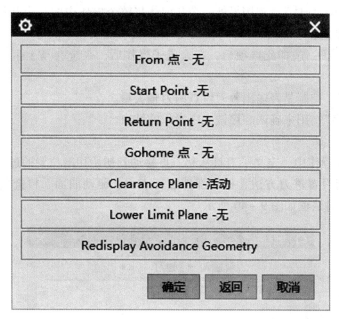

图 9-39 "避让控制"对话框

"避让控制"对话框中各选项的含义如下。

1)"From 点 – 无"：该选项用于指定刀具的出发点。出发点可在一段新的刀轨开始处定义初始刀具位置。

2)"Start Point – 无"：该选项用于指定切削起点。起点是指在可用于避让几何体或装夹体组件的刀轨起始序列中的刀具定位位置。

3)"Return Point – 无"：该选项用于指定刀具返回点。返回点是指刀具在切削序列结束离开部件时，用于控制刀具位置的刀具定位位置。

4)"Gohome 点 – 无"：该选项用于指定刀具回零点。回零点是指刀具的最终位置。

5)"Clearance Plane – 活动"：该选项用于指定安全平面。安全平面一般在创建父节点操作时创建，是指刀具在抬刀快速移动过程中的虚拟安全面。

6)"Lower Limit Plane – 无"：该选项用于指定下限平面。下限平面用来定义切削和非切削刀具运动的下限。

7)"Redisplay Avoidance Geometry"：该选项用于设定重新显示的避让几何。设置此项后，系统会显示避让几何的点或平面符号。

（5）显示选项

"显示选项"对话框用来设置"刀具显示""刀轨显示"和"速度"等选项。

（6）其余选项设置

1)"机床控制"：该选项用于刀轨的起点（启动命令）和刀轨的末端（刀端命令）的设置。

2)"默认进给率"：通过打开"进给率和速度"对话框来指定进给率和主轴速度。

3)"默认拐角控制":通过打开"拐角和进给率控制"对话框来指定"圆弧进给率补偿"和"减速"的设置。

4)"全局替换几何体":利用另外一个几何体将整个操作中的一个几何体全局替换。操作中的几何体可以是驱动曲面、部件表面、检查曲面、曲线和平面等。

5)"刀轨生成":选择此选项后,在完成子操作后,系统会马上生成该子操作的刀具路径。

6)"轴输出":控制是否输出各刀位点的刀轴矢量。

7)"结束工序":用来确认顺序铣工序操作的结束。

2. 进刀运动

在进刀运动子操作中,定义了刀具从起刀点移动到初始切削位置的过程。在创建操作的过程中,主要需要设置进刀方法、指定部件加工表面、驱动曲面、检查曲面和参考点等参数。"进刀运动"对话框如图9-40所示。

图 9-40 "进刀运动"对话框

(1) 进刀方法

"进刀方法"是指刀具从进刀点到初始切削位置的移动方法。单击"进刀方法"按钮后，系统弹出如图9-41所示的"进刀方法"对话框。

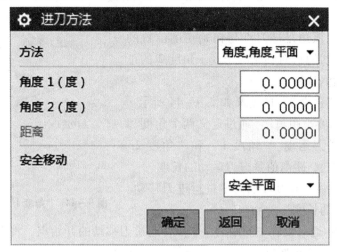

图9-41 "进刀方法"对话框

"进刀方法"对话框中的参数含义如下。

1) "无"：表示没有进刀移动，刀具将从定义的避让几何体或进刀点直线移动到最初的切削位置。

2) "仅矢量"：该选项按照指定矢量和距离执行进刀。"矢量"对话框确定进刀运动的方向，"距离"文本框中输入的值确定进刀运动的长度。正的距离值表示与矢量方向相同，反之则相反。当生成刀轨时，刀具沿着进刀矢量方向移动指定距离，到达初始切削位置。"仅矢量"进刀如图9-42所示。

3) "矢量，平面"：通过指定进刀矢量和进刀平面来确定进刀方向和运动距离。当生成刀轨时，刀具沿着进刀矢量方向从设置的平面移动到初始切削位置。"矢量，平面"进刀如图9-43所示。

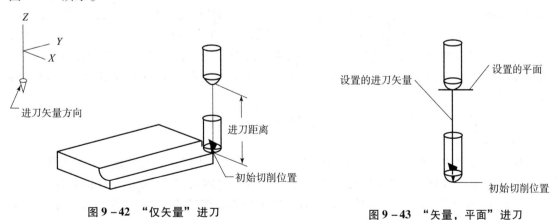

图9-42 "仅矢量"进刀　　　　图9-43 "矢量，平面"进刀

4) "角度，角度，平面"：通过定义两个角度和一个平面来指定进刀运动。"角度1"和"角度2"确定进刀运动的方向，平面可确定进刀起始点。当生成刀轨时，刀具将沿"角

度1"和"角度2"所确定的方向从进刀平面开始移动,到达初始切削位置。

① "角度1":该角是由进刀点与初始切削位置的连线与第一次切削矢量的方向组成的。角度1的正值是在与部件表面相切的平面上,从参考点按第一次切削矢量的方向沿逆时针方向开始测量的。

② "角度2":该角是进刀点与初始切削位置的连线与部件表面相切的平面所成的角度。角度2的正值是沿顺时针方向测量的。

"角度1"和"角度2"的定义如图9-44所示。

5) "角度,角度,距离":通过定义两个角度和一个距离来指定进刀运动。"角度1"和"角度2"确定进刀运动的方向,距离值是进刀运动的长度。

6) "刀轴":沿当前刀具轴矢量进行进刀移动。距离值是进刀运动的长度。

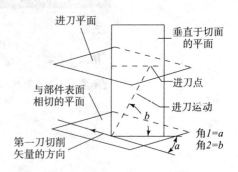

图9-44 "角度1"和"角度2"的定义

7) "从一点":通过设置空间中的一个点作为进刀移动的开始点,将刀具移动到初始切削位置。原有刀轴方向不改变。

8) "安全移动":控制刀具移动到进刀点的方式,包括"无""安全平面"和"最小安全距离"选项。① "无"表示没有安全移动,刀具按照数控系统的设置直接移动到进刀点;② "安全平面"将使刀具沿垂直于安全平面的矢量从安全平面移动到进刀点;③ "最小安全距离"使刀具沿当前刀轴所在矢量方向移动到进刀点,移动距离为输入的最小安全距离值。

(2) 定制进刀速率

勾选"定制进刀速率"复选框,用户可以给当前子操作输入进刀速率。

(3) 参考点

"参考点"区不仅能够确定驱动曲面、部件表面和检查曲面的近侧,也能够确定刀具进刀点的参考位置。"参考点"区包括"位置"和"刀轴"两个参数。

1) "位置":该选项的设置及含义如下。① "未定义":表示还未指定参考点。② "点":通过点构造器来定义参考点。③ "出发点":在避让几何体中定义的"出发点"作为当前的参考点。④ "起点":在避让几何体中定义的"起点"作为当前参考点。⑤ "进刀点":当"进刀方式"选择"从一点"方式时,该选项将设置的"进刀点"作为当前的参考点。⑥ "从上一刀具末端":将上一次执行的子操作中所到达的最后刀具位置作为当前的参考点。

2) "刀轴":该选项用于定义进刀过程中的刀轴矢量。

(4) 几何体

单击"几何体"按钮,弹出如图9-45所示的"进刀几何体"对话框。"进刀几何体"用于指定"驱动几何体""部件几何体"和"检查几何体",从而确定零件的具体加工位置。"驱动几何体"用来控制刀具的侧刃沿着所选择的曲面运动。"部件几何体"用来控制刀具底端沿着所选择的曲面运动。"检查几何体"用来控制刀具的停止位置。进刀几何体间关系如图9-46所示。

1) "类型":进刀几何体的类型有"面""曲线、准线""临时平面"和"自动"4种,

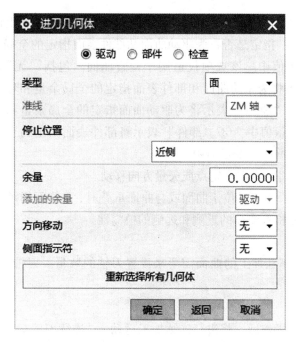

图 9-45 "进刀几何体"对话框

系统默认选项为"面"。

"准线":该选项只有在进刀几何体的类型为"曲线、准线"时才被激活。准线是一个矢量。在切削时刀具沿着选择的曲线运动,刀轴与准线平行。

2)"停止位置":停止位置是指当前子操作相对于驱动曲面、部件表面或检查曲面的最终刀具位置。在选择驱动曲面、部件表面或检查曲面之前,必须指定"停止位置"。"停止位置"下拉列表框中的选项及其含义如下。①"近侧":指定刀具位于控制面的近侧时停止。②"远侧":指定刀具位于控制面的远侧时停止。③"在面上":指定刀具位于控制面上时停止。此选项不受参考点位置的影响。④"驱动曲面-检查表面相切":指定刀具位于驱动面和检查面相切的位置时停止,如图 9-47 所示。⑤"部件曲面-检查表面相切":指定刀具位于部件面和检查面相切的位置时停止。

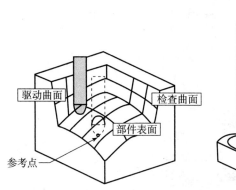

图 9-46 进刀几何体间关系

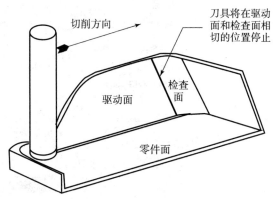

图 9-47 驱动曲面-检查表面相切时的停止位置

3)"余量":在进刀移动末端的驱动曲面、部件表面和检查曲面上留下的余量。

4)"添加的余量":指定是否将为驱动曲面和部件表面指定的全局余量和环余量添加到为检查曲面指定的余量值中。该选项仅适用于检查曲面。包括"无""驱动"和"部件"选项。①"无"表示不将为驱动曲面和部件表面指定的全局余量和环余量添加到为检查曲面指定的余量值中。②"驱动"表示将为驱动曲面指定的全局余量和当前驱动曲面的环余量添加到检查曲面的余量值中。③"部件"表示将部件表面指定的全局余量和当前部件表面的环余量添加到检查曲面的余量值中。

5)"方向移动":将刀具按指定点或矢量方向移动。

6)"侧面指示符":当刀具位于曲面或与曲面重叠时,"侧面指示符"可用于辨清关于驱动曲面、部件表面或检查曲面的近侧和远侧的模糊性。

（5）刀轴

"刀轴"选项根据正在加工的曲面需要来设置刀轴的数量。刀轴数量有 3 轴、4 轴和 5 轴 3 种。

3. 连续加工运动

在完成进刀运动子操作后,将进行连续加工运动。"连续刀轨运动"对话框如图 9 – 48 所示。在该对话框中,可以指定一系列的连续加工运动,并为它们指定不同的驱动曲面、部件表面和检查曲面。

图 9 – 48 "连续刀轨运动"对话框

(1) 方向

方向表示刀具将以指定的大致方向从其当前位置开始移动。在"方向"下拉列表中,共有"向左""向右""向前""向后""向上""向下""点"和"矢量"8 种定义进给方向的方法。根据加工需要,可以方便地为每一步加工指定刀具前进的方向。

(2) 选择驱动曲面、部件表面和检查曲面

在创建连续加工运动的每一个操作时,必须选择"驱动曲面""部件表面"和"检查曲面"3 个控制面。

1) 驱动曲面。

在"连续刀轨运动"对话框中的"驱动曲面"下拉式列表中,共有"其他曲面""上一个驱动曲面""上一个部件表面"和"上一个检查表面"4 种选择驱动曲面的方法。选择"其他曲面"时,系统将弹出选择"驱动曲面"对话框,可以选择驱动曲面。选择其他 3 种方法时,将上一个子操作中的驱动曲面(或部件表面或检查曲面)用做当前的"驱动几何体"。

2) 部件表面。

部件表面的选择方法与驱动曲面的基本相同。一般来说,部件表面在每一个子操作中默认是相同的,不需要每次指定。

3) 检查曲面。

在创建连续加工运动中,必须定义一个或多个检查曲面。在默认情况下,一个操作的检查曲面将是下一个子操作的驱动曲面。单击"连续刀轨运动"对话框中的"检查曲面"按钮,系统将弹出如图 9-49 所示的"检查曲面"对话框。在该对话框中,可以指定检查曲面和相关参数。设置完一个检查曲面的参数后,可以单击"下一个检查曲面"按钮,接着定义下一个检查曲面。

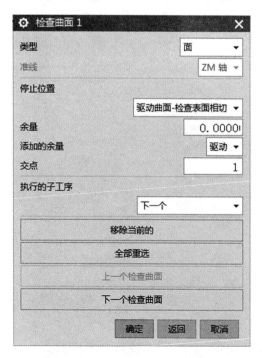

图 9-49 "检查曲面"对话框

4. 退刀运动

刀具在完成零件加工后，将从最后的加工位置返回到安全平面或已定义的退刀点上，这一运动称为退刀运动。

完成所有连续加工子操作的创建后，选择子操作类型为"退刀运动"，系统将弹出如图 9-50 所示的"退刀方法"对话框。在该对话框中可以设置退刀方法、退刀进给率等，它们的设置方法较为简单，不再赘述。

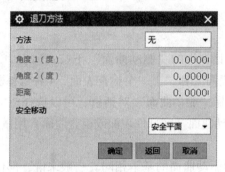

图 9-50 "退刀方法"对话框

5. 点到点的运动

"点到点"的运动允许创建直线非切削移动。它用于将刀具快速移动到另一个位置，以便连续运动从此位置继续。

在完成退刀运动的创建后，选择子操作类型为"点到点"选项，将弹出"点到点的运动"对话框，如图 9-51 所示。

图 9-51 "点到点的运动"对话框

6. 选项

单击"选项"按钮,系统将弹出如图 9 – 52 所示的"其他选项"对话框。主要包括"定制表面公差""定制刀轴公差""显示选项"和"环控制"4 个选项。"定制表面公差"和"定制刀轴公差"在前面有陈述,不再介绍。

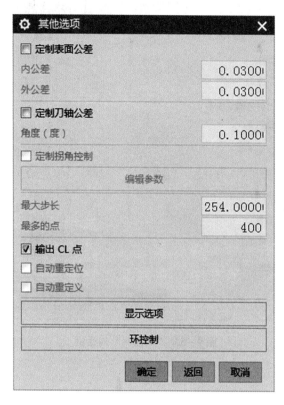

图 9 – 52 "其他选项"对话框

(1) 显示选项

"显示选项"主要用来控制刀具显示和刀轨显示的参数。

(2) 环控制

"环控制"是顺序铣的循环。循环是原始刀轨的复制,能够重复去除多余的余量。"环控制"窗口如图 9 – 53 所示。"驱动曲面环参数"用来控制驱动曲面法向的余量切削。"部件表面环参数"用来控制部件表面法向的余量切削。"部件表面环参数"循环如图 9 – 54 所示。

建立循环顺序铣时,要在"进刀"子操作中定义循环开始,然后定义一个或多个连续铣削的子操作和"退刀"操作,最后在"退刀"子操作或"点到点的运动"中定义循环结束。

7. 其余选项

"显示刀具":单击此按钮,在当前的子操作中显示刀具的当前位置。

"后处理":单击此按钮,将启动后处理器命令对话窗口。

"结束工序":完成顺序铣参数的设置操作。

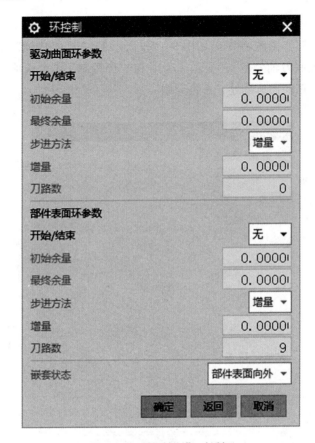

图 9-53 "环控制"对话框

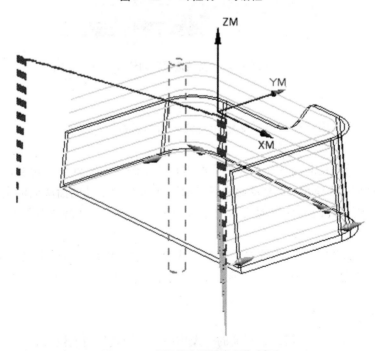

图 9-54 "部件表面环参数"循环

复习思考题

1. 多轴数控加工有什么特点?
2. 简述可变刀轴的控制方法。
3. 简述可变轴曲面铣的加工原理。
4. 顺序铣是如何对刀具进行控制的?
5. 简述顺序铣的操作过程。
6. 简述顺序铣进刀方法及各参数的含义。
7. 顺序铣是如何实现循环控制的?

第10章 孔 加 工

孔加工是数控加工中的一种,包括钻孔、镗孔、扩孔、沉孔、铰孔等操作。

钻孔加工的数控程序较为简单,通常可以直接在机床上输入程序。如果使用 UG NX 进行孔加工的编程,就可以直接生成完整的数控程序,然后传送到机床中进行加工。特别在零件的孔数比较多的时候,可以大量节省人工输入所占用的时间,同时能大大降低人工输入产生的错误率,提高机床的工作效率。

10.1 概 述

10.1.1 孔加工指令

点位加工的刀具运动由三部分组成,首先刀具以快速进给率到达加工孔上方的最小安全距离处,然后以切削进给率进入零件加工表面开始加工,最后完成切削退回安全点。

利用数控机床进行孔加工编程,常用的加工指令及其含义见表 10-1。

表 10-1 孔常用加工指令及其含义

G 代码	加工运动（Z 轴负向）	孔底动作	返回运动（Z 轴正向）	适用操作
G73	分次切削进给	无	快速定位进给	高速深孔钻削
G74	切削进给（主轴反转）	主轴停转后正转启动	切削进给	左螺纹攻丝
G76	切削进给	主轴定向,让刀	快速定位进给	精镗循环
G80	无	无	无	取消固定循环
G81	切削进给	无	快速定位进给	定位孔和浅孔加工
G82	切削进给	进给暂停	快速定位进给	倒角、锪孔
G83	分次切削进给	无	快速定位进给	深孔加工
G84	切削进给（主轴正轴）	主轴停转后反转启动	切削进给	右螺纹攻丝
G85	切削进给	无	切削进给	粗镗循环
G86	切削进给	主轴暂停	快速定位进给	粗镗循环
G87	切削进给	进给暂停	快速定位进给	背镗循环
G88	切削进给	进给暂停后主轴停转	手动	粗镗循环
G89	切削进给	进给暂停	切削进给	粗镗循环

10.1.2 孔加工工艺

常见孔的加工工艺是首先钻定位孔,然后进行钻孔、扩孔,最后进行铰孔、镗孔、攻丝、铣螺纹等操作。

钻定位孔:用于孔加工的预制精确定位,引导麻花钻进行孔加工,可以减小误差。

钻孔:用麻花钻在工件上直接加工出来。孔内壁粗糙度常常大于 6.3 μm。一般加工设备有台式钻床、摇臂钻床、车床、铣床等。一般情况下,孔深与孔径的比值为 5~10 的孔称为深孔。加工深孔可用深孔钻,常用的深孔钻主要有外排屑和内排屑两种。

扩孔:使用麻花钻或扩孔钻将工件上原有的孔进行全部或局部扩大。普通麻花钻头为两刃,刚性差,不适用于扩质量要求高的孔。扩孔钻没有钻尖,不能在实体上开孔。麻花钻扩孔刀有 3 刃、4 刃,甚至更多,排屑槽较浅,刚性好很多,所以加工出的孔表面质量比麻花钻扩孔要好。

铰孔:一般是用定尺寸铰刀或可调尺寸的铰刀在已加工的孔的基础上再进行微量切削,目的是提高孔的精度。铰孔可以分为半精铰和精铰,孔径的误差应该可以控制在 0.01 mm 以内,孔内壁粗糙度一般在 0.4~0.8 μm。铰刀没有钻尖。铰孔同样可以在车床、镗床或加工中心上进行。

镗孔:一般在车床、镗床或加工中心上进行,可以分为粗镗、半精镗和精镗。镗孔直径的误差应该可以控制在 0.02 mm 以内,孔内壁粗糙度一般在 2.5~3.2 μm。

攻丝:攻丝是使用丝锥来完成的。丝锥是用于加工中、小尺寸内螺纹的刀具,沿轴向开有沟槽。它具有结构简单、使用方便的特点,既可以手工操作,也可以在机床上使用。按照形状,丝锥可分为直槽丝锥、螺旋槽丝锥和螺尖丝锥三大类。由于丝锥几乎是被埋在工件中进行切削,并且丝锥沿着螺纹与工件接触面非常大,因此丝锥每齿的加工负荷比其他刀具都要大。在 UG NX 系统中,孔直径在 10~12 mm 以下时,通常用攻丝命令来完成。

螺纹铣:螺纹铣削拥有较高的加工效率、表面质量及尺寸精度,稳定性好,安全可靠,具有更广泛、灵活的使用方式及应用场合。在 UG NX 系统中,通常孔直径在大于 10~12 mm 以上时用螺纹铣命令来完成。

10.1.3 孔加工子类型

在 UG NX 中,点位加工的加工类型共有 14 种工序子类型,每一个图标代表一个子类型,它们定制了点位加工参数设置对话框。选择不同的图标,所弹出的对话框也会有所不同,完成的功能也不相同。点位加工子类型见表 10-2。

表 10-2 点位加工子类型

子操作图标	子操作名称	功能说明
	锪孔	铣孔口平面,使用键槽铣刀。带有停留的钻孔循环
	定心钻	使用中心钻头来钻定位孔,带有停留的钻孔循环
	钻孔	使用麻花钻对精度要求不高的孔加工,或孔粗加工

续表

子操作图标	子操作名称	功能说明
	啄孔	深孔钻削，采用间断进给的方式钻孔，每次啄钻后，刀具回退到最小安全面，以清除孔屑
	断屑钻	每次啄钻后，刀具回退到较小的距离，以断屑。适合加工韧性材料
	镗钻	使用镗刀将孔镗大，精度高于钻孔
	铰	利用铰刀将孔铰大，精度高于钻孔
	沉头孔加工	钻圆柱沉头孔
	钻埋头孔	用于钻锥形埋头孔
	攻丝	在平面上对存在的底孔攻螺纹
	孔铣	使用螺旋式或螺旋切削模式来加工盲孔、通孔或凸台。通常用于较大孔或凸台加工
	螺纹铣	在平面上对存在的底孔铣螺纹
	铣削控制	仅包含机床控制用户定义事件
	用户定义的铣削	需要定制 NX OPEN 程序来生成刀路的特殊工序

在 UG NX 中，点位加工子类型使用刀具见表 10-3。

表 10-3　点位加工主要刀具说明

刀具图标	刀具名称	功能说明
	键槽刀	用于铣削键槽
	中心钻头	用于中心孔加工
	普通麻花钻头	用于普通孔加工
	镗孔刀	用于镗孔加工
	铰孔刀	用于铰孔加工
	沉孔刀	用于沉头孔加工

续表

刀具图标	刀具名称	功能说明
	倒角沉孔刀	用于倒角沉孔加工
	丝锥刀	用于攻丝加工
	螺纹铣刀	用于螺纹加工

10.1.4 孔加工基本概念

1. 操作安全点

在点位加工中,操作安全点是指每个切削运动的起始位置和终止位置,也是一些辅助运动,如进刀和退刀、快速移刀和避让等的起始位置和终止位置。

操作安全点一般直接位于每个加工位置点之上,即垂直于部件表面,或不垂直于部件表面但沿刀轴方向的一个点。操作安全点到部件表面之间的距离就是刀具离开部件表面之上的最小安全距离。

2. 加工循环

在点位加工中,不同的加工方式适用于不同类型的孔加工,如普通钻孔、攻螺纹和深孔加工等。这些加工方式有些属于连续加工,有些属于断续加工,它们的刀具切削运动过程不同。为了满足不同类型的孔的加工要求,UG NX 在点位加工中提供了多种循环类型来控制刀具运动,相同类型的孔可以在同一循环类型中加工。

3. 循环参数组

对于相同类型且直径相同的孔,其加工方式虽然相同,但由于孔的深度不同,或者加工精度不同,则也要求采用不同的进给速度进行加工。因此,在同一循环类型中,需要采用不同参数加工各组加工深度不同或是进给速度不同的孔。在 UG NX 点位加工中,通过在同一循环中指定不同的循环参数组来实现这一功能。

10.2 孔加工几何体

在"创建工序"对话框中选择"drill"加工类型和子类型,并指定操作所在的程序组、所使用的刀具、几何体与加工方法父节点组后,单击"确定"按钮,系统弹出与所选择的加工模板相应的对话框。图 10-1 所示的是选择工序子类型为普通钻孔时的"钻孔"对话框,该对话框"几何体"区域是用于设置点位加工的几何体,包括"指定孔""指定顶面"和"指定底面"3 项内容。

1. 指定孔几何体

"指定孔"的功能是设置加工位置。在"钻孔"对话框中单击"指定孔"按钮,系统弹出如图 10-2 所示的"点到点几何体"对话框,在该对话框中可以进行点位加工的位置、刀具路径的优化、避让几何体等参数的设置。

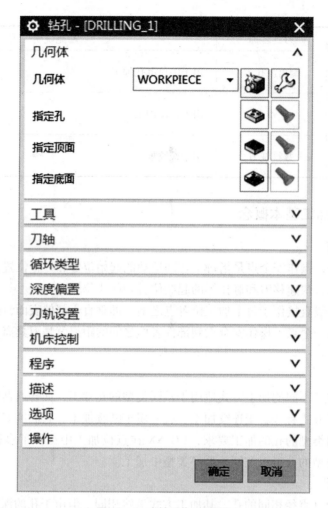

图 10-1 "钻孔"对话框

(1) 选择

"选择"按钮用来在部件几何体中选择加工位置。一般点、片体中的孔、实体中的孔、圆弧或整圆等均可被指定为点位加工的加工位置,系统将把这些几何对象的中心作为加工位置点。在"点到点几何体"对话框中,单击"选择"按钮,系统将弹出如图 10-3 所示的"选择"对话框。

1) Cycle 参数组 -1。

在进行加工位置选择时,先根据需要改变循环参数组,再定义加工位置。完成点的位置指定后,如果需要改变循环参数组,仍然可以再重新定义加工位置。完成加工位置的定义后,单击"确定"按钮返回上一对话框。在图形区中显示已定义的加工位置,并且在各加工位置的旁边显示选择序号,该序号为加工顺序号。

2) 一般点。

"一般点"选项是用点构造器指定加工位置。选择"一般点"选项,将打开"点构造器"对话框,可指定点作为加工位置。

3) 类选择。

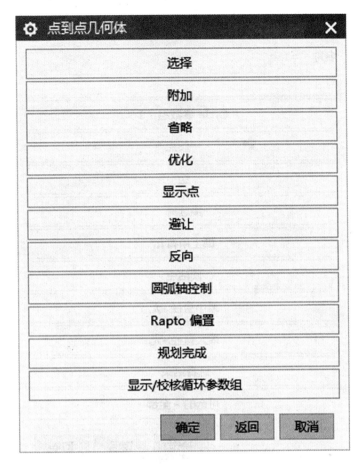

图 10-2 "点到点几何体"对话框

利用合适的分类选择方式选择加工点位。选择"类选择"选项，即可在打开的对话框中使用类选择器来选择几何体，主要在已经有存在点时使用。

4) 面上所有孔。

"面上所有孔"选项通过选择零件表面上的孔指定加工位置。选择"面上所有孔"选项，并在打开对话框后选取平面，则在该平面上所有的孔将被选取，并对所选的孔按照大小进行指定排序。

如有必要，还可以选择表面上某直径范围内的孔，可先单击图 10-3 所示对话框中的"最小直径 - 无"或"最大直径 - 无"按钮，然后在打开的对话框的"直径"文本框中输入限制值，则所选表面上直径在指定范围内的孔被指定为加工位置。在使用"面上所有孔"方式定义孔时，"最大直径"和"最小直径"值仅用于建立选择标准，并不改变循环参数。

5) 预钻点。

调用之前"平面铣"或"型腔铣"操作中生成的进刀点作为加工位置点。这些进刀点保存在一个临时文件中，用于定位预钻孔操作使用的刀具。在后续的铣削操作中，刀具将沿刀具轴进刀而不会过切部件。

当选择预钻点并单击"确定"按钮接收这些点后，系统将调用保存在临时文件中的预钻点并显示在零件上。生成刀具路径后，系统将删除临时文件中的预钻进刀点，以便后续铣

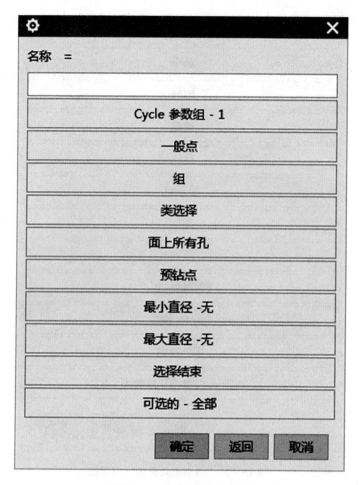

图 10-3 "选择"对话框

削加工保存新的一组点。如果不存在预钻进刀点,选择该选项后,系统将提示"该进程中无点"信息。

6) 选择结束。

"选择结束"选项用于结束加工位置的选择,返回上一级对话框,也就是说,该选项与单击"确定"按钮的效果一样。

7) 可选的-全部。

该选项用于控制所选对象的类型。选择该选项,打开"可选的-全部"的对话框,可用其中的选项控制选择对象的类型。当指定某一类型后,只能选择该类型图素作为加工位置。

(2) 附加/省略

在图 10-2 所示的"点到点几何体"对话框中,单击"附加"按钮,系统将弹出"选择"对话框。可以继续选择加工位置,所选择的加工位置将会添加到先前所选择的加工位置集中,其操作过程与选择加工位置相同。

单击"点到点几何体"对话框中的"省略"按钮,系统将弹出"省略"对话框,可以在图形区选择欲省略的加工位置,选择完后,单击"确定"按钮,所选择的加工位置将会从先前所选择的加工位置集中去除，生成刀具路径时，将不再加工已省略的加工位置。

(3) 优化刀具路径

"优化"选项通过安排刀轨中点的顺序，生成刀具运动最快的刀轨，即加工路径最短的刀轨。"优化"还可以将刀轨限定在水平或竖直区域内，以满足其他加工约束条件，如夹具位置、机床行程限制、加工台大小等。"优化"功能将舍弃任何先前定义的避让运动，因此，应在使用优化功能后使用"避让"选项。系统提供的优化选项如图10-4所示。

图10-4 "优化"对话框

1) 最短刀轨。

"最短刀轨"是根据最短加工时间来对加工位置进行重新排序的优化方法。该方法通常被用做首选方法，尤其是当点的数量很大（多于30个点）且需要使用可变刀轴时。但是与其他优化方法相比，"最短刀轨"方法可能需要更多的处理时间。选择此选项，然后在打开的对话框中选择优化的级别，包括标准和高级。系统将决定是否需要用到可变刀轴，如果需要，可以选择基于先刀轴后距离方法或仅距离方法进行优化。

2) Horizontal Bands（水平带优化）。

按"水平带优化"定义一系列水平路径带，以包含和引导刀具沿平行于工作坐标 XC 轴的方向往复运动。每个水平带由一对水平直线定义，系统按照定义顺序来对这些条水平带进行排序。单击"Horizontal Bands"按钮，系统弹出"水平带"对话框，用于定义水平带的加工位置排序方式，包括"升序"和"降序"两种方法。

"升序"：选择此选项，系统将按照从最小 XC 值到最大 XC 值的顺序对第一个条件带中和随后的所有奇数编号的条带中的点进行排序，对第二个条件带和所有后续偶数带中的点按照从最大 XC 值到最小 XC 值的顺序排序。

"降序"：如果选择此选项，系统对奇数带中的点按照从最大 XC 值到最小 XC 值顺序排序，对偶数带中的点按从最小 XC 到最大 XC 值的顺序排序。

3) Vertical Bands（竖直带优化）。

"竖直带优化"与"水平带优化"类似，区别只是条带与工作坐标 YC 轴平行，且每个条带中的点根据 YC 坐标进行排序。

4) Repaint Points（重新绘制点）。

"重新绘制点"用于控制每次优化后所有选定点的重新绘制。"重新绘制点"可在"是"和"否"之间切换，将重新绘制点设为"是"后，系统将重新显示每个点的顺序编号。

(4) 显示点

"显示点"可以在使用"省略""避让"或"优化"选项后校核刀位点的选择情况。单击"点到点几何体"对话框中的"显示点"按钮，系统将按新的顺序显示各加工位置的加工顺序号，以便观察改动后的加工位置是否正确。

(5) 避让

"避让"选项用于指定可越过部件中夹具或障碍的刀具间距。必须定义"起点""终点"和"避让距离"。"距离"表示"部件表面"和"刀尖"之间的距离，该距离必须足够大，以便刀具可以越过"起点"和"终点"之间的障碍。

"避让"选项包括"起点""终点"和"退刀安全距离"3 个要素需要定义。当孔与孔之间没有明显的阻碍特征时，可以不设置避让；当孔与孔之间有阻碍特征时，必须设置避让，否则将撞刀。

(6) 反向

"反向"将颠倒先前指定的加工顺序。可以使用此功能在相同的一组点上执行连续操作，在第一个操作结束的位置处开始第二个操作。"反向"将保留避让关系，因此不需要重新定义避让。

(7) 圆弧轴控制

"圆弧轴控制"选项是控制先前选定的圆弧和片体孔的轴方向，以确保圆弧轴和孔轴的方位正确。"圆弧轴控制"只用于更改片体中圆弧轴和孔轴的方位，实体中的点和孔的圆弧轴是自动定义的。

(8) Rapto 偏置

"Rapto 偏置"选项用于刀具快速运动时的偏置距离。该选项可以为每个选定的点、圆弧或孔指定一个 Rapto 值。在该点处，进给率从快速变为切削，该值可正可负。指定负的 Rapto 值可使刀具从孔中退出至指定的安全距离值处，然后再将刀具定位至后续的孔位置处。

(9) 规划完成

完成所有参数设置后选择"规划完成"选项，返回到点位加工操作对话框。此选项的功能与单击"确定"按钮效果完全一样。

(10) 显示/校核循环参数组

如果存在激活的循环，则可使用此功能来显示和检验循环中参数的正确性。选择该选项中的"显示"选项，可在打开的对话框中选择其中一组循环，在图形区中显示该循环组中的加工位置点。该选项可以显示与每个参数集相关的点，以校核（列出值）任何可用"参数集"的循环参数。

2. 指定顶面

顶面是刀具加工的起始位置，可以是一个现有的面，也可以是一个一般平面，如果没有指定表面或已将其取消，那么每个点默认的顶面将是垂直于刀轴且通过该点的平面。顶面将作为点位加工几何体的一部分进行保存，操作管理器中的重新初始化功能不能对其顶面进行修改。

在"钻孔"对话框中单击"指定顶面"按钮，系统将弹出如图 10-5 所示的"顶面"对话框。该对话框提供了顶面的选择方法，包括"面""平面""ZC 平面"和"无"4 个选项。

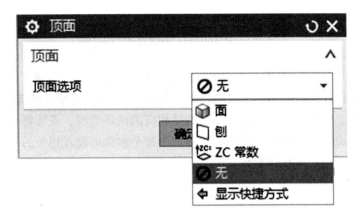

图 10 – 5 "顶面"对话框

(1) 面

选择"面"选项后,可以直接在图形区域中选择实体面来作为顶面。

(2) 刨

"刨"选项通过使用"平面构造器"的方法来定义点位加工的顶面。

(3) ZC 常数

使用主平面(工件坐标系平面)偏置的方式定义点位加工的顶面。选择该选项,下方的"ZC 平面"文本框变为可用状态,可在其中输入偏移参数值,指定平行于主平面,且距离主平面为偏移参数值的平面作为顶面。

(4) 无

"无"表示不使用顶面,而是使用点位加工选择点所在的位置作为加工起始位置,另外,也可以使用此选项来删除前面指定的顶面。

3. 指定底面

底面用于定义刀轨的切削下限,如图 10 – 6 所示。底面可以是一个已有的面,也可以是一个一般平面。单击操作对话框中的"指定底面"按钮,系统将弹出"底面"对话框,该对话框与"顶面"对话框基本相同。底面的定义方法可以参考顶面的定义方法。

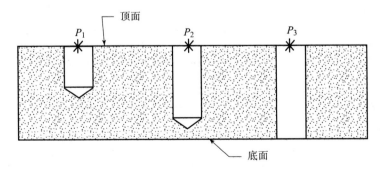

图 10 – 6 点位加工的顶面与底面

10.3 孔加工的循环控制

循环控制包括选择循环类型和设置循环参数两项内容。在"钻孔"操作对话框中的"循环类型"选项组的"循环"下拉式列表中，共有 14 种循环类型可供选择。

在点位加工中，根据零件加工孔类型，选择相应的循环类型，系统将弹出对应的循环参数设置对话框。先设定循环参数组的个数，然后为每个参数组设置相关的循环参数，最后为每个参数组指定加工位置等几何参数。

1. 循环类型

（1）无循环

"无循环"将取消任何已经活动的循环。在点位加工过程中，如果没有活动循环，则指令系统生成一个刀轨。在选择该类型时，"深度偏置"功能区将不能够使用，因为使用无循环选项不能定义通孔或盲孔的状态。

（2）标准钻

"标准钻"是在每个选定点处激活一个"标准钻"循环，该循环过程如图 10-7 所示。刀具首先以快进速度从安全平面移动到点位上方的最小安全距离处，然后以循环进给速度钻削到要求的孔深，最后以快进速度退回到安全点，安全点可以在最小安全距离处，也可以在安全平面上。当设定在最小安全距离处时，程序中会增加 G98 指令，当设定在安全平面时，程序中会增加 G99 指令。最后刀具快速到新的点位上，进入一个新的循环。

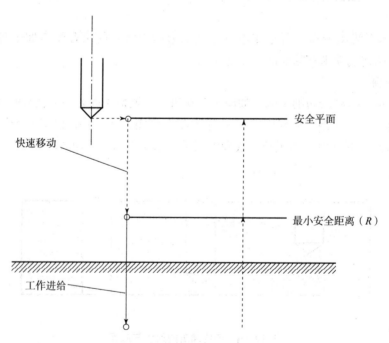

图 10-7 标准钻加工过程

"标准钻"循环是钻孔最常用的循环，但不适用于加工深孔及有一定深度的韧性材料的孔。在 FANUC 数控系统中对应 G81 指令。

(3) 啄钻

"啄钻"加工方式是在加工深孔或难加工孔的时候经常被采用。啄钻采用间断进给的方式钻孔,每次啄钻后,刀具回退到最小安全距离,以清除孔屑。在点位加工循环设置时,啄钻是在每个选定的加工位置点处创建一个模拟的啄钻循环。啄钻循环包含一系列按指定增量钻入并退出孔的钻孔运动。系统使用 G00 和 G01 语句来描述和生成所需的刀具运动。

因啄钻加工过程中,每次啄钻后刀具回退到最小安全距离,所以,在弹出的"距离"对话框中输入的退刀距离值无效。

(4) 断屑

"断屑"选项可在每个选定的点处生成一个断屑钻孔循环。"断屑"方式在点位加工过程中,每次完成增量钻孔深度后,会生成一个退刀运动,退刀结束位置为当前深度上方,退刀距离为在"距离"对话框中输入的值。在输入退刀距离值时,如果输入负值,会损坏刀具或部件。UG NX 系统使用 G00 和 G01 语句来描述和生成所需的刀具运动。

(5) 标准文本

"标准文本"将根据用户输入的 APT 命令语句副词和参数创建一个带有定位运动的 CYCLE/语句。CYCLE/语句只在斜线之后输入要输出的副词或参数。谨慎使用此选项,并且只有当没有应用任何其他标准循环选项时才可使用。

(6) 标准钻,埋头孔

"标准钻,埋头孔"是在每个选定的加工位置点处激活一个标准埋头孔循环。该循环基本动作与"标准钻"循环相同,唯一的不同在于需要输入"Csink"(埋头孔直径)和"入口直径"(底孔直径)参数值。

(7) 标准钻,深孔

用"标准钻,深孔"循环类型可在每个加工位置点处激活一个标准深钻孔循环。该循环与"标准钻"循环的不同之处在于:钻削时刀具采用间断进给,即刀具钻削到指定的深度增量后退出孔外排屑,接着再向下钻削指定深度增量,再退刀排屑,如此反复,直至孔底。

"标准钻,深孔"产生的刀轨移动过程与"啄钻"循环类型的刀轨相似,所不同的是,"标准钻,深孔"循环类型在 FANUC 数控系统中使用 G83 指令。

(8) 标准钻,断屑

在每个加工位置点处激活一个标准断屑钻孔循环。该循环与"标准钻,深孔"循环的不同之处在于:刀具钻削到指定的深度增量后,并不是退出孔外排屑,而是退至一个较小的距离,起到断屑作用。

"标准钻,断屑"循环用于韧性材料的钻孔加工,是数控编程中的断屑钻,在 FANUC 数控系统中对应 G73 指令。

(9) 标准攻丝

使用"标准攻丝"循环类型可在每一个加工位置点处激活一个标准螺旋循环。该循环与"标准钻"循环不同在于:在孔底主轴暂停,退刀时主轴反转。以切削速度退回。在 FANUC 数控系统中对应 G84(右旋螺纹)或 G74(左旋螺纹)指令。

(10) 标准镗

使用"标准镗"循环类型可在每个加工位置点处激活一个标准镗孔循环。该循环与"标准钻"循环的不同在于:退刀时是以切削进给速度退回,其他循环动作与"标准钻"循环相同。

"标准镗"循环多用于孔的粗镗加工，常用双刃镗刀加工。在 FANUC 数控系统中对应 G85 指令。

（11）标准镗，快退

使用"标准镗，快退"循环类型可在每个加工位置点处激活一个带有非旋转主轴退刀的标准镗孔循环。该循环与"标准镗"循环相比，区别在于：在孔底主轴停止，刀具以快速进给速度退回。其他循环动作与"标准镗"循环相同。

"标准镗，快退"循环同样用于孔的粗镗加工，常用双刃镗刀加工。所不同的是，其在 FUNUC 数控系统中对应 G86 指令。

（12）标准镗，横向偏置后快退

使用"标准镗，横向偏置后快退"循环类型，可在每个加工位置点处激活一个带有主轴停止和定向的标准镗孔循环。该循环与"标准镗"循环相比，区别在于：在孔底主轴暂停后，刀具有一横向让刀动作，退刀时主轴不转，返回安全点后，刀具横向退回让刀值，主轴再次启动。其他循环动作与"标准镗"循环相同。"标准镗，横向偏置后快退"在 FANUC 数控系统中对应 G76 指令。

如图 10-8 所示，在"横向偏置距离"定义对话框中有"无"和"指定"两个选项。选择"无"选项，将与"标准镗，快退"循环类型参数设置完全相同；选择"指定"选项，输入横向偏置距离，系统将根据该距离设置横向偏置后快速退刀，以避免发生撞刀现象。

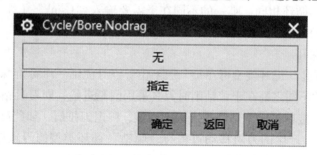

图 10-8 "横向偏置距离"定义对话框

（13）标准背镗

"标准背镗"循环类型也称为"标准镗，返回"循环类型，可在每个加工位置点处激活一个标准的返回镗孔循环。该循环与"标准镗"循环相比，区别在于：刀具到达指定点位后，主轴暂停、横向让刀，刀具快速进给到孔底，横向退回让刀值。然后主轴启动，向上切削加工指定 Z 轴坐标，接着主轴再次暂停，让刀返回安全平面，刀具退回让刀值。其他循环动作与"标准镗"相同。

"标准背镗"循环在数控系统中称为"背镗"，多用于通孔的精镗加工，并且必须激活安全平面。在 FANUC 数控系统中对应 G87 指令。

（14）标准镗，手工退刀

使用"标准镗，手工退刀"循环方式，可在每个加工位置点处激活一个带有手工主轴退刀的标准镗。该循环与"标准镗"循环相比，区别在于：刀具加工到孔底，主轴停转，由操作者手动退刀。其他循环动作与"标准镗"循环相同。

"标准镗,手工退刀"循环方式不必设置退刀距离参数(Rtrcto)。该循环类型在 FANUC 数控系统中对应 G88 指令。

2. 循环参数

在设置循环参数组时,需要指定各循环参数,因所选择的循环类型的不同,所需要设置的循环参数也有差别,下面对各循环参数中的主要循环参数设置方法进行讲解。

(1) Depth

"Depth"是指孔的总深度,即从部件表面到刀尖的距离。除"标准钻,埋头孔"外,其他所有循环类型都需要设置深度参数。

在"Cycle 参数"对话框中单击"Depth"按钮,系统将弹出如图 10-9 所示的"Cycle 深度"对话框,在该对话框中可以选择设置深度的方法。系统共提供了 6 种确定深度的方法,它们的几何意义如图 10-10 所示。

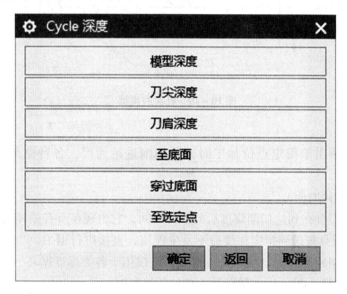

图 10-9 "Cycle 深度"对话框

1)"模型深度":如果孔轴与刀具轴相同,且刀具直径小于或等于孔直径,"模型深度"将自动计算实体中每个孔的深度。选择"模型深度"选项,将激活允许超大型刀具选项。该选项可以为实体建模孔指定一个超大型的刀具。对于非实体孔(点、弧和片体上的孔等),模型深度将被计算为零。

2)"刀尖深度":该项需要指定一个正值,该值为从部件表面沿刀具轴到刀尖的深度。

3)"刀肩深度":该项需要指定一个正值,该值为从部件表面沿刀具轴到刀具圆柱部分的底部(刀肩)的深度。

4)"至底面":该项是系统沿刀具轴计算的刀尖接触到底面所需的深度,此种深度定义方法主要用于加工通孔。

5)"穿过底面":该项是系统沿刀具轴计算的刀肩接触到底面所需的深度。如果希望刀肩通过底面,可以在定义底面时指定一个最小安全距离。

6)"至选定点":该项是沿刀具轴计算的从部件表面到设置的选定点的 ZC 坐标间的深度。

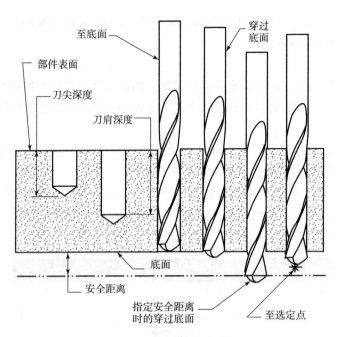

图 10-10 孔深的类型

(2) 进给率

"进给率"选项用于指定点位加工时刀具切削进给速度,各种循环均需要设定进给速度。

(3) Dwell(暂停时间)

"Dwell"表示刀具在到达切削深度后的停留时间,它出现在所有循环类型的循环参数菜单中。"关"表示刀具被送到指定深度后不发生停留,直接进行退刀。"开"表示刀具被送到指定深度后停留指定的时间,然后进行退刀,它仅用于各类标准循环。"秒"输入以秒为单位的停留时间。"转"输入以主轴转数为单位的停留时间值。

(4) Option(选项)

该选项将激活特定于使用机床的加工特征。该选项除了"啄钻""断屑"和"标准镗,手工退刀"循环类型以外,适用于其他所有标准循环,其功能取决于后置处理。若单击此功能选项按钮,将激活一个指定循环的备用选项。如果"Option"为开,则程序将在 CYCLE 语句中包含单词 OPTION。

(5) CAM

该选项用于指定 CAM 值,主要用于没有可编程 Z 轴的数控机床。选择该选项,可在打开相应 CAM 对话框的文本框中输入一个正数或零。如果输入一个正数,系统将驱动刀具到 CAM 值停止位置,以便控制刀具的切削深度。如果输入零,则刀具不运动。

(6) Rtrcto

"Rtrcto"用于指定刀具的退刀距离。退刀距离指沿刀轴方向测量的从零件表面到退刀点的距离。除"啄钻""断屑"和"标准镗,手工退刀"循环类型不设置该参数外,其他各标准循环类型都要设置退刀距离。"Rtrcto"包括"距离""自动"和"设置为空"3 个选项。"距离"是以输入值来确定退刀位置的;"自动"表示刀具将沿刀轴退至上一个位置;

"设置为空"表示不设置退刀位置,此时系统默认最小安全距离值为退刀距离。

(7) Csink

"Csink"选项用于指定埋头孔的直径,仅用于"标准钻,埋头孔"循环。

(8) 入口直径

"入口直径"表示在加工埋头孔时底孔的直径。系统通常使用此参数来计算一个快速定位点,该点位于孔内且位于部件表面之下,刀具在钻入孔前首先移动到孔中心线之上的一个安全点处。"入口直径"只出现在"标准钻,埋头孔"循环的循环参数对话框中。

(9) Increment(增量)

该循环参数用于设置相邻两次钻削之间的深度增量距离,它仅用于"啄钻"和"断屑"两种循环的循环参数中。

"Increment"包括"空""恒定"和"可变的"3个选项。"空"表示不设置增量值;"恒定"表示增量值恒定;"可变的"允许定义多个增量值和重复使用该增量值的次数。

(10) Step 值(步长)

"Step 值"是指钻孔操作中每个增量要钻削的距离,用于深度逐渐增加的钻孔操作。"Step 值"参数项位于"标准钻,深度"和"标准钻,断屑"两种循环类型中。系统允许指定单个或多个 Step 值。

10.4 孔加工的其他参数

1. 最小安全距离

最小安全距离是指刀具沿刀轴方向离开零件加工表面的最小距离。指定最小安全距离时,可以在"钻孔"操作对话框中的"最小安全距离"文本框中输入最小距离值。"最小安全距离"设置对话框如图 10-11 所示。

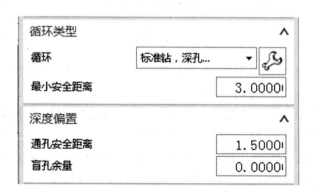

图 10-11 "最小安全距离"设置对话框

如果没有定义安全平面和"避让几何体",则用最小安全距离确定刀具在加工每个孔之前接近加工表面的最近距离。系统将根据最小安全距离值确定每个加工位置上的操作安全点位置。通常在该点处,刀具运动从"快速进给率"或"进刀进给率"变为"切削进给率"。"最小安全距离"示意图如图 10-12 所示。

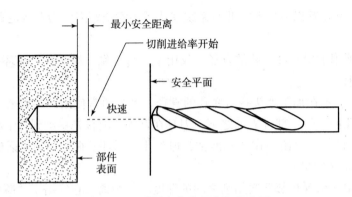

图 10-12 "最小安全距离"示意图

2. 深度偏置

深度偏置包括"通孔安全距离"和"盲孔余量"两个参数。"通孔安全距离"是指刀尖穿过底面的偏移距离,仅应用于通孔。"盲孔余量"是指刀尖与指定钻孔深度的偏差值,仅应用于盲孔。深度偏置如图 10-13 所示。

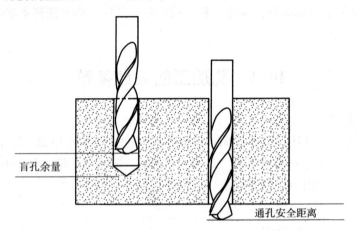

图 10-13 深度偏置

如果将"循环参数"中的"深度"选项设为"模型深度","深度偏置"将只适用于实体孔,不适用于点、圆弧或片体中的孔。

如果将"循环参数"中的"深度"选项设为"至底面","盲孔余量"将应用于所有选定的对象,此时必须有一个"底面"处于活动状态。

如果将"循环参数"中的"深度"选项设为"穿过底面",通孔安全距离将应用于所有选定的对象,此时同样要求必须有一个"底面"处于活动状态。

复习思考题

1. 简述常见孔的加工工艺。
2. 简述标准钻循环的加工过程。
3. 简述啄钻和断削钻的加工过程。

第 11 章 数控车自动编程基础

11.1 数控车削加工基础

1. 数控车削

车削加工是机械加工中最为常见的加工方法之一，用于加工回转体零件。车削加工时，工件做回转运动，刀具做直线运动或曲线运动，刀尖相对于工件运动的同时，切除毛坯材料形成相应的工件表面。工件的回转运动为切削主运动，刀具的运动为进给运动。

在机械、航天、汽车和其他的工业产品供应等重要工业领域中，对部件进行车削加工是必不可少的。与加工市场的大多数领域一样，由于技术进步和提高生产率的必要性，用于车削作业的机械得到了快速发展。

2. UG NX 数控车削模块

UG NX 车削模块利用操作导航器来管理操作和参数。在该模块中能够创建粗加工、精加工、中心线钻孔和螺纹加工等多种操作。在车削模块中，通过创建刀具、几何体、设置加工参数等生成车削刀具路径，对生产的刀具路径可以进行可视化模拟，以检验所生成操作是否符合要求，经过确定的刀具路径可以通过后处理生成 NC 程序，传输到数控车床中进行数控加工。

车削加工类型中主要有 21 种工序子类型。在车削的子类型列表中，每一个图标代表一种子类型，它们定制了车削工序参数设置对话框。选择不同的图标，所弹出的工序对话框也会有所不同，完成的操作功能也不相同。各子类型的说明见表 11-1。

表 11-1 车削工序子类型

图标	名称	功能说明
	中心线点钻	打中心定位孔
	中心线钻孔	中心线钻孔至指定深度的车削工序。多用于基础中心线钻孔
	中心线啄钻	送入增量深度以进行断屑后将刀具退出孔的中心线的钻孔工序，多用于钻深孔
	中心线断屑钻	送入增量深度以进行断屑后轻微退刀的中心线钻孔工序。多用于钻深孔
	中心线铰孔	使用镗孔循环来持续送入/送出孔的中心线钻孔工序。可增加预钻孔大小和精加工的准确度。用于铰孔精加工

续表

图标	名称	功能说明
	中心攻丝	执行攻丝循环的中心线钻孔工序，攻丝循环会进行送入、反转主轴，然后送出。多用于相对小孔的车床螺纹加工
	面加工	端面加工
	外径粗车	平行于部件和粗加工轮廓外径上主轴中心线的粗切削。用于粗加工外径。走刀方向为沿轴线负向
	退刀粗车	平行于部件和粗加工轮廓外径上主轴中心线的粗切削。用于粗加工外径。走刀方向为沿轴线正向
	内径粗镗	平行于部件和粗加工轮廓内径上主轴中心线的粗切削。用于粗加工内径。走刀方向为沿轴线负向
	退刀粗镗	平行于部件和粗加工轮廓内径上主轴中心线的粗切削。用于粗加工内径。走刀方向为沿轴线正向
	外径精车	朝着主轴方向切削，以精加工部件的外径。用于精加工外圆
	内径精镗	朝着主轴方向切削，以精加工部件的内径。用于精镗内孔。走刀方向沿轴线负向
	退刀精镗	朝着主轴方向切削，以精加工部件的内径。用于精镗内孔。走刀方向沿轴线正向
	示教模式	控制执行高级精加工
	外径开槽	使用各种插削策略切削部件外径上的槽。用于粗加工和精加工槽
	内径开槽	使用各种插削策略切削部件内径上的槽。用于粗加工和精加工槽
	在面上开槽	使用各种插削策略切削部件面上的槽。用于粗加工和精加工端面槽
	外径螺纹加工	在部件外径上切削直螺纹或锥形螺纹。用于加工外螺纹
	内径螺纹加工	在部件内径上切削直螺纹或锥形螺纹。用于加工内螺纹
	部件分离	将部件从卡盘中的棒料上切断。车削程序中的最后一道工序

3. 车刀

车刀是金属切削加工中应用最广的一种刀具。它可以在车床上加工外圆、端平面、螺纹、内孔，也可用于切槽和切断等。

车刀在结构上可分为整体车刀、焊接装配式车刀和机械夹固刀片的车刀。机械夹固刀片的车刀又可分为机床车刀和可转位车刀。机械夹固车刀的切削性能稳定,工人不必磨刀,所以在现代生产中应用越来越多。

(1) 按车刀尖形分类

1) 粗车刀:主要是用来切削大量且多余部分的材料。粗车时,表面光度不重要,因此车刀尖可研磨成尖锐的刀峰,但是刀峰通常要有微小的圆度,以避免断裂。

2) 精车刀:此刀刃可用油石砺光,以便车出非常圆滑的表面光度。一般来说,精车刀的圆鼻比粗车刀的大。

3) 圆鼻车刀:可适用于许多不同形式的工作,属于常用车刀。磨平顶面时,可左右车削,也可用来车削黄铜。此车刀也可在肩角上形成圆弧面,也可当精车刀来使用。

4) 切断车刀:用来切削端部、切断材料和沟槽。

5) 螺纹车刀(牙刀):用于车削螺杆或螺帽。按螺纹的形式,分为60°、55°V形牙刀,29°梯形牙刀和方形牙刀。

6) 镗孔车刀:用于车削钻过或铸出的孔。

7) 侧面车刀或侧车刀:用来车削工件端面,右侧车刀通常用在精车轴的末端,左侧车刀则用来精车肩部的左侧面。

(2) UG NX 中刀具子类型

在"创建刀具"对话框的"类型"下拉列表中选择"turning"(车削)加工方式,将列出车削支持的刀具子类型,如图 11-1 所示。

图 11-1 刀具子类型

在刀具子类型中，常用刀具的名称和含义见表 11-2。

表 11-2 刀具子类型含义

图标	名称	含　义
	SPOTDRILLING - TOOL	点钻刀具，中心线钻孔时使用
	DRILLING - TOOL	钻刀具，中心线钻孔时使用
	OD - 80 - L	车外圆刀具，刀尖角度为80°，刀尖向左
	OD - 80 - R	车外圆刀具，刀尖角度为80°，刀尖向右
	OD - 55 - L	车外圆刀具，刀尖角度为55°，刀尖向左
	OD - 55 - R	车外圆刀具，刀尖角度为55°，刀尖向右
	ID - 80 - L	车内圆刀具，刀尖角度为80°，刀尖向左
	ID - 55 - L	车内圆刀具，刀尖角度为55°，刀尖向左
	OD - GROOVE - L	车外圆槽刀具，刀尖向左
	FACE - GROOVE - L	车面槽刀具，刀尖向左
	ID - GROOVE - L	车内圆槽刀具，刀尖向左
	OD - THREAD - L	车外螺纹刀具，刀尖向左
	ID - THREAD - L	车内螺纹刀具，刀尖向左

4. 车削加工几何体

车削加工几何体，包括加工坐标系、工件和毛坯、"部件几何体""切削区域"和"避让几何体"等。"车削几何体"可以在创建加工操作前创建，也可以在加工操作对话框中创建。"创建几何体"对话框如图 11-2 所示。

（1）车削加工坐标系

车削加工坐标系将决定主轴中心线和程序零点，以及刀轨中刀位置的输出坐标。在确定车削的加工坐标系时，加工坐标轴的方向必须和机床坐标轴的方向一致，坐标系的原点要有利于操作者快速、准确地对刀。通常，X 轴的原点定义在零件的回转中心上，Y 轴或 Z 轴与零件在机床位置有关，应该根据实际情况来确定。

图 11-2 "创建几何体"对话框

(2) 工件

在"创建几何体"对话框中选择"WORKPIECE"图标，并选择其父节点，输入名称，然后单击"确定"按钮，系统将弹出"工件"对话框，在该对话框中可以定义"部件""毛坯"和"检查几何体"。可以选择实体作为"部件"或"毛坯几何体"，系统会自动获取 2D 形状，用于车加工操作，以及定义定制成员数据，并将 2D 形状投影到车床工作平面，用于编程。

(3) 创建车削工件

在"创建几何体"对话框中选择"TURNING_WORKPIECE"图标，并选择其父节点，输入名称，然后单击"确定"按钮，系统将弹出如图 11-3 所示的"车削工件"对话框，在该对话框中可以指定部件边界和毛坯边界。

边界是指描绘每个部件的单独几何体的直线。如果选择了边界，那么它们的参数被切削操作继承。在车削中，应该定义所需的所有边界，至少应该定义部件边界和毛坯边界。系统会记忆毛坯的状态，并将其作为下一步操作的输入。

在"车削工件"对话框中单击"选择或编辑毛坯边界"按钮，系统将弹出如图 11-4 所示的"毛坯边界"对话框。

1) 类型。

"棒料"：适用于加工部件几何体为实心的工件。

"管材"：适用于带有中心线钻孔的工件。

"从曲线"：适用于以模型部件为毛坯的工件。

图 11-3 "车削工件"对话框

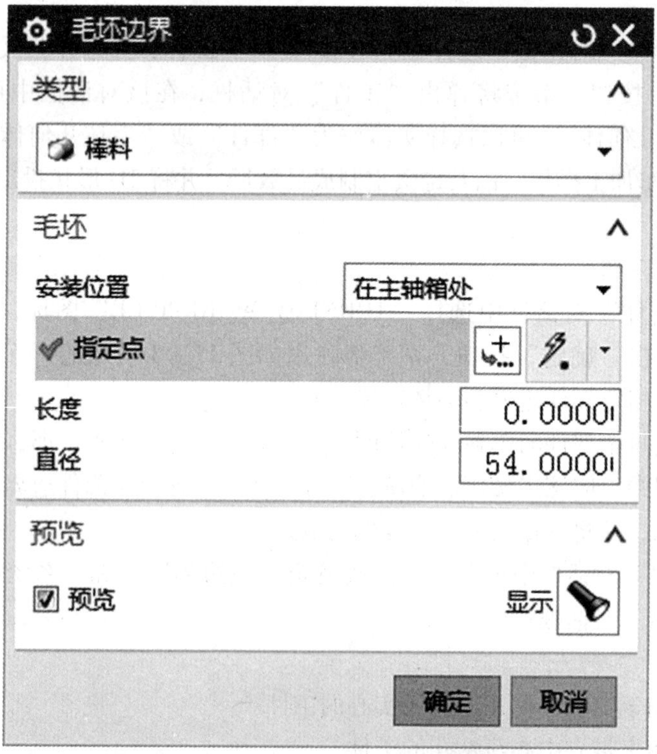

图 11-4 "毛坯边界"对话框

"从工作区"：从工作区中选择一个毛坯。这种方式可以选择上步加工后的工件作为毛坯。

2）安装位置。

"安装位置"用于设置毛坯相对于工件的位置参考点，包括"在主轴箱处"和"远离主轴箱"两个选项。"在主轴箱处"将使毛坯沿坐标轴正方向放置。"远离主轴箱"将使毛坯沿坐标轴的负方向放置。如果选取的参考点不在工件轴线上，系统会自动找到该点在轴线上的投射点，然后将杆料毛坯一端的圆心与该投射点对齐。

（4）避让几何体

"避让几何体"用于指定、激活或取消用于在刀轨之前或之后进行非切削运动的几何体，以避免与部件或夹具相碰撞。避让图例如图 11 – 5 所示。

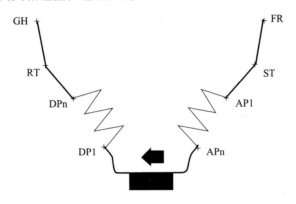

图 11 – 5　避让图例

避让图例中各项含义见表 11 – 3。

表 11 – 3　避让各项含义表

关键点	名称	含　　义
FR	出发点	在一段新的刀轨起始处定义初始刀具位置。它不引起刀具移动，可输出 FROM 命令作为刀轨中的第一个条目。任何其他后处理命令都在 FROM 命令之后。出发点是所有后续刀具移动的参考点。如果不指定"出发点"，那么在 CL 文件中，第一个转至点就被指定为出发点
ST	起点	定义刀具定位在刀轨启动顺序中的位置，系统可以用刀轨启动顺序避让几何体或夹具组件。起点将在 FROM 和后处理命令之后，在第一个逼近移动之前，按快速进给速度输出一个 GOTO 命令
AP1…APn	逼近刀轨	指定在起始点和进刀运动开始之间的可选的系列运动
DP1…DPn	离开刀轨	指定在退刀运动结束位置和返回点之间的可选的系列运动
RT	返回点	定义完成离开移动后，刀具所移动到点。在最后的离开刀轨运动后，返回点将以快速进给率输出一个 GOTO 命令
GH	回零点	定义最终的刀具位置。经常使用"出发点"作为这个位置。输出 GOHOME 命令作为刀轨中的最终条目。后处理器总是将 GOHOME 命令解释为快速移动（即后处理之后输出 G00）

11.2 粗 加 工

粗加工功能包含了用于去除大量材料的许多切削技术，包括用于高速粗加工的策略及通过正确设置"进刀/退刀"运动达到半精加工或精加工质量的技术。在车削子类型中，有许多粗加工类型，参数设置基本相同，本书以"外径粗车"为例进行讲解。在"创建工序"对话框中选择"外径粗车"，单击"确定"按钮，弹出如图 11-6 所示的"外径粗车"对话框。

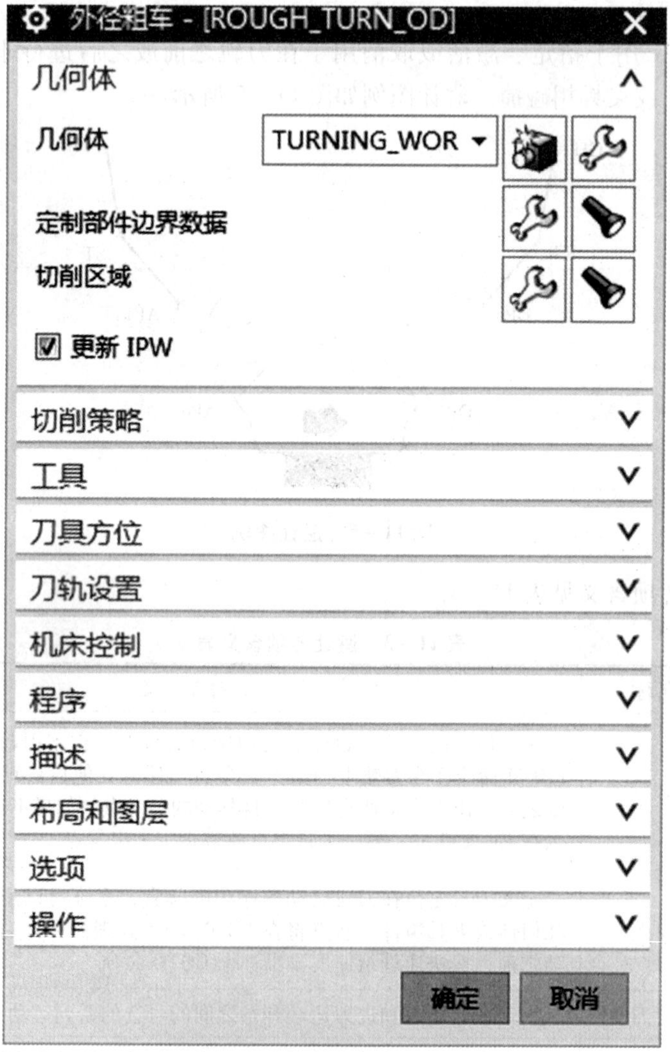

图 11-6 "外径粗车"对话框

11.2.1 切削区域

"切削区域"将加工操作限定在部件的一个特定区域内，以防止系统在指定的限制区域之外进行加工操作。定义"切削区域"的方法有修剪平面、修剪点和区域选择等。"切削区域"对话框如图 11-7 所示。

图 11-7 "切削区域"对话框

1. 修剪平面

"修剪平面"可以将加工操作限制在平面的一侧,包括径向修剪平面 1 和径向修剪平面 2、轴向修剪平面 1 和轴向修剪平面 2。通过指定修剪平面,系统根据修剪平面的位置、部件与毛坯边界及其他设置参数计算出加工区域。可以使用的修剪平面组合有 3 种形式:

①指定一个修剪平面(轴向或径向)限制加工部件。
②指定两个修剪平面限制加工工件。
③指定三个修剪平面限制在区域内加工部件。

2. 修剪点

"修剪点"可以相对整个成链的部件边界指定切削区域的起始点和终止点。最多可以选择两个修剪点。在选择了两个修剪点后,系统将确定边界上位于这两个修剪点之间的部分边界,并根据刀具方位和"层角度/方向/步距"等确定工件需加工的一侧。定义修剪点时,如果两个修剪点重合,则产生的切削区域将是空区域。

如果只选择了一个修剪点并且没有选择其他空间范围限制,系统将只考虑部件边界上修剪点所在的这一部分边界。如果所选择的修剪点不在部件边界上,系统将通过修改修剪点输入数据,在部件边界上找出距原来的修剪点最近的点,将其作为"修正后"的修剪点并将操作应用于"修正后"的修剪点。

3. 区域选择

在车削操作中,有时需要手工选择切削区域。在"切削区域"对话框的"区域选择"栏中选择"指定",将弹出"指定点"栏,可进行点的指定。在以下情形下,可能需要进行手工选择:

①系统检测到多个切削区域。
②需要指示系统在中心线的另一侧执行切削操作。
③系统无法检测任何切削区域。
④系统计算出的切削区域数不一致，或切削区域位于中心线错误的一侧。
⑤对于使用两个修剪点的封闭部件边界，系统会将部件边界的错误部分标识为封闭部件边界（此部分以驱动曲线的颜色显示）。

利用手工选择切削区域时，在图形窗口中单击要加工的切削区域，系统将用字母 RSP（区域选择点）对其进行标记。如果系统找到多个切削区域，将在图形窗口中自动选择距选定点最近的切削区域。任何空间范围、层、步长或切削角设置的优先权均高于手工选择的切削区域。这将导致即使手工选择了某个切削区域，系统也可能无法识别。

4. 自动检测

在"切削区域"对话框的"自动检测"栏中可进行"最小面积"和"开放边界"的检测设置。"自动检测"利用"最小面积""起始偏置""终止偏置""起始角"和"终止角"等选项来限制切削区域。"起始偏置""终止偏置""起始角""终止角"只有在开放边界且未设置空间范围的情况下才有效。"自动检测"对话框如图 11-8 所示。

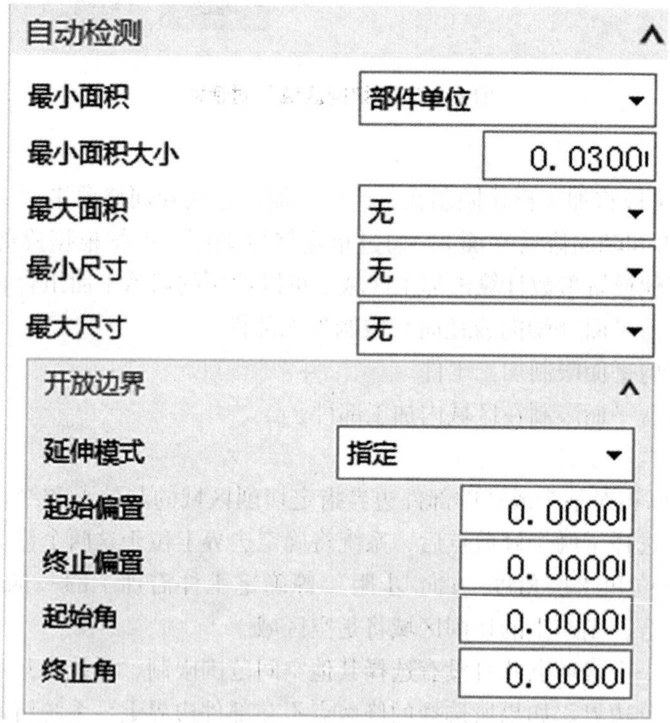

图 11-8 "自动检测"对话框

（1）最小面积

如果在"最小面积"编辑字段中指定了值，便可以防止系统对极小的切削区域产生不必要的切削运动。如果切削区域的面积（相对于工件横截面）小于指定的加工值，系统将不切削这些区域，因此，使用时需仔细考虑，防止漏掉确实想要切削的非常小的切削区域。

如果取消选中"最小面积"选项,系统将考虑所有面积大于零的切削区域。

(2) 开放边界

1) 指定:在"延伸模式"中选择"指定"后,将激活"起始偏置""终止偏置""起始角"和"终止角"选项。

起始偏置/终止偏置:如果工件几何体没有接触到毛坯边界,那么系统将根据其自身的内部规则将车削特征与处理中的工件连接起来。如果车削特征没有与处理中的工件的边界相交,那么处理器将通过在部件几何体和毛坯几何体之间添加边界段来"自动"将切削区域补充完整。默认情况下,从起点到毛坯边界的直线与切削方向平行,终点到毛坯边界间的直线与切削方向垂直。输入"起始偏置"使起点沿垂直于切削方向移动,输入"终止偏置"使终点沿平行于切削方向移动。如图 11-9 所示,图中 1 为处理中的工件,2 为切削方向,3 为起点,4 为终点。对于"起始偏置"和"终止偏置",输入正偏置值会使切削区域增大,输入负偏置值则使切削区域减小。

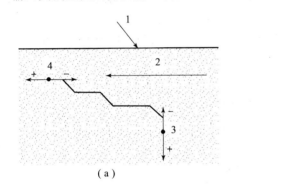 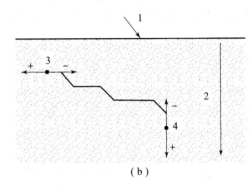

(a) (b)

图 11-9 起始偏置/终止偏置示意图

(a) 起始和终止偏置,层角度为 180°;(b) 起始和终止偏置,层角度为 270°

起始角/终止角:如果不希望切削区域与切削方向平行或垂直,那么可使用"起始角""终止角"限制切削区域。正值将增大切削面积,而负值将减小切削面积。系统将相对于起点/终点与毛坯边界之间的连线来测量这些角度,并且这些角度必须在开区间(-90,90)之内,如图 11-10 所示,图中 1 为处理中的工件,2 为切削方向,3 为起点,4 为终点,5 为终点的修改角度。

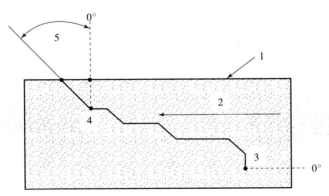

图 11-10 起始角/终止角示意图

2）相切：在"延伸模式"中选择"相切"后，将会禁用"起始偏置""终止偏置"和"起始角""终止角"参数。系统将在边界的起点/终点处沿切线方向延伸边界，使其与处理中的形状相连。在选择的开放部件边界中，如果第一个或最后一个边界段上带有外角，并且剩余材料层非常薄，则可使用此选项。

11.2.2 切削策略

"外径粗车"对话框中的"切削策略"提供了进行粗加工的基本规则，包括直线切削、斜切、轮廓切削和插削，可根据切削的形状选择切削策略来实现对切削区域的切削。

1. 策略

在"策略"栏中可选择具体的切削策略，主要包括两种直线切削、两种斜切、两种轮廓切削和四种插削。

①单向线性切削：该选项属于直层切削。当要对切削区间应用直层切削进行粗加工时，选择"单向线性切削"。各层切削方向相同，均平行于前一个切削层。

②往复线性切削：该选项可以往复式变换切削方向。这是一种有效的切削策略，可以迅速去除大量材料，并对材料进行不间断切削。

③倾斜单向切削：具有备选方向的直层切削。"倾斜单向切削"可使一个切削方向上的每个切削或每个备选切削从刀路起点到刀路终点的切削深度有所不同，这会沿刀片边界连续移动刀片切削边界上的临界应力点（热点）位置，从而分散应力和热，延长刀片的寿命。

④倾斜往复切削：在备选方向上进行上斜/下斜切削。"倾斜往复切削"对于每个粗切削，均交替切削方向，减少了加工时间。

⑤轮廓单向切削：该选项属于轮廓平行式粗加工。在粗加工时，刀具将逐渐逼近部件的轮廓。在这种方式下，刀具每次均沿着一组等距曲线中的一条曲线运动，而最后一次的刀路曲线将与部件的轮廓重合。"轮廓单向切削"刀轨如图 11 – 11 (a) 所示。对于部件轮廓开始处或终止处的陡峭元素，系统不会使用直层切削的轮廓加工选项来进行处理或轮廓加工。

⑥轮廓往复切削：该选项属于具有交替方向的轮廓平行粗加工。轮廓往复粗加工刀路的切削方式与"轮廓单向切削"的类似，不同的是，此方式在每次粗加工刀路之后还要反转

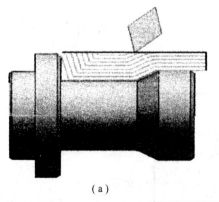
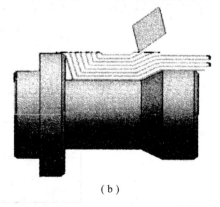

(a)   (b)

图 11 – 11　轮廓切削

(a) 轮廓单向切削；(b) 轮廓往复切削

切削方向。"轮廓往复切削"刀轨如图 11-11（b）所示。

⑦单向插削：在一个方向上进行插削。"单向插削"是一种典型的与槽刀配合使用的粗加工策略。

⑧往复插削：在交替方向上重复插削指定的层。"往复插削"并不直接插削槽底部，而是使刀具插削到指定的切削深度（层深度），然后进行一系列的插削，以去除处于此深度的所有材料，再次插削到切削深度，并去除处于该层的所有材料。以往复方式反复执行以上一系列切削，直至达到槽底部。

⑨交替插削：具有交替步距方向的插削。执行"交替插削"时，将后续插削应用到与上一个插削相对的一侧。"交替插削"刀轨顺序如图 11-12 所示。

⑩交替插削（余留塔台）：插削时在剩余材料上留下"塔状物"的插削运动。"交替插削（余留塔台）"通过偏置连续插削（即第一个刀轨从槽的一肩运动至另一肩之后，"塔"保留在两肩之间）在刀片两侧实现对称刀具磨平。当在反方向执行第二个刀轨时，将切除这些塔。图 11-13 所示为"交替插削（余留塔台）"刀轨顺序示意图。

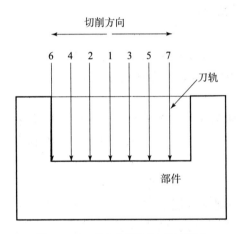

图 11-12 "交替插削"刀轨顺序

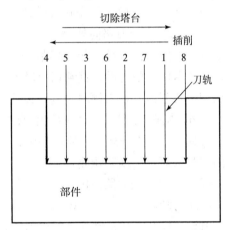

图 11-13 "交替插削（余留塔台）"刀轨顺序

2. 倾斜模式

在"策略"中如果选择了"倾斜单向切削"或"倾斜往复切削"，将激活"倾斜模式"。在图 11-14 所示的"倾斜模式"中可指定斜切策略的基本规则。主要包括 4 个选项：

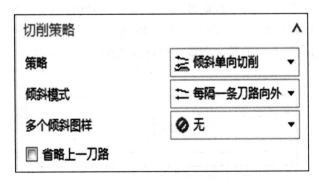

图 11-14 倾斜模式

①每隔一条刀路向外：刀具一开始切削的深度最大，之后切削深度逐渐减小，形成向外倾斜的刀轨。下一切削将与层角中设置的方向一致，从而可去除上一切削之后所剩的倾斜余料。

②每隔一条刀路向内：刀具从曲面开始切削，然后采用倾斜切削方式逐步向部件内部推进，形成向内倾斜刀轨。下一切削将与层角中设置的方向一致，从而可去除上一切削之后所剩的倾斜余料。

③先向外：刀具一开始切削的深度最大，之后切削深度逐渐减小。下一切削将从曲面开始，之后采用第二倾斜切削方式逐步向部件内部推进。

④先向内：刀具从曲面开始切削，之后采用倾斜切削方式逐步向部件内部推进。下一切削一开始切削的深度最大，之后切削深度逐渐减小。

3. 多个倾斜图样

如果按最大和最小深度差创建的倾斜非常小，近似于线性切削的位置，则在对比较长的切削进行加工时，可选择"多个倾斜图样"。

根据在"倾斜模式"中选择的选项，分为以下两种情况：

（1）每隔一个刀路向外

仅向外倾斜：刀具一开始切削的深度最大，然后切削深度逐渐减小，直至到达最小深度，随后返回插削材料，直到切削最大深度。重复执行此过程，直至切削完整个切削区域。每次切削长度由"最大倾斜长度"限定。

向外/内倾斜：刀具一开始切削的深度最大，然后切削深度逐渐减小，直至到达最小深度。刀具从这一点开始另一倾斜切削，之后返回插削材料，直到切削最大深度。每次切削长度由"最大倾斜长度"限定。

（2）每隔一条刀路向内

仅向内倾斜：刀具一开始切削的深度最小，之后切削深度逐渐增大，直至到达最大深度。刀具从这一点开始另一倾斜切削，之后返回插削材料，直到切削最小深度。每次切削长度由"最大倾斜长度"限定。

向内/外倾斜：刀具从最小深度开始切削，并斜向切入材料，直至到达最深处。接着刀具从此处向外倾斜，直至到达最小切削深度。每次切削长度由"最大倾斜长度"限定。

4. 最大斜面长度

在"多个倾斜图样"中选择"仅向外倾斜"或"仅向内倾斜"后，将激活"最大倾斜长度"选项。"最大斜面长度"示意图如图 11 – 15 所示。"最大倾斜长度"指定了倾斜切削时单次切削沿"层角度"方向的最大距离，但选择的最大倾斜深度不能超过对应深度层的粗切削总距离。

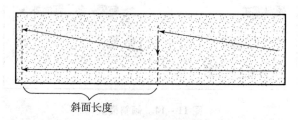

斜面长度

图 11 – 15　"最大斜面长度"示意图

11.2.3 水平角度

"水平角度"用于定义刀具在切削中的移动方向,包括"指定"和"矢量"两个选项。

① "指定":从中心线按逆时针方向测量角度,它可定义粗加工线性切削的方位和方向。将测量角度输入"与 XC 的夹角"文本框中。0°层角与中心线轴的"正"方向相符,180°层角与中心线轴的"反"方向相符。图 11-16 所示的"水平角度"定义示例显示了水平角度设置的方向。

② "矢量":该选项通过矢量构造器来定义水平角度。

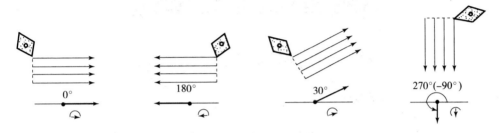

图 11-16 "指定"定义示例

11.2.4 切削深度

"切削深度"可以指定粗加工操作中各刀路的切削深度。切削深度包括"恒定""多个""层数""变量平均值"和"变量最大值"5 个选项。

1. 恒定

选择该选项,切削深度将设置为恒定值,加工中每层按照设定的深度进行加工,如果最后一层深度小于指定深度值,将按实际余下的材料深度值进行加工。

2. 多个

选择该选项,"步进"选项被激活,如图 11-17 所示。该策略可定义一系列不同的切削深度值。在表中同一行内,可以指定多个切削深度相同的刀路。表中最多可以指定 10 个不同的切削深度值。

如果在执行所有指定的层切削之前,根据粗加工余量和清理设置去除了所有材料,则系统将只忽略列表中剩余的不必要的切削。如果在线性粗加工完成了"单个的切削深度"对话框中输入的刀路数,且附加刀路数为"0",则系统将在上一个输入的"增量"(切削深度)处继续切削,直至去除所有材料。

3. 层数

"层数"策略通过指定粗加工操作的层数,生成等深切削。对于这种切削深度策略,可以将层数输入层数编辑字段,该字段代替了深度编辑字段。

4. 变量最大值

如果选择"变量最大值",则可以输入切削深度"最大值"和"最小值"。系统将确定区域,尽可能多次地在指定的最大深度值处进行切削,然后一次性切削各独立区域中大于或等于指定的最小深度值的余料。

例如,如果区域为 11 mm,最小深度为 2 mm,最大深度为 4 mm,则前两个刀路为

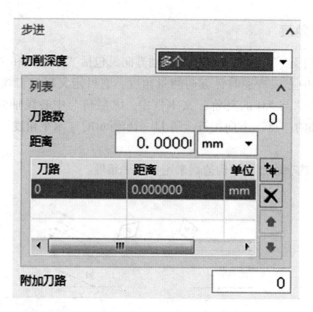

图 11-17 "步进"选项

4 mm，第三个刀路为 3 mm。

5. 变量平均值

利用可变平均值方式，可以输入切削深度"最大值"和"最小值"。系统根据不切削大于指定的深度"最大值"或小于指定的深度"最小值"的原则，计算所需最小刀路数。

当系统采用"变量最大值"策略时，余料可能小于最小值，或采用"变量最大值"之后，系统无法生成粗加工刀路时，系统通过对整个区域输入的最大值和最小值取平均数的方法进行加工，即采用"变量平均值"方法。

例如，如果区域为 4.5 mm，最小深度为 2 mm，最大深度为 3 mm，则在第一次切削 3 mm 深度之后，由于余料（1.5 mm）小于最小深度值（2 mm），导致系统无法对整个区域进行加工，此时需要采用"变量平均值"方法对整个区域进行切削。

11.2.5 变换模式

"变换模式"决定使用哪一序列将切削变换区域中的材料移除，即这一切削区域中部件边界的凹部。"变换模式"下拉列表中包括"根据层""向后""最接近""以后切削"和"省略"5 个选项。

（1）根据层

如果选择这种变换模式，每层按给定的切削深度进行加工。当加工到凹形时，先加工靠近起点的凹形区域，如图 11-18 所示。

（2）向后

当采用"向后"变换模式时，则按照与"根据层"模式相对的模式切削反向。即每层按给定的切削深度进行加工。当加工到凹形时，最后加工靠近起点的凹形区域，如图 11-19 所示。

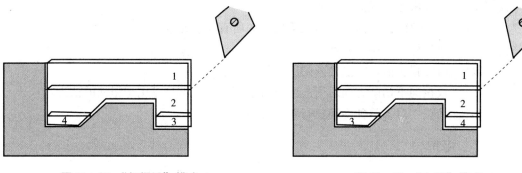

图 11-18 "根据层"模式　　　　　　　　图 11-19 "向后"模式

(3) 最接近

系统默认先加工靠近当前刀具位置的凹形。如果系统总是选择下一次对距离当前刀具位置的最近的凹形进行切削,则"最接近"选项在结合使用往复切削策略时非常有用。对于特别复杂的部件边界,采用这种方式可以减少刀轨,因而可以节省相当多的加工时间。

(4) 以后切削

系统默认先加工靠近当前刀具位置的凹形,仅在对遇到的第一个凹形进行完整深度切削时,对更低凹形的粗切削才能执行。初始切削时,完全忽略其他的颈状区域,仅在进行完开始的切削之后才对其进行加工。这一原则可递归应用于之后在同一切削区间遇到的所有凹形。以后切削如图 11-20 所示。

(5) 省略

"省略"将不切削在第一个凹形之后遇到的任何颈状的区域。图 11-21 所示为"省略"模式。

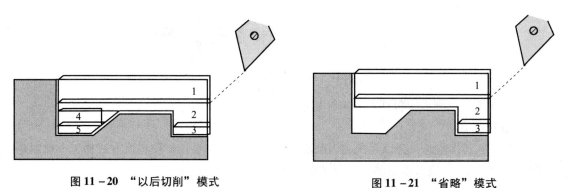

图 11-20 "以后切削"模式　　　　　　　图 11-21 "省略"模式

11.2.6 清理

进行下一运动从轮廓中提起刀具时,会使轮廓中存在残余高度或阶梯,这是粗加工中存在的一个普遍问题。"清理"参数对所有粗加工策略均可用,并通过一系列切除来消除残余高度或阶梯。"清理"选项决定一个粗切削完成之后,刀具遇到轮廓元素时如何继续刀轨行进。

粗加工中的"清理"选项及含义如下:

"全部":清理所有轮廓元素。

"仅陡峭的"：仅限于清理陡峭的元素。
"除陡峭的以外所有的"：清理陡峭元素之外的所有轮廓元素。
"仅层"：仅清理标识为层的元素。
"除层以外所有的"：清理除层之外的所有轮廓元素。
"仅向下"：仅按向下切削方向对所有面进行清理。该选项也可用于粗插的清理选项。
"每个变换区域"：对各单独变换执行轮廓刀路。

11.2.7 拐角

在"切削参数"对话框中，单击"拐角"选项卡会出现"拐角"参数的相关设置，如图 11-22 所示。"拐角"选项卡主要用于拐角处的刀轨形状控制。常规拐角可以是法向角或表面角。浅角是指具有大于给定最小角度且小于 180°角的凸角。

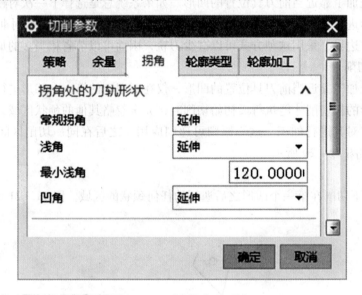

图 11-22 "拐角"选项卡

在"拐角"选项卡中包括如下 4 种控制方案。

1. 绕对象滚动

刀具在遇到拐角时，会以拐角尖为圆心，以刀尖圆弧为半径，按圆弧方式加工，此时形成的圆弧比较小。"绕对象滚动"示意图如图 11-23 所示。

2. 延伸

按拐角形状加工拐角。刀具在遇到拐角时，按拐角的轮廓改变切削方向。"延伸"示意图如图 11-24 所示。

3. 圆形

按倒圆方式加工拐角。刀具将按指定的圆弧半径对拐角进行倒圆，切掉尖角部分，产生一段圆弧刀具路径。选择此选项后，将激活"半径"选项，输入圆形的半径。"圆形"示意图如图 11-25 所示。

4. 倒斜角

"倒斜角"指定按倒角方式加工拐角，按指定参数对拐角倒斜角，切掉尖角部分，产生

图 11-23 "绕对象滚动"示意图

图 11-24 "延伸"示意图

一段直线刀具路径。"倒斜角"使要切削的角展平,选择此选项后,将激活"距离"选项,可输入距离值确定从模型工件的拐角到实际切削的距离。"倒斜角"示意图如图 11-26 所示。

图 11-25 "圆形"示意图

图 11-26 "倒斜角"示意图

11.2.8 策略

"策略"选项卡用于定义车削中最常用的或主要的参数,可设置的参数有"切削""切削约束"和"刀具安全角"。"策略"选项卡如图 11-27 所示。

1. 排料式插削

"排料式插削":在使用线性切削方法时(单向和往复),只能使用"排料式插削"方式。"排料式插削"如图 11-28 所示。

"排料式插削"有"无"和"离避距离"两个选项。"无":刀具插削时,切削侧面直接贴着部件壁表面径向加工;"离壁距离":设定刀具插削时,切削侧面与部件壁表面间的距离。

2. 安全切削

创建短的安全切削,以在进行完整的粗切削之前清除小区域的材料。

3. 粗切削后驻留

在插削运动的每个增量深度处输出一个驻留命令。当激活切屑控制时,也可以在后续的

图 11-27 "策略"选项卡

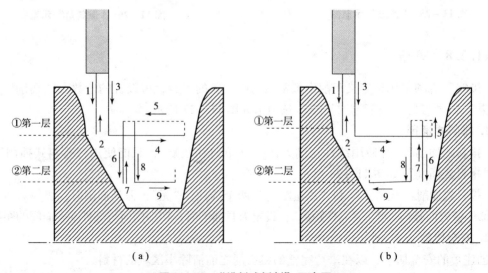

图 11-28 "排料式插削"示意图

(a) 线性单向粗加工的排料式插削；(b) 往复深度加工的排料式插削

增量插削运动中初始化此命令，可以按秒数或转数输入驻留参数。

4. 允许底切

通过此选项，可启用或禁用底切。"允许底切"示意图如图 11 - 29 所示。

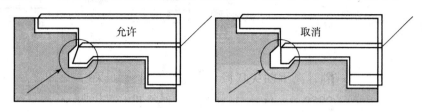

图 11 - 29　"允许底切"示意图

5. 切削约束

"切削约束"用来设置加工过程中的最小切削。"最小切削深度"定义轴向的最小切削。"最小切削长度"定义轴向的最小切削。

6. 刀具安全角

使用刀具安全角创建对材料的斜切削运动。此处的插入角从内部添加到刀具中，并用于计算切削区域。"刀具安全角"定义如图 11 - 30 所示。

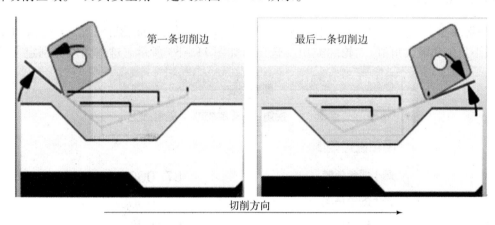

图 11 - 30　"刀具安全角"

11.2.9　余量

"余量"选项卡用于设定当前操作后的材料剩余量和加工的容差参数，该选项卡中涉及的刀具、毛坯边界、粗加工刀轨、轮廓加工刀轨和部件边界间的位置关系如图 11 - 31 所示。

"粗加工余量"：粗加工刀轨到部件边界的偏置距离。

"轮廓加工余量"：轮廓加工刀轨与部件边界的偏置距离。轮廓加工余量如图 11 - 32 所示。

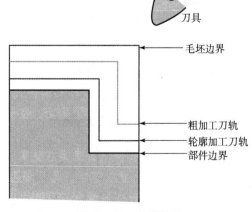

图 11 - 31　位置关系

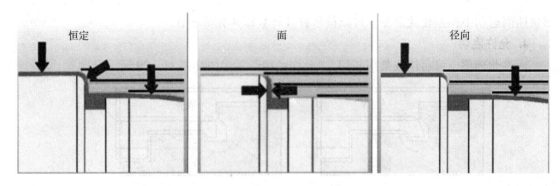

图 11-32 轮廓加工余量

"毛坯余量":指定义刀具与已定义的毛坯边界之间的偏置距离。
"恒定":指定一个余量值,可用于所有元素。
"面":指定一个余量值,仅用于轴向面元素。
"径向":指定一个余量值,仅用于径向周围元素。
"公差":应用于部件边界,决定可接受的边界偏置差量。

11.2.10 轮廓类型

"轮廓类型"指定由面、直径、陡峭区域或层区域表示的特征轮廓情况。可定义每个类别的最小角值和最大角值。"轮廓类型"选项卡如图 11-33 所示。这些角度分别定义了一

图 11-33 "轮廓类型"选项卡

个圆锥,它可过滤切削矢量小于最大角且大于最小角的所有线段,并将这些线段分别划分到各自的轮廓类型中。

1. 面角度

"面角度"可用于粗加工和精加工。"面角度"包括"最小面角角度"和"最大面角角度",两者都是从中心线起测量的。可通过"最小面角角度"和"最大面角角度"定义切削矢量在轴向允许的最大变化圆锥范围。"最小面角角度"和"最大面角角度"如图11-34所示。

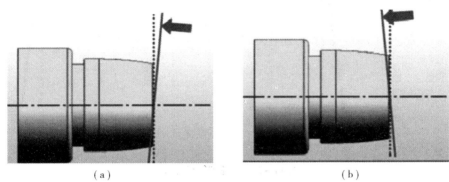

图 11-34 "面角度"示意图

(a) 最小面角角度;(b) 最大面角角度

2. 直径角度

"直径角度"可用于粗加工和精加工。"直径角度"包括"最小直径角度"和"最大直径角度",两者都是从中心线起测量的。可通过"最小直径角度"和"最大直径角度"定义切削矢量在径向允许的最大变化圆锥范围。"最小直径角度"和"最大直径角度"如图 11-35 所示。

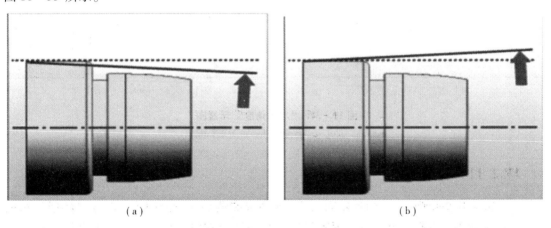

图 11-35 "直径角度"示意图

(a) 最小直径角度;(b) 最大直径角度

3. 陡角和水平角度

水平和陡峭区域总是相对于粗加工操作指定的水平角度和陡角方向进行跟踪的。最小角值和最大角值从通过水平角度或陡角定义的直线起自动测量。图 11-36 所示为"陡角"示意图;"水平角度"示意图如图 11-37 所示。

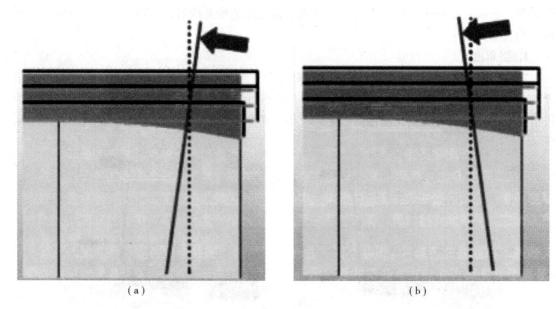

图 11-36 "陡角"示意图

(a) 最小陡角；(b) 最大陡角

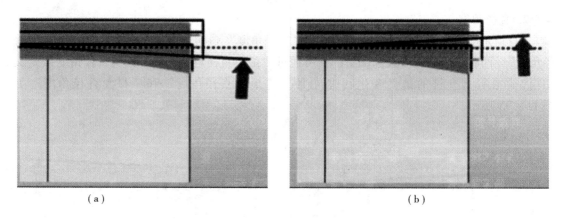

图 11-37 "水平角度"示意图

(a) 最小水平角度；(b) 最大水平角度

11.2.11 轮廓加工

在完成多次粗切削后，"附加轮廓加工"将对部件表面执行清理操作。与"清理"选项相比，轮廓加工可以在整个部件边界上进行，也可以仅在特定部分的边界上进行（单独变换）。当在"切削参数"对话框中选择"附加轮廓加工"选项时，相关的轮廓加工参数将被激活，包括刀轨设置、多刀路及螺旋刀路。"轮廓加工"选项卡如图 11-38 所示。

1. 策略

①"全部精加工"：系统对每种几何体按其刀轨进行轮廓加工，不考虑轮廓类型。如果改变方向，切削的顺序会反转。

图 11-38 "轮廓加工"选项卡

② "仅向下":可将"仅向下"用于轮廓刀路或精加工,切削运动从顶部切削到底部。在这种切削策略中,如果改变方向,切削运动不会反转,始终从顶部切削到底部,但切削的顺序会反转。

③ "仅周面":仅对圆柱面区域进行加工。"周面"如图 11-39 所示。

④ "仅面":仅对径向面进行加工。"面"如图 11-40 所示。可以在"轮廓类型"选项卡中指定面的构成。如果改变方向,系统切削运动不会反转,始终从顶部切削到底部,但切削面的顺序会反转。

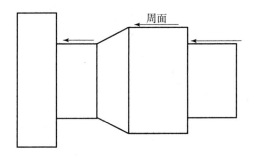

图 11-39 "周面"示意图

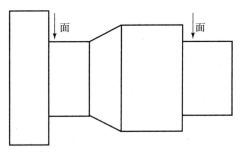

图 11-40 "面"示意图

⑤ "首先周面,然后面":在指定周面和面的几何体中,先切削周面,后切削面。如果改变方向,则系统将反转周面运动,而不反转面运动。

⑥ "首先面,然后周面":在指定周面和面的几何体中,先切削面,后切削周面。如果改变方向,则系统将反转周面运动,而不反转面运动。

⑦ "指向拐角":从"面"和"周面"向拐角进行加工,如图 11-41 所示。

⑧ "离开拐角":从拐角向"面"和"周面"进行加工,如图 11-42 所示。

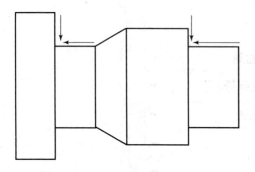

图 11-41 "指向拐角"示意图

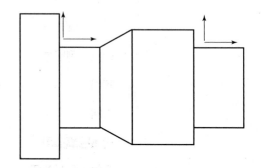

图 11-42 "离开拐角"示意图

2. 多刀路

在"多刀路"部分指定切削深度和切削深度对应的备选刀路数。"多刀路"对应的切削深度选项有:

① "恒定深度":指定一个恒定的切削深度,用于各个刀路。在第一个刀路之后,系统会创建一系列等深度的刀路。第一个刀路可小于指定深度,但不能大于这个深度。

② "刀路数":指定系统应有的刀路数。系统会自动计算生成的各个刀路的切削深度。

③ "单个的":指定生成一系列不同切削深度的刀路。在选择"单个的"后,将弹出"单个的"对话框。输入所需的"刀路数"和各刀路的切削"距离"。如果有多项,可以单击右边的按钮进行添加。

④ "精加工刀路":包括"保持切削方向"和"变换切削方向"两个选项。如果要在各刀路之后更改方向,使反方向上的连续刀路变成原来的刀路,可选择"精加工刀路"。

11.2.12 进刀/退刀

单击"非切削移动"按钮,进行"进刀/退刀"设置,"进刀"选项卡如图 11-43 所示。进刀/退刀设置可确定刀具逼近和离开部件的方式。对于加工过程中的每一点,系统都将区分进刀/退刀状态。可对每种状态指定不同类型的进刀/退刀方法。

1. 轮廓加工

"轮廓加工"用来在开始一个轮廓刀路时控制向部件进刀/退刀。

(1) 圆弧 - 自动

"圆弧 - 自动"可使刀具以圆周运动的方式逼近/离开部件,刀具可以平滑地移动,中途无停止运动。其主要在切削到部件边界时使用。仅可用于"粗轮廓加工""精加工"和"示教模式"。自动进刀(或退刀)选项包括"自动"和"用户定义"两个选项。

"自动":系统自动生成的角度为 90°,半径为刀具切削半径的两倍。

图 11-43 "进刀"选项卡

"用户定义":需要在"轮廓加工"区域对话框中输入角度和半径。

(2) 线性-自动

"线性-自动"方式沿着第一刀切削的方向(或最后一刀切削方向)逼近(或离开)部件。运动长度与刀尖半径相等。

(3) 线性-增量

选择"线性增量"后,将激活"XC 增量""YC 增量"。使用 XC 和 YC 值会影响刀具逼近或离开部件的方向,输入的值表示移动的距离。

(4) 线性

"线性"方法用"角度"和"长度"值决定刀具逼近或离开部件的方向。"角度"和"长度"值总是与 WCS 相关,系统从进刀或退刀移动的起点处开始计算这一角度。

(5) 线性-相对于切削

"线性-相对于切削"定义刀具逼近或离开部件时以第一刀切削轨迹或最后一刀切削轨迹相切。用"角度"和"长度"值决定刀具逼近或离开部件的方向。

(6) 点

"点"方法可任意选定一个点,刀具沿此点直接进入部件,或在离开部件时经过此点。

(7) 延伸距离

"延伸距离":指定在超出系统计算的初始点或终点多远的距离开始或结束切削,从而提高表面边缘质量。进刀/退刀设置用于修改后的起点或终点。

(8) 直接进刀到修剪点/直接从修剪点退刀

"进刀"选项卡中的"直接进刀到修剪点"选项针对精加工和轮廓加工,可绕过标准进刀位置并直接进刀到修剪点。

"退刀"选项卡中的"直接从修剪点退刀"选项是当精加工和轮廓加工时,绕过标准退刀位置并直接从修剪点退刀。

2. 毛坯

"毛坯"用来在开始线性粗切削时控制向毛坯进刀/退刀。毛坯的进刀/退刀类型与"轮廓加工"中进刀/退刀类型基本相同。

(1) 两个圆周

"两个圆周"方法仅适用于"毛坯"区域内的进刀加工类型。选择此方法后,将激活"第一个半径"和"第二个半径"两个选项。"两个圆周"方法如图 11-44 所示。选择此方法后,刀具将沿指定的两个半径进刀,R_1 为第一个圆的半径,R_2 为第二个圆的半径。

(2) 安全距离/延伸距离

"进刀"选项卡中的"安全距离"和"退刀"选项卡中的"延伸距离"用来控制在进行粗加工切削时逼近或远离毛坯几何体的安全距离值。进刀时,毛坯的"安全距离"示意图如图 11-45 所示。

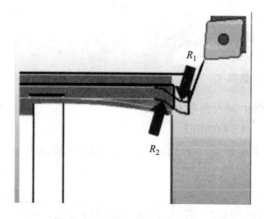

图 11-44 "两个圆周"示意图

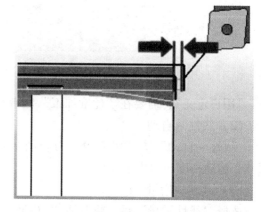

图 11-45 进刀时毛坯的"安全距离"示意图

3. 部件

"部件"用来控制沿部件几何体进行的进刀/退刀运动。

进刀/退刀类型中的选项与前面相同的不再赘述。

"两点相切"可使刀具产生圆弧进刀/退刀运动。该圆弧与进刀/退刀方向相切,同时,与将要切削或刚切削完的加工轨迹相切。此方式需要指定相对于粗切削的角度和半径,以指示生成圆的大小。选择此方法后,刀具将沿指定的角度和半径进刀/退刀。"两点相切"示例如图 11-46 所示,其中进刀角度为 180°,退刀角度为 135°。

4. 安全的

"安全的"选项仅在"进刀"选项卡存在,用来在上一个切削层执行毛坯进刀后,防止刀具碰到切削区域的相邻部件底面。

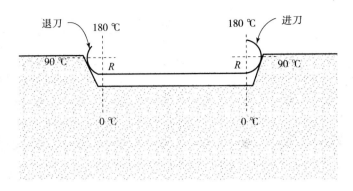

图 11-46 "两点相切"示例图

5. 插削

"插削"用来控制插削的进刀/退刀。

6. 初始插削

"初始插削"用来控制插削完全进入材料的进刀/退刀。

11.2.13 其他设置

1. 安全距离

"非切削移动"的"安全距离"选项卡用于设置安全平面和安全距离。设置方法包括"指定点"和"输入距离"两种。"工件安全距离"用于输入进刀/退刀的安全距离,能够确保刀具移刀到新的切削区域或新的轮廓加工刀路时,系统生成的移刀运动不与当前处理中的工件发生碰撞。

2. 局部返回

"局部返回"选项卡用于在某一操作中按照指定的选项,定义一个刀具移动的位置。

3. 更多

"首选直接运动"影响系统如何创建自动避让运动。"附加检查"用来激活其他避让措施。"刀具补偿"控制机床控制器的刀具半径补偿功能。

11.3 车 螺 纹

11.3.1 螺纹简介

螺纹指的是在圆柱或圆锥母体表面上制出的螺旋线形的、具有特定截面的连续凸起部分。螺纹按其母体形状,分为圆柱螺纹和圆锥螺纹;按其在母体所处位置,分为外螺纹、内螺纹,按其截面形状(牙型),分为三角形螺纹、矩形螺纹、梯形螺纹、锯齿形螺纹及其他特殊形状螺纹。圆柱螺纹主要参数如图 11-47 所示。螺纹已标准化,有米制(公制)和英制两种,国际标准采用米制。

圆柱螺纹主要参数如下:

①牙型:在通过螺纹轴线的剖面上,螺纹的轮廓形状称为牙型。相邻两牙侧面间的夹角

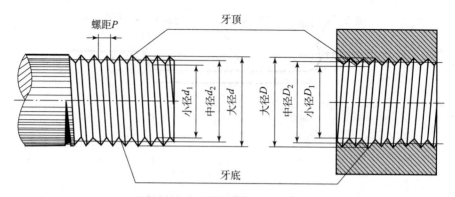

图 11-47 圆柱螺纹主要参数示意图

称为牙型角。常用普通螺纹的牙型为三角形,牙型角为60°。

②外径(大径):与外螺纹牙顶或内螺纹牙底相重合的假想圆柱体直径。螺纹的公称直径即大径。外螺纹的大径用 d 表示,内螺纹的大径用 D 表示。

③内径(小径):与外螺纹牙底或内螺纹牙顶相重合的假想圆柱体直径。外螺纹的小径用 d_1 表示,内螺纹的小径用 D_1 表示。

④中径:母线通过牙型上凸起和沟槽两者宽度相等的假想圆柱体直径。外螺纹的中径用 d_2 表示,内螺纹的中径用 D_2 表示。

⑤螺距:相邻牙在中径线上对应两点间的轴向距离。螺距用 P 表示。

⑥导程:同一螺旋线上相邻牙在中径线上对应两点间的轴向距离。导程用 S 表示。

⑦线数:形成螺纹的螺旋线的条数称为线数。有单线和多线螺纹之分,多线螺纹在垂直于轴线的剖面内是均匀分布的。线数用 n 表示。

⑧旋向:沿轴线方向看,顺时针方向旋转的螺纹称为右旋螺纹,逆时针旋转的螺纹称为左旋螺纹。

螺距、导程和线数之间的关系:$S = n \cdot p$。

锥螺纹的牙型为三角形,主要靠牙的变形来保证螺纹副的紧密性,多用于管件。

11.3.2 车外径螺纹

用 UG NX 车外径螺纹时,可以控制粗加工刀路的深度及精加工刀路的数量和深度,通过指定"螺距""前进角"或"每毫米螺纹圈数",并选择径顶线(大径)和根线(小径)来生成螺纹刀轨。图 11-48 所示为在"外径螺纹加工"对话框中进行"车螺纹"相关参数设置。

1. 螺纹形状

在"外径螺纹加工"对话框中选择"螺纹形状"选项,显示螺纹形状相关参数。"螺纹形状"参数设置对话框如图 11-49 所示。UG NX 车削加工中应用的螺纹参数如图 11-50 所示。

(1)选择顶线

顶线的位置由所选择的顶线加上"顶线偏置"值确定,如果"顶线偏置"值为0,则所选线的位置即为顶线的位置。顶线可在图形窗口中选择,如图 11-51 所示,选择时离光

图 11-48 "外径螺纹加工"对话框

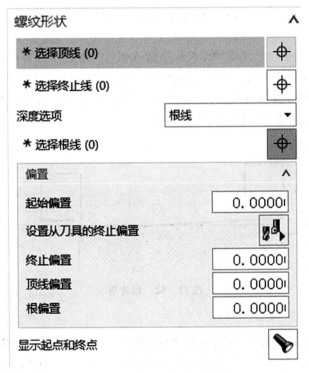

图 11-49 "螺纹形状"参数设置对话框

标点最近的顶线端点将作为起点，另一个端点为终点。

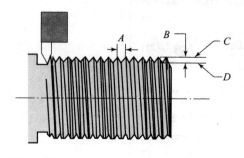

图 11-50 UG NX 中应用的螺纹参数示意图
A—螺距；B—深度；C—顶线；D—根线

图 11-51 选择顶线

(2) 选择终止线

"终止线"通过选择与顶线相交的线来定义螺纹终端。当指定终止线时，交点即可决定螺纹的终端，"终止偏置"值将添加到该交点。如果没有选择终止线，则系统将使用顶线的端点。

(3) 深度

"深度"是指从顶线到根线的距离。通过选择"根线"或输入"深度和角度"值来指定深度。当使用根线方法时，深度是从顶线到根线的距离。

1) 根线。

"根线"既可建立总深度，也可建立螺纹角度。在选择根线后重新选择顶线不会导致重新计算螺纹角度，但会导致重新计算深度。根线的位置由所选择的根线加上"根线偏置"值确定，如果"根线偏置"值为 0，则所选线的位置即为根线位置。

2) 深度和角度。

"深度和角度"用于为总深度和螺纹角度键入值。"深度"可通过输入值建立起从顶线起测量的总深度。"角度"可用于产生拔模螺纹，输入的角度值是从顶线起测量的。螺旋角如图 11-52 所示，图中 A 为角度，设置为 174，从顶线逆时针计算，B 为顶线，C 为总深度。如果输入"深度和角度"值而非选择根线，则重新选择顶线时，系统将重新计算螺旋角度，但不重新计算深度。

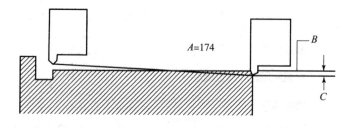

图 11-52 螺旋角

(4) 偏置

偏置用于调整螺纹的长度。正偏置值将加长螺纹，负偏置值将缩短螺纹。

螺纹几何体通过选择顶线来定义螺纹起点和终点。螺纹长度由顶线的长度指定，可通过指定起点和终点偏置来修改此长度。要创建倒角螺纹，可通过设置合适的偏置确定，螺纹长度的计算如图 11-53 所示，图中 A 为偏置前顶线的终点，B 为终止偏置后的顶线终点，C 为起始偏置后的顶线起点，D 为起始偏置前的起点。偏置前螺纹长度为 D 点到 A 点距离值，偏置后螺纹长度为 C 点到 B 点的距离值。

1) 起始偏置：输入所需的偏置值，以调整螺纹的起点，如图 11-53 中的 C 点所示。
2) 终止偏置：输入所需的偏置值，以调整螺纹的终点，如图 11-53 中的 B 点所示。

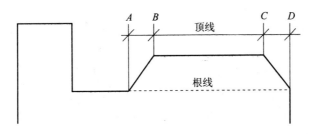

图 11-53　起始偏置和终止偏置

3) 顶线偏置：输入所需的偏置值，以调整螺纹的顶线位置。正值会将螺纹的顶线背离部件偏置，负值会将螺纹的顶线向着部件偏置，如图 11-54（a）所示，图中 C 为顶线，D 为根线。当未选择根线时，螺纹会上下移动而不会更改其角度或深度，如图 11-54（a）所示；当选择了根线但未输入根偏置时，螺旋角度和深度将随顶线偏置而变化，如图 11-54（b）所示。

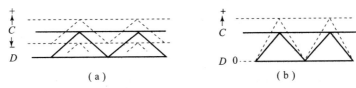

图 11-54　顶线偏置

(a) 未选择根线；(b) 已选择根线（无偏置）

4) 根偏置：输入所需的偏置值可调整螺纹的根线位置。正值使螺纹的根线背离部件偏置，负值使螺纹的根线向着部件偏置。根偏置如图 11-55 所示，图中 C 为顶线，D 为根线。

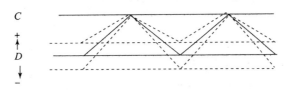

图 11-55　根偏置

2. 切削深度

粗加工螺纹深度等于总螺纹深度减去精加工深度，即粗加工螺纹深度由总螺纹深度和精加工深度决定。

(1) 恒定

"恒定"可指定单一增量值。由于刀具压力会随着每个刀路迅速增加，因此，在指定相对少的粗加工刀路时可使用此方式。当刀具沿着螺纹角切削时，会移动输入距离，直到达到粗加工螺纹深度为止。

（2）单个的

"单个的"可指定一组可变增量及每个增量的重复次数，以最大限度控制单个刀路。输入所需的增量距离及希望它们重复的次数，如果增量的和不等于粗加工螺纹深度，则系统将重复上一非零增量值，直到达到适当的深度；如果增量的和超出粗加工螺纹深度，则系统将忽略超出的增量。

（3）剩余百分比

"剩余百分比"类似于精加工技术，在粗加工螺纹中特别有用。选择"剩余百分比"选项，将激活剩余百分比、最大值、最小值等选项。可按照产生刀路时所保持的粗加工总深度的百分比来指定每个刀路的增量深度，步长距离随刀具深入螺纹中而逐渐减小。随着刀具接近粗加工螺纹深度，增量深度将变得非常小。

① "剩余百分比"：控制下一次切削是上次切削剩余深度的百分比，使切削深度逐次变小，直到刀具达到粗加工螺纹深度。

② "最小距离"：利用"剩余百分比"控制增量时，必须输入一个最小增量值，当百分比计算结果小于最小值时，系统将在剩余的刀路上使用最小值切削到粗加工螺纹深度。

③ "最大距离"：利用"最大值"控制切削深度，防止在初始螺纹刀路过程中刀具切入螺纹太深。

例如，如果粗加工螺纹深度是 3 mm，输入"剩余百分比"为 20%，最小距离为 0.1，则第一个刀路的切削深度是 3 mm 的 20%，为 0.6 mm，下一次切削是剩余深度 2.4 mm 的 20%，为 0.48 mm。依此类推，直到百分比计算产生一个小于输入最小值 0.1 mm 的结果。然后，系统对以后每个刀路以 0.1 mm 增量进行切削，直到达到粗加工螺纹深度。

3. 切削参数

在"刀轨设置"区域中选择"切削参数"选项，弹出"切削参数"对话框，如图 11-56 所示。

图 11-56 "切削参数"对话框

(1) 螺距选项

"螺距选项"包括"螺距""导程角"和"每毫米螺纹圈数"。"导程角"是指通过指定导程角来控制螺纹的螺距。"每毫米螺纹圈数"是通过指定每毫米的螺纹圈数来控制螺距。

(2) 螺距变化

① "恒定":通过指定一个常数来确定螺距值。在整个螺纹长度中,螺距不会发生变化。定义螺距时,将螺距值输入"距离"文本框中。

② "起点和终点":选项通过指定开始值与结束值来确定螺距的变化率。在整个螺纹长度中,螺距会根据指定的开始值和结束值使螺距发生变化。

③ "起点和增量":通过指定开始值和增量值来确定螺距的变化。在整个螺纹长度中,螺距会根据指定的开始值和增量值使螺距发生变化。

(3) 输出单位

"输出单位"是指定输出单位的方式,有"与输入相同""螺距""导程角"和"每毫米螺纹圈数"4种方式。"与输入相同"可确保输出单位始终与上面指定的螺距、导程角或每毫米螺纹圈数相同。

(4) 附加刀路

附加刀路指为螺纹增加精加工刀路。螺纹精加工深度由"刀路数"和"增量"决定。"刀路数"指精加工刀路的数量;"增量"指每个刀路的切削深度。

当生成螺纹刀轨时,首先由刀具切削到粗加工螺纹深度,然后进行精加工刀路切削。

例如,如果总螺纹深度是 3 mm,指定的精加工刀路为:

1) 刀路数 = 3,增量 = 0.25。增量 0.25 被重复 3 次,共切削深度为 0.75。

2) 刀路数 = 5,增量 = 0.05。增量 0.05 被重复 5 次,共切削深度为 0.25。

精加工刀路加工深度总计 1 mm,粗加工深度为总深度 − 精加工深度 = 3 mm − 1 mm = 2 mm。

复习思考题

1. 车削加工几何体包括哪些?每一个几何体的主要功能是什么?
2. 简述粗车中"切削深度"的所有参数及每个参数的含义。
3. 粗车中,粗加工余量、轮廓加工余量、毛坯余量的含义分别是什么?
4. 外径螺纹加工中,"切削深度"的主要参数有哪些?每个参数的含义是什么?

参 考 文 献

[1] 宁汝新，赵汝嘉. CAD/CAM 技术（第 2 版）[M]. 北京：机械工业出版社，2013.
[2] 何雪明，吴晓光，王宗才. 机械 CAD/CAM 基础（第二版）[M]. 武汉：华中科技大学出版社，2015.
[3] 北京兆迪科技有限公司. UG NX 10.0 运动仿真与分析教程 [M]. 北京：机械工业出版社，2015.
[4] 杨可桢，程光蕴，李仲生. 机械设计基础（第五版）[M]. 北京：高等教育出版社，2012.
[5] 吴昌林，张卫国，姜柳林. 机械设计（第三版）[M]. 武汉：华中科技大学出版社，2011.
[6] 徐福林，周立波. 数控加工工艺与编程 [M]. 上海：复旦大学出版社，2015.
[7] 杨晓平. 数控加工工艺 [M]. 北京：北京理工大学出版社，2009.
[8] 赵轩，黄政魁. 数控机床加工工艺与编程 [M]. 武汉：中国地质大学出版社有限责任公司，2012.
[9] 钟涛，丁黎，单力岩. UG NX 10.0 中文版数控加工从入门到精通 [M]. 北京：机械工业出版社，2016.
[10] 何耿煌，张守全，李东进. UG NX 10.0 数控加工从入门到精通 [M]. 北京：中国铁道出版社，2016.
[11] 何嘉扬，周文化. UG NX 8.0 数控加工完全学习手册 [M]. 北京：电子工业出版社，2012.
[12] 徐家忠，金莹. UG NX 10.0 三维建模及自动编程项目教程 [M]. 北京：机械工业出版社，2016.